化肥和农药减施增效理论与实践丛书

丛书主编　吴孔明

北方草地主要害虫绿色防控技术

刘爱萍　高书晶　韩海斌　林克剑　张礼生 等　著

科学出版社

北　京

内 容 简 介

本书系统介绍了北方草地主要害虫的发生规律和灾变机制，阐述了控制草地主要害虫的系列绿色防控技术，包括病原微生物防治技术、性诱剂防治技术、天敌防治技术、生态调控技术等，检验了通过单项技术的时序对接和空间嵌套的综合防治效果，为实现农药减量和草地生物灾害可持续治理、确保草畜产品安全和生态安全提供了技术保障与典型经验。

本书可作为草地植物保护研究和草地生产管理从业人员的工作指南，也可作为农牧民生产实践的指导手册。

图书在版编目（CIP）数据

北方草地主要害虫绿色防控技术 / 刘爱萍等著 . — 北京：科学出版社，2021.5

（化肥和农药减施增效理论与实践丛书 / 吴孔明主编）

ISBN 978-7-03-067754-9

Ⅰ. ①北… Ⅱ. ①刘… Ⅲ. ①草地-病虫害防治-研究-北方地区 Ⅳ. ① S812.6

中国版本图书馆 CIP 数据核字（2020）第 264034 号

责任编辑：陈 新 高璐佳 / 责任校对：郑金红

责任印制：肖 兴 / 封面设计：无极书装

科学出版社 出版

北京东黄城根北街 16 号

邮政编码：100717

http://www.sciencep.com

北京九天鸿程印刷有限责任公司 印刷

科学出版社发行 各地新华书店经销

*

2021 年 5 月第 一 版 开本：787×1092 1/16

2021 年 5 月第一次印刷 印张：15 1/2

字数：365 000

定价：218.00 元

（如有印装质量问题，我社负责调换）

“化肥和农药减施增效理论与实践丛书”编委会

《北方草地主要害虫绿色防控技术》著者名单

主要著者 刘爱萍 高书晶 韩海斌 林克剑 张礼生

其他著者 （以姓名汉语拼音为序）

曹艺潇 陈国泽 甘 霖 黄海广 梁 颖

刘 敏 宋米霞 王海玲 王 慧 王建梅

王梦圆 王 宁 肖海军 徐林波 徐忠宝

岳方正 张 博

丛 书 序

我国化学肥料和农药过量施用严重，由此引起环境污染、农产品质量安全和生产成本较高等一系列问题。化肥和农药过量施用的主要原因：一是对不同区域不同种植体系肥料农药损失规律和高效利用机理缺乏深入的认识，不能建立肥料和农药的精准使用准则；二是化肥和农药的替代产品落后，施肥和施药装备差、肥料损失大，农药跑冒滴漏严重；三是缺乏针对不同种植体系肥料和农药减施增效的技术模式。因此，研究制定化肥和农药施用限量标准、发展肥料有机替代和病虫害绿色防控技术、创制新型肥料和农药产品、研发大型智能精准机具，以及加强技术集成创新与应用，对减少我国化肥和农药的使用量、促进农业绿色高质量发展意义重大。

按照2015年中央一号文件关于农业发展“转方式、调结构”的战略部署，根据国务院《关于深化中央财政科技计划（专项、基金等）管理改革的方案》的精神，科技部、国家发展改革委、财政部和农业部（现农业农村部）等部委联合组织实施了“十三五”国家重点研发计划试点专项“化学肥料和农药减施增效综合技术研发”（后简称“双减”专项）。

“双减”专项按照《到2020年化肥使用量零增长行动方案》《到2020年农药使用量零增长行动方案》《全国优势农产品区域布局规划（2008—2015年）》《特色农产品区域布局规划（2013—2020年）》，结合我国区域农业绿色发展的现实需求，综合考虑现阶段我国农业科研体系构架和资源分布情况，全面启动并实施了包括三大领域12项任务的49个项目，中央财政概算23.97亿元。项目涉及植物病理学、农业昆虫与害虫防治、农药学、植物检疫与农业生态健康、植物营养生理与遗传、植物根际营养、新型肥料与数字化施肥、养分资源再利用与污染控制、生态环境建设与资源高效利用等18个学科领域的57个国家重点实验室、236个各类省部级重点实验室和434支课题层面的研究团队，形成了上中下游无缝对接、“政产学研推”一体化的高水平研发队伍。

自2016年项目启动以来，“双减”专项以突破减施途径、创新减施产品与技术装备为抓手，聚焦主要粮食作物、经济作物、蔬菜、果树等主要农产品的生产需求，边研究、边示范、边应用，取得了一系列科研成果，实现了项目目标。

在基础研究方面，系统研究了微生物农药作用机理、天敌产品货架期调控机制及有害生物生态调控途径，建立了农药施用标准的原则和方法；初步阐明了我国不同区域和种植体系氮肥、磷肥损失规律和无效化阻控增效机理，提出了肥料养分推荐新技术体系和氮、磷施用标准；初步阐明了耕地地力与管理技术影响化肥、农药高效利用的机理，明确了不同耕地肥力下化肥、农药减施的调控途径与技术原理。

在关键技术创新方面，完善了我国新型肥药及配套智能化装备研发技术体系平台；打造了万亩方化肥减施12%、利用率提高6个百分点的示范样本；实现了智能化装备减施 10%、利用率提高 3 个百分点，其中智能化施肥效率达到人工施肥 10 倍以上的目标。农药减施关键技术亦取得了多项成果，万亩示范方农药减施 15%、新型施药技术田间效率大于 30 亩 /h，节省劳动力成本 50%。

在作物生产全程减药减肥技术体系示范推广方面，分别在水稻、小麦和玉米等粮食主产区，蔬菜、水果和茶叶等园艺作物主产区，以及油菜、棉花等经济作物主产区，大面积推广应用化肥、农药减施增效技术集成模式，形成了“产学研”一体的纵向创新体系和分区协同实施的横向联合攻关格局。示范应用区涉及 28 个省（自治区、直辖市）1022 个县，总面积超过 2.2 亿亩次。项目区氮肥利用率由 33% 提高到 43%、磷肥利用率由 24% 提高到 34%，化肥氮磷减施 20%；化学农药利用率由 35% 提高到 45%，化学农药减施 30%；农作物平均增产超过 3%、生产成本明显降低。试验示范区与产业部门划定和重点支持的示范区高度融合，平均覆盖率超过 90%，在提升区域农业科技水平和综合竞争力、保障主要农产品有效供给、推进农业绿色发展、支撑现代农业生产体系建设等方面已初显成效，为科技驱动产业发展提供了一项可参考、可复制、可推广的样板。

科学出版社始终关注和高度重视“双减”专项取得的研究成果。在他们的大力支持下，我们组织“双减”专项专家队伍，在系统梳理和总结我国“化肥和农药减施增效”研究领域所取得的基础理论、关键技术成果和示范推广经验的基础上，精心编撰了“化肥和农药减施增效理论与实践丛书”。这套丛书凝聚了“双减”专项广大科技人员的多年心血，反映了我国化肥和农药减施增效研究的最新进展，内容丰富、信息量大、学术性强。这套丛书的出版为我国农业资源利用、植物保护、作物学、园艺学和农业机械等相关学科的科研工作者、学生及农业技术推广人员提供了一套系统性强、学术水平高的专著，对于践行“绿水青山就是金山银山”的生态文明建设理念、助力乡村振兴战略有重要意义。

吴孔明

中国工程院院士

2020 年 12 月 30 日

前　言

党的十八大以来，以习近平同志为核心的党中央高度重视社会主义生态文明建设，坚持把生态文明建设作为统筹推进“五位一体”总体布局和协调推进“四个全面”战略布局的重要内容。近 4 亿 hm^2 草原是我国陆地面积最大的绿色生态屏障，是生态文明建设的主战场，而草原保护管理尤其是生物灾害防控仍然薄弱，对草原生态生产安全构成严重威胁，必须加快科技攻关，补齐短板，不断提升草原重要害虫综合治理能力和绿色防控水平。要牢固树立绿色发展理念，坚持创新驱动，进一步加强草原有害生物的生物防治、物理防治、生态调控技术研发，发展大尺度大区域的草地重要害虫绿色防控技术和模式，进一步强化绿色技术集成与转化应用，为实现农药减量和草地有害生物可持续治理、确保草畜产品安全和生态安全、推动北方生态安全屏障建设提供强有力的科技支撑。

近年来，我国北方草地（包括天然草原和人工草地）重要害虫发生与为害逐年加重，严重制约我国草牧业生产和草原生态安全。草地害虫生物防治资源挖掘、技术产品研发与应用及绿色防控技术体系的建立，是实现草地生物灾害可持续控制的关键，也是解决农药污染问题、保护环境、维系生物多样性的保障。然而，大尺度大区域草地重要害虫的绿色防控是实现农药减量、草地生物灾害可持续治理的难点和短板，迫切需要突破核心关键技术和集成系统解决方案。中国农业科学院草原研究所草原生物灾害监测与防控创新团队长期坚持以天然草原和人工草地重要害虫的绿色防控为核心，查清了天然草原和人工草地上主要害虫的发生动态、为害特点、灾变规律，发现并收集天敌昆虫 100 余种、微生物资源 14 份，研制了主要优势天敌扩繁及保护利用技术，开发了相关生防产品和应用配套技术，形成了以绿色防控技术为核心的生态控制草地害虫的综合技术体系，实现将重要草地害虫的危害控制在经济阈值以下，实现大幅度减少化学农药施用量并降低农药残留污染，初步解决了草地害虫的猖獗为害和绿色防控技术需求问题，为草原生态生产安全提供了强有力的技术保障。

本书详细介绍了我国北方草地主要害虫的发生规律和灾变机制，阐述了控制草地主要害虫的系列绿色防控技术，包括病原微生物防治技术、性诱剂防治技术、天敌防治技术、生态调控技术等，检验了通过单项技术的时序对接和空间嵌套的综合防治效果，内容丰富，数据真实，结论可靠，对于草地植物保护研究、草地生产管理的从业人员具有较好的参考价值和实践指导意义。全书分三篇，第一篇介绍了草原蝗虫的重要种类、发生规律及其绿色防控技术，草原叶甲的种类、发生规律及其绿色防控技术，草原毛虫的种类、发生规律及其绿色防控技术；第二篇介绍了人工草地主要害虫及其发生规律，草地螟及其绿色防控技术，苜蓿蚜及其绿色防控技术；第三篇介绍了天然草原蝗虫绿色防控技术应用示范，人工草地草地螟绿色防控技术应用示范。本书通过分述天然草原和人工草地主要害虫发生规律及其绿色防控技术，综述草地重要害虫绿色防控技术集成示范，旨在为推动构建以绿色防控为核心的北方草地害虫可持续治理技术体系提供理论和实践依据。

本书相关研究工作和出版得到了“十三五”国家重点研发计划“天敌昆虫防控技术及产品研发”项目（2017YFD0201000）、“中美农作物病虫害生物防治关键技术创新合作研究”（2017YFE0104900）、中国农业科学院科技创新工程等项目的资助。

限于著者学术水平，书中疏漏和不足之处恐难避免，敬请广大读者批评指正。

著　者

2020 年 1 月于呼和浩特

目　录

第一篇　天然草原害虫及其绿色防控技术

第一篇 天然草原害虫及其绿色防控技术

第 1 章　草原主要蝗虫绿色防控

我国拥有各类天然草原近4亿hm^2，占我国国土面积的41.7%，是我国面积最大的陆地生态系统，也是畜牧业发展的重要物质基础和农牧民赖以生存发展的基本生产资料。我国天然草原上害虫发生严重，近10年年均为害面积2099万hm^2，每年因灾造成的牧草鲜草损失高达94.5亿kg，对我国畜牧业生产造成严重破坏。我国天然草原的主要害虫有草原蝗虫、草原毛虫、草地螟、苜蓿蚜和草原叶甲等。在我国草原区分布的蝗虫有200多种，其中20多种为害比较严重。草原蝗虫是我国草原上的主要害虫之一，近年草原蝗虫年均发生面积均为1.7亿亩[①]左右，给草原畜牧业发展造成了严重损失。草原毛虫是青藏高原的特有昆虫。其中，青海草原毛虫（*Gynaephora qinghaiensis*）和门源草原毛虫（*G. menyuanensis*）的分布范围最广。草原毛虫严重影响了当地牲畜的正常蓄养，也给当地牧民带来了不小的损失。草原叶甲和草地螟主要为害我国北方地区草地。2004年内蒙古草原蝗虫大暴发；2008年北方地区草地螟突发，给草原畜牧业造成了不小的损失。从总体上看，近年来草原虫害面积呈下降趋势，但是局部地区和个别害虫种类仍然为害严重。防治面积偏低、监测预警能力弱、科技支撑能力不强是造成虫害偏重发生的主要因素。加大草原虫害各级防治经费投入力度，加强监测预警技术应用研究，提升科技支撑能力，加强草原综合治理，对于控制草原虫害具有非常重要的意义。

蝗虫是农、林、牧业生态系统的重要组成部分，全世界的蝗虫已知有1万种以上，其中对农、林、牧业可造成严重危害的蝗虫有300种左右。据联合国粮食及农业组织（FAO）统计，全世界常年蝗虫发生面积达4680万km^2，全球1/8的人口经常受到蝗灾的侵扰。蝗灾是一种世界性的生物灾害，有生物炸弹之称，全世界有100多个国家或地区不同程度地受到蝗灾的威胁，其中尤以非洲和亚洲的一些国家发生最为频繁、受害最为严重。我国发生蝗灾最早的记录是在公元前707年，见于《春秋》。到1911年，我国蝗灾大发生的次数共538次；到1935年，我国发生蝗灾的年份共796个。从春秋时代起到1950年的2600多年中，平均每2～3年有一次地区性蝗灾发生；每隔5～7年有大型蝗灾猖獗；到20世纪40年代，因为旱涝灾害交错，加之内忧外患，黄淮海地区几乎年年发生蝗害，累计发生蝗灾700多次。因此，蝗灾是我国数千年来遭受的最大自然灾害之一，与水灾和旱灾并称“三大自然灾害”。飞蝗数量巨大，暴食期长，曾给我国造成不可估量的经济损失，至今仍严重威胁着农牧业生产。近年来，草原蝗虫为害面积总体呈现下降趋势，但仍呈现偏重发生态势，近年来为害面积仍在1100万hm^2以上。较大面积的发生区减少，蝗虫为害呈点片状分布，表现为整体草原减轻、局部地区加重的新特征。同时，部分地区环境条件变化异常，造成草原蝗灾发生的不确定性，局部灾害加重的可能性增大，蝗蝻的孵化时间不一致的现象越发明显，早、中、晚期种重叠严重，多种蝗虫同时为害趋势明显。

1.1　草原蝗虫的重要种类

据统计，全世界已报道的蝗虫有9科2261属10 136种，我国有252属800多种。根据目前掌

---

① 1亩≈666.7m^2，后文同。

握的资料，内蒙古草原上有168种蝗虫，其中比较常见的主要成灾种类有10余种。一般在春季地表解冻一个月后，内蒙古草原越冬蝗卵开始孵化出土，变为蝗蝻，并开始为害牧草。依据蝗蝻出土时间的早晚，可将其分为早期种、中期种和晚期种三类。早期种一般在5月上旬即可出土，中期种要到6月上旬才出土，而晚期种则在6月下旬至7月上旬出土。每类蝗虫由卵孵化出土后，一般要经过4～6个龄期才羽化为成虫。再经过15～20d，开始交尾，然后产卵、死亡，其存活时间约为90d。事实表明，不论早期种、中期种还是晚期种，受内蒙古草原的热量条件所限，其一般一年只能发生一代，以卵在土壤中越冬。北方草原优势种蝗虫如下：早期种是毛足棒角蝗（*Dasyhippus barbipes*）占绝对优势，其数量占全生长季蝗虫总数量的50.2%，生物量占32.7%；其次是宽须蚁蝗（*Myrmeleotettix palpalis*）。中期种亚洲小车蝗（*Oedaleus decorus asiaticus*）一般占整个蝗虫种群的50%～60%，严重发生时能达到90%以上，它连续10年在我国北方草原大规模成灾。晚期种狭翅雏蝗（*Chorthippus dubius*），其数量占蝗虫种群总数量的10.7%，生物量占总生物量的16.1%。另外，笨蝗（*Haplotropis brunneriana*）、鼓翅皱膝蝗（*Angaracris barabensis*）、小蛛蝗（*Aeropedellus variegates minutus*）、轮纹异痂蝗（*Bryodemella tuberculatum dilutum*）和白边痂蝗（*Bryodema luctuosum luctuosum*）等也时有发生。

1.1.1　亚洲小车蝗

亚洲小车蝗（*Oedaleus decorus asiaticus*，图1-1）是内蒙古草原最重要的成灾种。亚洲小车蝗是地栖性害虫，适生于植物稀疏、地面裸露的板结的沙质土，喜向阳坡地等地面温度较高的环境，有明显的向热性，每天以中午活动最盛，阴雨天及大风天不活动，成虫都有趋光性。亚洲小车蝗主要为害禾本科、莎草科等牧草，高密度发生时对牧草的取食几乎没有选择性，是目前为害我国北方的主要蝗虫之一。一年发生1代，正常年份，越冬卵5月下旬至6月初开始孵化，成虫7月中下旬开始产卵。产卵时，选择向阳温暖、地面裸露、土质板结、土壤温度较高的地方，并以卵在土中越冬。

图1-1　亚洲小车蝗（*Oedaleus decorus asiaticus*）

a. 雌虫；b. 雄虫

1.1.2　白边痂蝗

白边痂蝗（*Bryodema luctuosum luctuosum*，图1-2）一年发生1代，越冬卵5月上中旬

开始孵化，成虫6月中旬羽化，雌蝗7月中旬开始产卵于植被稀疏的地表坚硬处。每头雌虫产卵囊2～3块，每块平均含卵27粒左右。白边痂蝗分布于植被稀疏、土壤沙质的干旱草原，主要为害冷蒿、羊草、针茅、赖草、小旋花等，是典型草原退化区及荒漠化草原的重要害虫。

图1-2 白边痂蝗（*Bryodema luctuosum luctuosum*）

a. 雌虫（展翅）；b. 雄虫（侧面）

1.1.3 宽须蚁蝗

宽须蚁蝗（*Myrmeleotettix palpalis*，图1-3）一年发生1代，越冬卵5月上中旬开始孵化出土，成虫6月中旬羽化，6月下旬至7月上旬为羽化盛期，雌蝗7月上中旬开始产卵，成虫可以存活到8月。宽须蚁蝗是退化典型草原和荒漠草原重要的优势种蝗虫之一，以取食禾本科牧草为主，也取食豆科、菊科、莎草科植物，大发生时可将禾本科牧草吃光。

图1-3 宽须蚁蝗（*Myrmeleotettix palpalis*）

1.1.4 毛足棒角蝗

毛足棒角蝗（*Dasyhippus barbipes*，图1-4）一年发生1代，毛足棒角蝗属于早期种，越冬卵5月初开始孵化，成虫6月初羽化，雌蝗7月中旬产卵。毛足棒角蝗广泛分布于干旱草原和草甸草原，在荒漠草原也有分布。毛足棒角蝗喜取食羊草、冰草、冷蒿等，是内蒙古草原重要的优势种蝗虫之一，发育期早，对禾本科牧草早期生长的危害性很大。

图1-4　毛足棒角蝗（*Dasyhippus barbipes*）

a. 雄虫；b. 雌虫

1.1.5　鼓翅皱膝蝗

鼓翅皱膝蝗（*Angaracris barabensis*，图1-5）一年发生1代，越冬卵5月上旬开始孵化，成虫8月上旬羽化，雌蝗8月下旬开始产卵，成虫一直活动到10月。鼓翅皱膝蝗喜居阳光充足的地方，最佳栖息地为退化草场；喜食菊科、百合科植物，以取食菊科植物为主，最喜食艾蒿、冷蒿、委陵菜等。

图1-5　鼓翅皱膝蝗（*Angaracris barabensis*）

a. 雌虫；b. 雄虫

1.1.6　狭翅雏蝗

狭翅雏蝗（*Chorthippus dubius*，图1-6）一年发生1代，越冬卵6月上旬开始孵化，成虫7月中旬开始羽化，8月是成虫活动的盛期。雌蝗9月初大批产卵。主要发生在植被较稀疏的禾本科草原上，覆盖度低于85%的莎草科草原也有少量分布。狭翅雏蝗喜食羊草、薹草、冰草、冷蒿、双齿葱，是禾本杂草兼食种。大发生年代，危害相当严重。

图1-6　狭翅雏蝗（*Chorthippus dubius*）

a. 雄虫（展翅）；b. 雌虫

1.1.7　大垫尖翅蝗

大垫尖翅蝗（*Epacromius coerulipes*，图1-7）一年发生1代，越冬卵6月孵化，成虫7月羽化。发生在土壤潮湿、地面返碱、植被稀疏的环境中，干燥地区、山坡地带则无分布。成虫喜产卵于高岗、河堤、田埂、路旁和湖区荒地杂草稀矮、阳光充足的地方。大垫尖翅蝗喜食禾本科、豆科、菊科、藜科、蓼科牧草，也常为害玉米、高粱、谷子、小麦、苜蓿等作物。

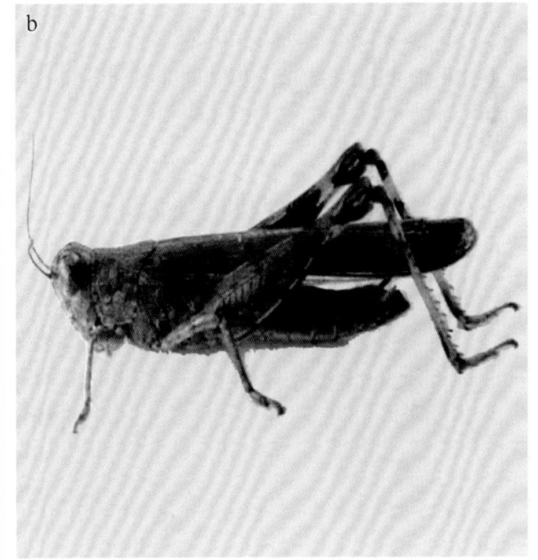

图1-7　大垫尖翅蝗（*Epacromius coerulipes*）

a. 雌虫（展翅）；b. 雄虫（侧面）

1.1.8　红翅皱膝蝗

红翅皱膝蝗（*Angaracris rhodopa*，图1-8）一年发生1代，以卵在土中越冬，越冬卵5月上旬开始孵化，成虫7月中旬出现。分布于典型草原和荒漠草原，栖息于傍山坡地和比较干旱、土壤含沙量高、植被稀疏的草原上。红翅皱膝蝗取食菊科、百合科、蔷薇科植物，主要为害冷蒿、艾蒿及多根葱。

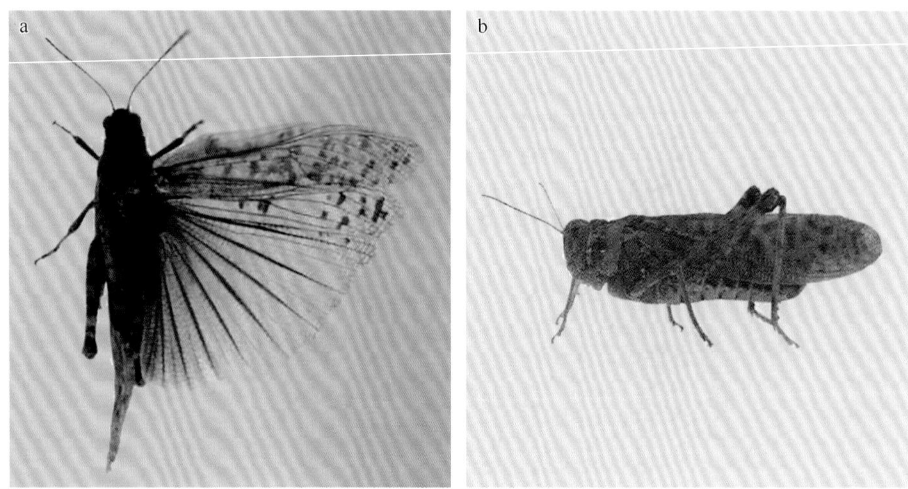

图1-8　红翅皱膝蝗（*Angaracris rhodopa*）

a. 雌虫（展翅）；b. 雄虫（侧面）

1.1.9　短星翅蝗

短星翅蝗（*Calliptamus abbreviatus*，图1-9）一年发生1代，越冬卵6月中旬开始孵化，成虫7月末到8月上旬羽化，雌蝗8月下旬到9月产卵。在山坡丘陵草地中种群数量大，善跳不善飞。除取食外，常在地面上活动。短星翅蝗以艾蒿、冷蒿、委陵菜等杂类草为食，对许多农作物也形成一定的危害。

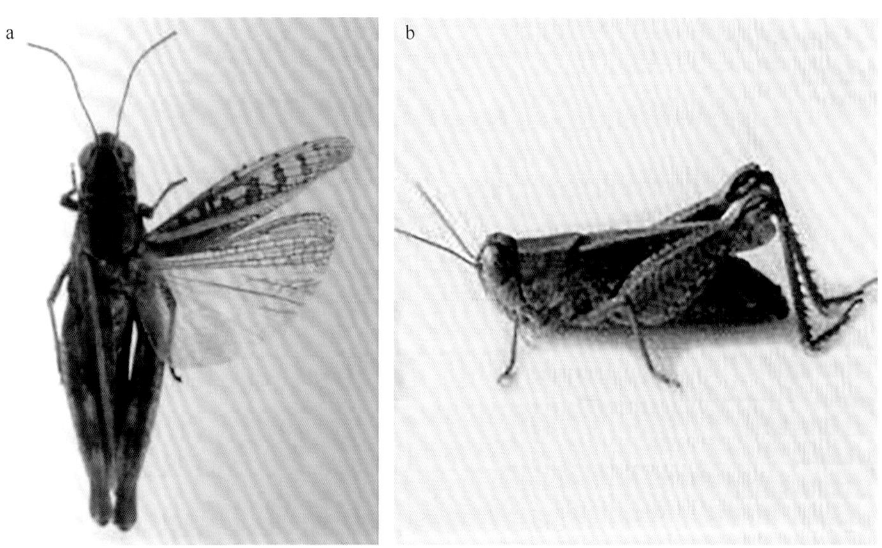

图1-9　短星翅蝗（*Calliptamus abbreviatus*）

a. 雌虫（展翅）；b. 雄虫（侧面）

1.1.10　笨蝗

笨蝗（*Haplotropis brunneriana*，图1-10）一年发生1代，越冬卵5月下旬开始孵化，7月中旬成虫开始出现，大量成虫在7月下旬和8月上旬羽化，并在向阳山坡及田埂上产卵。笨蝗食性杂，以取食蒿草和百合科植物为主，也为害苜蓿、玉米、高粱、豆类等。在草地蝗虫为害严重地区，大量的优质牧草被笨蝗啃食，甚至连其平时忌食的豆科牧草也没有幸免，灾区内草场一片枯黄景象，蝗灾过后大部分地区地表裸露，给当地草原生态环境造成严重破坏。

图1-10　笨蝗（*Haplotropis brunneriana*）

a. 雌虫；b. 雄虫

1.2　草原蝗虫发生概况及成灾原因

1.2.1　发生概况

草原蝗虫是我国草原上主要害虫之一，近年来维持高发态势，对我国畜牧业生产和草原生态环境造成严重破坏，对农牧民的生产和生活造成严重威胁。2000～2013年，全国草原蝗虫年均为害面积维持在1000万hm^2以上，其中危害比较严重的2003～2004年，发生面积超过1700万hm^2，最高达1780万hm^2。内蒙古等地优势种蝗虫亚洲小车蝗年均为害面积达到340万hm^2，新疆的意大利蝗年均为害面积达到100万hm^2，青藏高原的西藏飞蝗年均为害面积达16万hm^2。由草原蝗虫为害造成的牧草直接经济损失年均约16亿元。2014～2019年，草原蝗虫的为害面积有所下降，年均为害面积维持在800万～1000万hm^2，其中危害比较严重的2014年，发生面积达到953万hm^2。近年来，由于农牧区草原生态环境条件变化和草原蝗虫人工防控技术干扰，草原蝗虫的发生呈现一些新的特点：全国草原蝗虫发生为害面积总体呈下降趋势，但仍属于偏重发生态势。局部地区气候变化反常，造成蝗灾发生态势的不确定性，大规模发生频率显著减小，而区域性局部发生蝗灾的可能性增加，局部多种蝗虫同时为害趋势加重。10万亩以上大面积连片发生区减少，草原蝗虫为害呈现岛状分布，表现出整体减轻、局部加重的新特征。由于气候变化影响，不同种类蝗虫越冬卵的孵化出土时间参差不齐现象越发明显，早、中、晚期种重叠严重。由于以前我国草原蝗虫的防治措施主要针对中期种，早期种和晚期种有偏重发生趋势。

草原蝗虫的发生不但造成严重的经济损失，而且其时常侵入城市干扰市民生活。以蝗虫为主的草原虫害此起彼伏，致使部分地区寸草不留，加速了草原沙化、退化，个别地方出现了虫进人退的现象，严重制约灾区畜牧业健康发展。由于对草原蝗虫暴发成灾规律研究不够、对其种群动态的预测预报不准、防治工作相对滞后，常常是牧草被蝗虫啃食一空，给我国的草地畜牧业造成严重损失，经济损失巨大。此外，草原蝗虫暴发对边境地区社会稳定造成严重影响。2003年，在内蒙古中部地区亚洲小车蝗大暴发，并侵入二连浩特、锡林浩特等8个城市，严重干扰了居民生活，造成一定的社会恐慌。2003年和2004年亚洲飞蝗从哈萨克斯坦迁入我国新疆吉木乃县。2006年西藏飞蝗大批迁入我国西藏阿里地区，对边境地区农牧业生产和人民生活稳定造成严重影响。

1.2.2 暴发成灾的主要原因

蝗虫灾害是一种国际性的自然生物灾害，在世界许多国家和地区蝗灾依然是制约经济发展与国民生活水平的重要因素。近年来蝗灾猖獗发生，分析其主要原因，大致可归纳为以下几点。

1.2.2.1 气候条件的影响

内蒙古草原蝗虫大暴发的主要气象原因是冬春高温和夏初的干旱少雨。一般，早春容易满足蝗卵孵化的温度条件，但湿度条件相对欠缺。近几年，夏秋气候干燥，降水量偏少，气温变化大，气温比往年有所上升，干旱加剧。冬春季偏暖、夏秋季炎热的天气，使蝗虫的发育加快，繁殖力增强，蝗卵越冬成活率提高。连年气候干旱常常是导致蝗虫大发生的一个重要原因。

1.2.2.2 草场植被破坏及草原退化

草场植被的盖度及高度等直接影响蝗虫的繁衍生存。研究表明，蝗虫喜欢产卵于植被盖度小于50%的草场中的裸地上。草场的不合理利用、过度放牧及气候因素导致草场退化、沙化、植被稀疏，这为蝗虫产卵提供了适宜的场所。据资料统计，内蒙古天然草场退化面积达2800万hm^2，占草场可利用面积的43.8%。生态破坏，过度放牧，草原严重退化、沙化，导致生物多样性降低，蝗虫天敌种类数量剧减。

1.2.2.3 防治手段和方法的局限性

现阶段，化学防治仍为蝗虫应急防治、防灾减灾的重要手段。据统计，内蒙古地区化学防治所占比例约为85%，生态控制约占11%，生物防治约占4%。同时，由于化学农药使用不当，大量杀伤了蝗虫天敌，这是蝗虫暴发成灾的重要原因之一。

1.2.2.4 蝗虫具有很大的生物潜能

草原蝗虫作为草原生态系统最活跃的组成部分之一，具有适应性强、食性广而杂、抗逆性强、繁殖能力极强等特点。尤其是繁殖能力，以锡林郭勒草原成灾主要蝗种——亚洲小车蝗为例，每年7月中旬以后，成虫开始进入产卵期。每头雌虫可产卵2～3块，每块有卵20～80粒，在土中越冬。可见，草原蝗虫大发生的潜在可能性年年都有。而且蝗虫具有聚集、扩散、迁飞习性，可从异地迁入，这增加了监测预警和防控的难度。

1.3 我国北方草原蝗虫优势种——亚洲小车蝗成灾潜力分析

1.3.1 亚洲小车蝗发生情况及其迁飞现象

亚洲小车蝗是目前为害我国北方草地的主要蝗虫之一。亚洲小车蝗飞行能力很强，近年来，亚洲小车蝗在大发生时常具有聚集取食并且集体转移的习性，曾有人观察到其有迁飞现象，不仅为害草原，而且群集式地在城市中心大量出现，给人们的生活也造成了极大的困扰。研究表明，亚洲小车蝗具有远距离迁飞的习性，多在夜间飞行，具有较强的趋光性。2002年对内蒙古赤峰市区、翁牛特旗乌丹镇、多伦县，河北张家口市区、承德市区亚洲小车蝗的研究结果显示，在内蒙古赤峰市的翁牛特旗乌丹镇于2002年7月4～5日就开始有大量的亚洲小车蝗在城区内出现，6～7d之后突然减少。巴林左旗和阿鲁科尔沁旗植保站的农技员调查发现，在2002年7月初亚洲小车蝗将当地的大片谷子吃光了，情况十分严重，但是在7月中旬后亚洲小车蝗明显减少。在赤峰市区于2002年7月6～10日大量出现亚洲小车蝗成虫，6～7d之后突然减少。在内蒙古多伦县7月8～9日大量出现亚洲小车蝗成虫，6～7d之后突然减少。在河北承德市于2002年7月10～11日出现大量的亚洲小车蝗成虫，6～7d之后突然减少。在河北张家口市于2002年7月10～11日大量出现亚洲小车蝗成虫，10d之后突然减少。而北京是在7月11～12日开始大量出现亚洲小车蝗，10d之后突然减少。对亚洲小车蝗的迁飞和降落观察结果表明，亚洲小车蝗成虫是从高空降落下来的，其基本轨迹是从天空或是向右旋转或是向左旋转朝向光的方向降落，降落后一般不再作剧烈飞翔。亚洲小车蝗的迁飞大多发生在晚上，大约20:00开始出现，21:00～24:00为鼎盛期，次日3:00后便停止迁移。7月16日晚观察结果表明，在20:30～24:00，风向南，持续有虫。亚洲小车蝗均从天而降，主要来自北方和东北方，高度100～200m。7月17日晚观察结果表明，21:00风向南，亚洲小车蝗多，其中以21:30～22:30最多；22:00风向北，亚洲小车蝗少；22:40风向东北，亚洲小车蝗少；23:00风向北，亚洲小车蝗少。亚洲小车蝗是以小群体飞行。

亚洲小车蝗暴发的主要特点：在某些地区大量出现的亚洲小车蝗均为成虫；发生面积较大，突发性极强，在大量成虫出现之前，在该区域未发现大量亚洲小车蝗若虫迹象。而且在一个区域暴发7d左右，数量立即急剧减少。成虫趋光性很强，在晚间常在灯光强的地方出现大量的亚洲小车蝗成虫。经解剖，发现在2002年7月中旬采集到的大部分亚洲小车蝗雌虫处于卵巢发育早期。发生时间次序是北早南晚、逐渐推进。部分亚洲小车蝗可以在短时间内存活，极少部分能产卵。大部分蝗虫不能长期存活。因此，有必要对其加强监测，为翌年的防治做好准备。经过上述观察与分析，人们发现亚洲小车蝗具有迁飞性昆虫的许多特征。可以初步认为北京此次亚洲小车蝗暴发的虫源是从外地迁入的，虫源基地为内蒙古东部和东北部（即北京的北部和东北部）。在非洲有过塞内加尔小车蝗（*Oedaleus senegalensis*）远距离迁飞的报道。据观察，塞内加尔小车蝗一夜的迁飞距离可达350km。而亚洲小车蝗与塞内加尔小车蝗同为斑翅蝗科小车蝗属，因此其习性有可能相近，均有迁飞的特性。本研究仅对亚洲小车蝗的迁飞现象做了初步观察，但是仍有很多问题尚待进一步研究。今后有必要加强对亚洲小车蝗的深入研究，才能更有针对性地提出控制亚洲小车蝗的有效对策和技术。

1.3.2　亚洲小车蝗飞行能力研究

种群密度是诱导昆虫迁飞行为发生的重要环境因子之一。种群密度同环境因子（光周期、温度）一样，都是影响昆虫迁飞行为发生的重要因子，虽然遗传因子对昆虫的飞行能力有一定影响，但是环境因子的作用更为重要，尤其种群密度对昆虫的飞行能力有直接的影响。郭利娜等（2011）的研究表明，种群密度增加对马铃薯甲虫（*Leptinotarsa decemlineata*）越冬代成虫飞行具有明显的刺激作用；对东亚飞蝗（*Locusta migratoria*）的研究表明，飞蝗生态型转变与种群密度有显著的相关性，而且种群密度高低可影响它从群居型向散居型转化的速度；非洲黏虫（*Spodoptera exempta*）研究中，幼虫密度可影响其变型，即分为高密度条件下产生的群居型、低密度条件下产生的散居型，以及居于两者之间的中间型。

亚洲小车蝗属于土蝗，虽然近年来很多人观察到其迁飞行为，但是对其迁飞习性还没有确定，对该种是否具有群居型与散居型的划分也不明确，高密度和低密度种群间形态上没有明显的差异。飞行磨吊飞测试研究表明，不同种群密度对亚洲小车蝗的飞行能力有显著影响，亚洲小车蝗高密度种群平均累计飞行距离近15km，累计飞行时间可达1.42h；而低密度种群成虫累计飞行距离大多在3km左右，累计飞行时间仅为0.31h。亚洲小车蝗高密度种群的飞行能力显著高于低密度种群。刘辉等（2007）对东亚飞蝗飞行能力的研究表明，13日龄的散居型东亚飞蝗平均累计飞行距离和累计飞行时间均比群居型少16/17～17/18。高种群密度与食物数量、质量下降常常同时发生，而且食物资源缺乏能够诱导种群迁飞行为的发生。以上结果表明，亚洲小车蝗具有群居型和散居型的分化，而且亚洲小车蝗聚集暴发时具有迁飞的可能。虽然研究结果表明亚洲小车蝗的飞行能力较东亚飞蝗低很多（东亚飞蝗的累计飞行距离可达35km以上），但是由于所取样本数及室内环境条件限制，需要结合田间试验进行深入研究。

1.3.2.1　亚洲小车蝗飞行能力与成虫日龄的关系

选择高密度区的亚洲小车蝗为研究对象，在飞行磨上吊飞12h，对成虫的飞行距离、飞行时间和飞行速度等指标进行测定。结果表明，成虫的飞行能力随成虫日龄增加而发生变化。初羽化及1日龄成虫由于虫体较软、飞行肌发育不完全，飞行能力弱，不具备远距离飞行的能力。2日龄后成虫飞行能力逐渐增强，因此从4日龄开始测定亚洲小车蝗的飞行能力。测试结果表明，不同日龄的亚洲小车蝗成虫间飞行能力存在显著差异。4日龄成虫具有了一定的飞行能力，从4日龄起平均飞行距离和飞行时间大幅增加，13日龄达到最高峰，20日龄开始下降但仍有较强的飞行能力。在12h的飞行测试中，4日龄成虫单头平均累计飞行时间可达0.2h，平均累计飞行距离2km左右；7日龄成虫的飞行能力开始增强；13日龄成虫飞行能力达到最强，其平均累计飞行时间可达1.42h，累计飞行距离近15km；20日龄的飞行能力开始减弱。从结果可以看出，成虫的平均飞行速度也随着日龄增长而逐渐提高，4日龄、7日龄成虫平均飞行速度与10日龄、13日龄、20日龄差异显著（$P<0.05$），10日龄后成虫飞行速度变化不大。

亚洲小车蝗不同性别成虫飞行能力与虫龄关系比较结果表明（表1-1、表1-2），雌虫飞行能力（平均飞行距离和平均飞行时间）略强于雄虫，不同日龄雌雄成虫飞行能力的变化趋势基本一致。雌雄成虫之间的飞行参数均相近，即性别间的飞行能力差异不显著（$P>0.05$）。雄虫4日龄飞行能力最弱，13日龄飞行能力达到最强。

表1-1　亚洲小车蝗雌虫飞行能力与虫龄关系

日龄/d	样本数	平均飞行距离/km	平均飞行时间/h	平均飞行速度/（m/s）	最大飞行速度/（m/s）
4	20	1.69±1.18c	0.21±0.09c	0.89±0.08b	1.21±0.07b
7	20	3.94±0.97c	0.52±0.10c	1.05±0.10ab	1.46±0.08ab
10	20	7.87±0.67b	0.85±0.36b	1.26±0.12a	1.83±0.13a
13	20	13.96±2.11a	1.42±0.55a	1.83±0.16a	2.01±0.19a
20	20	10.51±1.46ab	0.92±0.42ab	1.79±0.20a	1.96±0.28a

注：所列数据为平均数±标准误；同列不同小写字母代表在0.05水平差异显著（Duncan's多重比较）。下同

表1-2　亚洲小车蝗雄虫飞行能力与虫龄关系

日龄/d	样本数	平均飞行距离/km	平均飞行时间/h	平均飞行速度/（m/s）	最大飞行速度/（m/s）
4	20	1.16±0.34c	0.17±0.06b	0.82±0.10b	1.17±0.09b
7	20	2.53±0.67c	0.39±0.08b	1.06±0.09b	1.39±0.10ab
10	20	6.98±1.00b	0.71±0.22a	1.21±0.08ab	1.78±0.11a
13	20	12.74±2.68a	1.39±0.32a	1.79±0.09a	2.00±0.09a
20	20	9.56±2.03a	0.81±0.19a	1.81±0.18a	1.91±0.15a

1.3.2.2 亚洲小车蝗飞行能力与种群密度的关系

12h的吊飞测试结果表明，种群密度对亚洲小车蝗飞行能力有显著影响，即同日龄的亚洲小车蝗高密度种群飞行能力极显著高于低密度种群，雌雄成虫测试结果一致（图1-11、图1-12）。高密度种群，雌虫最大飞行距离可达14km，雄虫可达10km，在13日龄飞行能力最强，平均飞行时间雌虫近1.5h，雄虫近1.2h，表现出较强的飞行能力。低密度种群各日龄也有一定的飞行能力，雌雄之间差异不显著；雌虫最大飞行距离约为5km，13日龄飞行距离最大，这点与高密度种群相同；各日龄的单头累计飞行距离大多在3km左右。结果表明，低密度种群亚洲小车蝗的飞行能力不强。

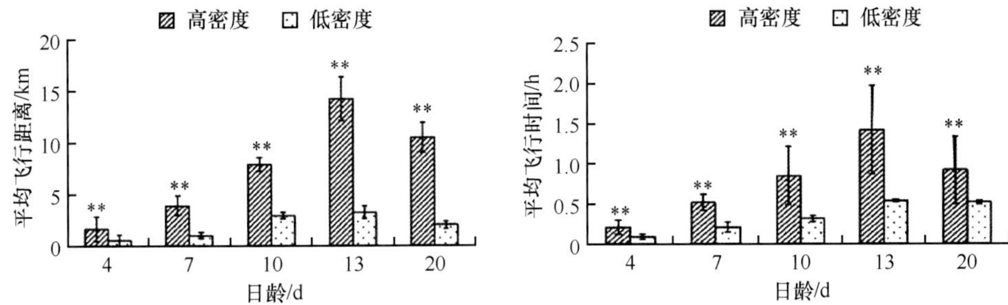

图1-11 不同种群密度的亚洲小车蝗雌成虫的平均飞行距离和平均飞行时间

**表示差异极显著（$P<0.01$），下同

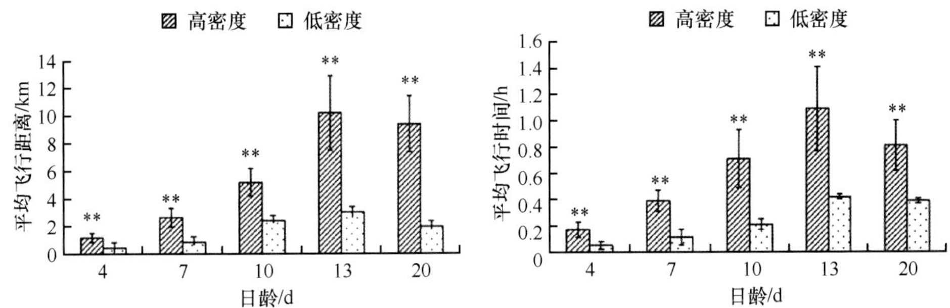

图1-12 不同种群密度的亚洲小车蝗雄成虫的平均飞行距离和平均飞行时间

昆虫的迁飞行为一直是国内外昆虫研究领域中的热点，应用飞行磨来研究昆虫的飞行行为虽不能完全模拟或表达昆虫飞行的自然状况，但迄今为止其在昆虫的生理、生态研究中仍是被普遍认可和应用的一种实验方法。许多昆虫学家通过飞行磨吊飞测试研究昆虫的飞行行为，在蝗虫方面，张龙等（1995）利用飞行磨研究感染微孢子虫前后群居型和散居型东亚飞蝗飞行能力的差异；刘辉等（2007）对群居型与散居型东亚飞蝗飞行能力进行了比较研究。目前对亚洲小车蝗这一重大草原害虫的飞行能力及迁移生物学等方面的研究还处于空白状态，有许多基础科学问题尚不明确。

目前，研究者总结了国内外蝗虫研究状况和近期新进展，但是对蝗虫的飞行能力、迁飞等相关研究还很少。我国仅对东亚飞蝗振翅频率、飞行能力等开展过一些研究，对亚洲小车蝗飞行能力及相关机制的研究尚处于空白状态，亟待加强。蝗虫出现散居型向群居型转变和群居型的大规模迁飞是其猖獗为害的重要特点。因此，控制群居型群体的形成是控制蝗灾发生的关键。

1.3.3　环境条件对亚洲小车蝗飞行能力的影响

环境条件，特别是温湿度对亚洲小车蝗的飞行能力有显著的影响。研究结果表明，适于亚洲小车蝗10日龄成虫飞行的温度为28℃，相对湿度为60%。在温度16℃以下或28℃以上，其飞行能力明显降低。在温度为28℃时，亚洲小车蝗的平均飞行时间、平均飞行距离最大分别为1.46h、9.65km。在相对湿度为40%～80%时，成虫均能进行正常的飞行活动。相对湿度为60%时，成虫飞行能力最强。在28℃、相对湿度为60%条件下，单个个体的最大飞行时间、最大飞行距离和最大飞行速度可分别达1.62h、9.87km和2.03m/s，表现出亚洲小车蝗具有较强的飞行能力。温度、湿度对亚洲小车蝗成虫飞行能源物质消耗有显著影响。在适宜的温度、湿度下飞行时，成虫主要飞行能源物质（甘油三酯）消耗最少，其飞行单位距离所需的甘油三酯也最少，即能源利用效率最高。随着温度、湿度从适宜到不适宜，甘油三酯消耗有逐渐增多的趋势。飞行能源物质利用效率的不同是导致其在不同温湿度下飞行能力产生差异的主要原因之一。

1.3.3.1　温度对亚洲小车蝗飞行能力的影响

如表1-3所示，亚洲小车蝗雌虫、雄虫的平均飞行距离在16℃时分别为2.84km和2.75km；随温度的提高而增加，到28℃时达最高，分别为9.65km和8.89km；之后随着温度的进一步增高有所下降，在32℃时分别为7.54km和7.62km。亚洲小车蝗雌虫、雄虫在不同温度下的平均飞行时间变化趋势与平均飞行距离相似，在16℃时分别为0.67h和0.68h；平均飞行时间随温度的增高而增加，到28℃时达最高，雌虫、雄虫分别为1.46h和1.38h；随着温度的进一步增高有所下降，在32℃时分别为1.28h和1.31h。亚洲小车蝗雌虫、雄虫的平均飞行速度随温度的增高而增加，在16℃时分别为1.04m/s和0.96m/s，28℃时达最高，分别达到1.82m/s和1.74m/s。不同温度下的平均飞行速度变化趋势与平均飞行距离和平均飞行时间相似。差异显著性分析表明，亚洲小车蝗在16℃、20℃、24℃和28℃、32℃下的平均飞行速度存在显著差异。雌虫、雄虫在不同温度下的飞行速度差异不显著。

表1-3　不同温度条件下亚洲小车蝗的平均飞行距离、平均飞行时间和平均飞行速度

性别	温度/℃	测试虫数/头	平均飞行距离/km	平均飞行时间/h	平均飞行速度/（m/s）
♀	16	10	2.84±0.08b	0.67±0.02a	1.04±0.09b
	20	10	4.26±0.95a	0.85±0.23a	1.24±0.09b
	24	10	4.75±1.26a	0.95±0.22a	1.39±0.10b
	28	10	9.65±1.13c	1.46±0.41b	1.82±0.28a
	32	10	7.54±0.86c	1.28±0.36b	1.67±0.12a
♂	16	10	2.75±0.06c	0.68±0.02a	0.96±0.08b
	20	10	3.92±0.87a	0.78±0.24a	1.26±0.11b
	24	10	4.72±1.28b	1.03±0.21a	1.32±0.12b
	28	10	8.89±0.92d	1.38±0.37b	1.74±0.24a
	32	10	7.62±0.57e	1.31±0.41b	1.64±0.14a

1.3.3.2　相对湿度对亚洲小车蝗飞行能力的影响

亚洲小车蝗的飞行能力与相对湿度之间的关系见表1-4。结果表明，亚洲小车蝗雌雄虫的平均飞行能力随相对湿度的提高而增加，在相对湿度为60%时飞行能力达最高，相对湿度为80%时飞行距离有所下降但是幅度不大。雌雄虫在不同相对湿度下的飞行能力差异不大。在相对湿度为60%条件下雌成虫的平均飞行距离、平均飞行时间和平均飞行速度分别为11.81km、1.68h和2.03m/s。差异显著性分析结果表明，亚洲小车蝗在相对湿度为40%条件下的平均飞行距离、平均飞行时间和平均飞行速度均与60%存在显著差异。

表1-4　不同相对湿度条件下亚洲小车蝗的平均飞行距离、平均飞行时间和平均飞行速度

性别	相对湿度/%	虫数/头	平均飞行距离/km	平均飞行时间/h	平均飞行速度/（m/s）
	40	10	6.62±1.24b	1.12±0.23b	1.57±0.21b
♀	60	10	11.81±1.16a	1.68±0.42a	2.03±0.31a
	80	10	10.64±0.97a	1.58±0.41a	1.72±0.25b
	40	10	6.49±1.14b	1.09±0.28b	1.53±0.23b
♂	60	10	11.24±0.94a	1.61±0.37a	1.96±0.27a
	80	10	10.48±0.81a	1.49±0.34a	1.67±0.22b

1.3.3.3　温度对亚洲小车蝗飞行能源物质利用的影响

1. 温度对飞行成虫体重消耗的影响

测定了16～32℃亚洲小车蝗飞行12h后体重变化和含水量的情况。结果（表1-5）表明，13日龄雌雄成虫在不同温度下飞行12h后体重消耗、含水量变化差异显著（$P<0.05$）。亚洲小车蝗飞行后体重消耗在测定范围内随温度的升高而增加，32℃时体重消耗略有减少，雌虫体重是雄虫的2～3倍，所以体重消耗也比雄虫大，但是雌雄虫体重损失率无显著差异。成虫飞行后体内含水量随温度的升高总体上呈下降趋势。从结果可以看出，温度与雌雄成虫体重和水分的消耗有着直接的关系。一定温度范围内随温度的升高，成虫体内水分和体重消耗均有所增加。雌雄虫变化趋势相同，雌虫体重和水分的消耗均大于雄虫。温度大于32℃后，成虫体重消耗减少，但体内水分消耗仍增加。

表1-5　亚洲小车蝗在不同温度下吊飞12h后的体重消耗及含水量

性别	温度/℃	虫数/头	每头体重消耗		飞行后含水量	
			失重/mg	损失率/%	含水量/mg	占鲜重比例/%
	16	15	110.32±26.5c	16.72	274.37±37.2a	41.61
	20	13	147.22±27.1b	21.43	257.72±36.5a	37.35
♀	24	15	163.26±27.1b	24.35	222.71±35.4b	33.24
	28	12	191.16±26.3a	29.52	204.55±35.6b	31.47
	32	15	176.54±25.7ab	27.63	169.85±35.2c	26.54
	16	15	29.96±8.2c	14.98	81.08±14.8a	40.54
	20	13	43.23±9.1b	19.65	81.16±14.6a	36.89
♂	24	15	48.01±9.1a	22.86	72.26±14.8ab	34.41
	28	12	55.63±9.3a	26.49	62.33±14.1b	29.68
	32	15	55.74±9.1a	25.34	55.46±13.7b	25.21

2. 温度对飞行成虫甘油三酯消耗及其利用效率的影响

不同温度下，亚洲小车蝗成虫飞行12h后体内甘油三酯含量差异显著（P<0.05）（表1-6）。16℃时蝗虫飞行后体内甘油三酯含量较低，雌虫、雄虫分别为每头26.55mg、10.18mg，与对照（室温不飞）相比减少36.21%和34.66%，此后随温度的升高而增加，28℃时达到最高，雌虫、雄虫分别为33.08mg、12.56mg，与对照相比减少20.52%和19.38%，32℃甘油三酯含量又有所下降。结果表明，亚洲小车蝗在24～28℃条件下飞行时所需的能源物质较少，而高于或低于这个范围飞行所需的能源物质增加，其中高温条件下所消耗的能源物质比低温多。雌雄成虫的变化趋势相同。进一步分析不同温度下成虫飞行后对甘油三酯的利用效率，可以看出，在最适温度（28℃）下，不仅飞行消耗甘油三酯较少，而且单位飞行距离其甘油三酯的消耗也明显减少，这说明在适宜温度下飞行时甘油三酯利用效率较高（P<0.05）。

表1-6　亚洲小车蝗在不同温度下吊飞12h后体内甘油三酯含量及其利用效率

性别	温度/℃	虫数/头	每头甘油三酯含量		每头甘油三酯利用效率/（mg/km）
			含量/mg	与对照相比/%	
♀	16	12	26.55±7.21c	−36.21	2.912±0.215a
	20	10	29.06±7.36bc	−30.17	2.004±0.147b
	24	12	32.03±7.46b	−23.04	1.375±0.091c
	28	11	33.08±6.94b	−20.52	0.664±0.082d
	32	12	24.63±5.67c	−40.83	1.621±0.156b
	CK	12	41.62±11.08a		
♂	16	11	10.18±3.06b	−34.66	1.124±0.232a
	20	12	11.29±3.25b	−27.52	0.706±0.142b
	24	10	12.06±2.94ab	−22.58	0.529±0.095c
	28	12	12.56±3.41a	−19.38	0.268±0.062d
	32	12	9.92±2.08b	−36.32	0.571±0.115b
	CK	12	15.58±4.82a		

3. 相对湿度对飞行成虫能源物质利用的影响

相对湿度在40%～80%时亚洲小车蝗飞行12h后体重和含水量的变化情况见表1-7。结果表明，13日龄雌雄成虫在不同相对湿度下飞行后体重消耗、含水量变化差异显著（P<0.05）。亚洲小车蝗飞行后体重消耗在相对湿度为60%时最低，低湿和高湿都会增加飞行后的体重消耗，雌雄虫体重损失率差异不显著。湿度对成虫飞行后体内含水量也有一定影响，相对湿度为40%时体内水分消耗较大，相对湿度为60%和80%时水分消耗差异不显著，雌雄虫变化趋势相同。

表1-7　亚洲小车蝗在不同相对湿度下吊飞12h后的体重消耗及含水量

性别	相对湿度/%	虫数/头	体重消耗		飞行后含水量	
			失重/mg	损失率/%	含水量/mg	占鲜重比例/%
♀	40	11	192.67±28.4b	29.87	159.83±24.6b	24.78
	60	12	138.51±26.1a	21.64	208.57±25.2a	32.59
	80	15	173.93±27.5b	27.52	198.32±24.7a	31.38
♂	40	15	63.07±17.62c	28.67	57.37±13.7b	26.08
	60	15	42.39±13.3a	20.19	64.30±14.2a	30.62
	80	13	55.51±14.6b	26.43	66.01±15.1a	31.43

4. 相对湿度对飞行成虫甘油三酯消耗及其利用效率的影响

相对湿度对亚洲小车蝗成虫飞行12h后体内甘油三酯消耗的影响见表1-8。结果表明，在相对湿度为60%时，飞行后成虫体内甘油三酯的消耗最低，均小于相对湿度为40%和80%时的消耗。在高湿的条件下，成虫飞行所消耗的甘油三酯比在低湿条件下又要少一些。说明在较适宜的湿度条件下，成虫飞行所需的能源物质较少，而在低湿或高湿条件下所需的能源物质均较多。进一步分析不同湿度条件下飞行12h后对甘油三酯利用效率的结果，表明适于飞行的湿度条件下其不仅甘油三酯消耗较少，而且单位飞行距离其甘油三酯的消耗也明显减少，亚洲小车蝗飞行的能源利用效率较高。

表1-8　亚洲小车蝗在不同湿度下吊飞12h后体内甘油三酯含量及其利用效率

性别	相对湿度/%	虫数/头	甘油三酯含量		每头甘油三酯利用效率/（mg/km）
			含量/mg	与对照相比/%	
♀	40	12	28.03±7.22c	−31.57	1.871±0.215c
	60	11	32.25±7.68b	−21.26	0.762±0.087a
	80	12	30.06±7.45c	−26.61	0.914±0.113b
	CK	12	40.96±6.42a		
♂	40	12	11.30±3.84b	−30.50	0.697±0.146b
	60	11	12.86±3.16b	−20.91	0.306±0.095a
	80	12	11.85±3.03b	−27.12	0.384±0.124a
	CK	12	16.26±4.71a		

迁飞和扩散是昆虫在空间上适应环境变化的一种行为方式。该行为不仅受到其体内神经系统和激素调控，而且主要受外界环境条件的影响。温湿度对昆虫飞行过程具有重要影响，它是飞行行为的诱发因子之一，昆虫迁飞或迁移时通常会选择适宜的温湿度大规模起飞。研究表明，美洲斑潜蝇（*Liriomyza sativae*）飞行的适温范围是21～36℃，在33℃下其飞行能力最强。麦长管蚜飞行的温度为12～22℃，相对湿度为60%～80%。黏虫（*Mythimna separata*）不仅起飞需要一定的温度阈值，而且在迁飞过程中还具有飞行最适温湿度。从本研究可以看出，亚洲小车蝗具有一定的飞行能力，温度28～30℃和相对湿度60%～70%是其飞行的适宜条件。温度对亚洲小车蝗的飞行能力具有直接的影响，其飞行时所要求的温度较高。在温度

16℃以下和32℃以上，其飞行受到明显的抑制。湿度通过影响亚洲小车蝗体内的水分损失、能源物质代谢和亚洲小车蝗存活时间的长短间接影响其飞行能力。低湿环境下的飞行会造成虫体内水分的过多损耗，减弱其生理代谢活动，影响能量的代谢与转化，导致其飞行能力的下降。高湿有利于飞行时间的延长，但不利于飞行速度的提高；而低湿对亚洲小车蝗存活和飞行速度的提高均不利。亚洲小车蝗最佳飞行能力的发挥取决于其所处的环境条件，环境温度和空气相对湿度对亚洲小车蝗飞行的影响都非常明显，这些结果与前人对黏虫、小地老虎等的研究结果相同。

目前，对亚洲小车蝗飞行能源物质利用的研究表明，其主要的飞行能源物质为脂类和糖类，而脂类（甘油三酯）是其远距离飞行的能量保证（高书晶等，2013）。结果表明，亚洲小车蝗飞行时能源物质的消耗量与环境温湿度有着极为密切的关系，在不同温湿度条件下，飞行单位距离所需的能源物质不一样，在适宜的温湿度条件下，成虫飞行能力最强，单位飞行距离所需的甘油三酯较少，即飞行能源物质利用效率最高。表明在不同温湿度条件下，成虫飞行时对甘油三酯利用效率的不同可能是导致其飞行能力差异的主要原因之一。温湿度对亚洲小车蝗飞行的影响作用是明显的，不仅影响成虫飞行能力，而且会影响成虫飞行能源物质的消耗。飞行时亚洲小车蝗体重和体内含水量变化主要取决于环境温湿度的大小和飞行的强度。明确温湿度对迁飞昆虫飞行能力的影响，对于揭示其迁飞的诱导因素、起飞时期及迁飞规律等均具有重要意义。

1.3.4　气候变化对亚洲小车蝗发生的影响

1.3.4.1　亚洲小车蝗田间发生情况和田间分布格局

1. 亚洲小车蝗种群的数量动态

在内蒙古镶黄旗选择2个地区，在阿巴嘎旗选择1个地区，进行亚洲小车蝗低、中密度种群调查，调查结果分别见图1-13和图1-14，结果表明，由于2014年气温和雨水的关系，亚洲小车蝗于6月上中旬开始孵化出土，1～2龄蝗蝻高峰期在6月中下旬至7月初，终见期在7月下旬，高峰期的1～2龄蝗蝻数占整个1～2龄蝗蝻总量的55.30%，3～4龄蝗蝻于6月中旬始见，高峰期在7月中下旬，终见期在7月末。5龄蝗蝻和成虫于7月上旬始见，成虫高峰期在7月中旬至8月下旬，终见期在9月上旬。调查的低密度区和中密度区都在内蒙古镶黄旗，低、中密度的亚洲小车蝗种群动态趋势相似。

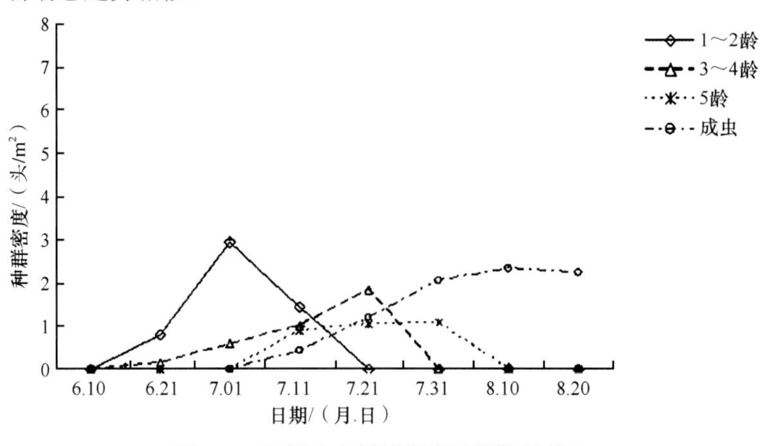

图1-13　亚洲小车蝗低密度种群数量动态

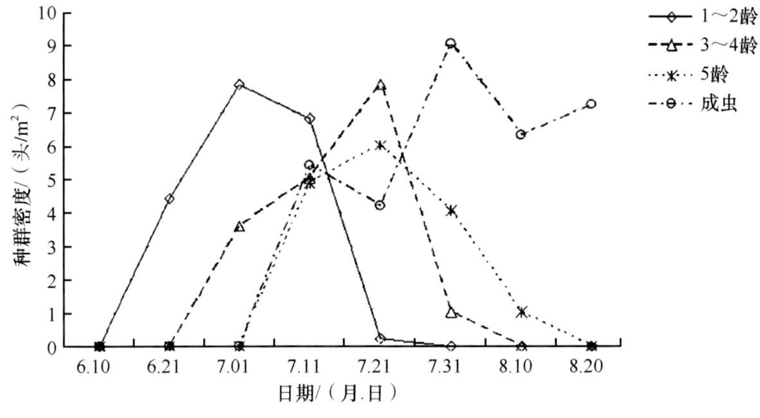

图1-14　亚洲小车蝗中密度种群数量动态

2. 亚洲小车蝗空间格局及动态规律

2014年亚洲小车蝗发生密度较低，所有调查地区最高密度为15～20头/m^2。以亚洲小车蝗平均密度（m）作为种群数量动态的测定指标，以聚块性指数（m^*/m）和扩散系数（C）作为种群空间动态的2个测定指标。表1-9统计结果表明，在亚洲小车蝗低密度发生区，亚洲小车蝗的聚集程度不高，扩散系数（C）与1差异的显著性检验（95%置信区间为0.4358～1.427）及聚块性指数（m^*/m）绝大多数接近于1，说明亚洲小车蝗低密度种群在发生期内多属于随机分布。以调查数据分别拟合Taylor幂方程$\lg S^2=\lg a+b\lg m$和Iwao方程$m^*=\alpha+m$，得$\lg S^2=0.235\ 94+0.619\ 11\lg m$（$r=0.9223^{**}$）和$m^*=0.749\ 02+0.824\ 83m$（$r=0.9682^{**}$）。由表1-9可以看出，扩散系数$C\approx1$，$m^*/m\approx1$，所以亚洲小车蝗低密度种群空间格局在总体上为随机分布。

表1-9　亚洲小车蝗低密度种群聚集度的测定

日期（月.日）	m^*	m^*/m	I	C_A	C	格局
6.21	2.0781	2.2084	1.1371	1.2084	2.1371	聚集
7.01	2.0939	1.0264	0.0539	0.0264	1.0539	随机
7.11	5.3398	1.0152	0.0798	0.0152	1.0798	随机
7.21	4.1340	1.0108	0.0440	0.0108	1.0440	随机
7.31	3.1905	1.0226	0.0705	0.0226	1.0705	随机
8.10	2.5024	1.0694	0.1624	0.0694	1.7624	聚集
8.20	2.4183	1.0845	0.1883	0.0845	1.1883	随机

m^*：平均拥挤度指标 $m^*=m+(S^2-m)/m$；I：丛生指标 $I=S^2/m-1$；C：扩散系数 $C=S^2/m$；C_A：久野指数 $C_A=1/K=(S^2/m-1)/m$，$K=m^2/(S^2-m)$。下同

亚洲小车蝗高密度发生区聚集度测定结果（表1-10）表明，以亚洲小车蝗平均密度（m）作为种群数量动态的测定指标，以聚块性指数（m^*/m）和扩散系数（C）作为种群空间动态的2个测定指标，S^2为从大量生物资料中总结出的方差。亚洲小车蝗的种群密度较高但是聚集程度不高，多数时期仍属随机分布。扩散系数（C）与1差异的显著性检验（95%置信区间为0.3162～1.5270）及聚块性指数（m^*/m）绝大多数接近于1。以调查数据分别拟合Taylor幂方程$\lg S^2=\lg a+b\lg m$和Iwao方程$m^*=\alpha+m$，得$\lg S^2=0.092\ 82+1.050\ 06\lg m$（$r=0.9178^{**}$）和$m^*=0.500\ 74+0.995\ 80m$（$r=0.9975^{**}$）。由表1-10可以看出，在7月上旬和8月上旬，亚洲小车蝗高密度种群

表现出一定聚集分布趋势，其余时期亚洲小车蝗在空间格局均呈现随机分布。

表1-10　亚洲小车蝗高密度种群聚集度的测定

日期（月.日）	m^*	m^*/m	I	Ca	C	格局
6.21	4.4483	1.0041	0.0183	0.0041	1.0183	随机
7.01	12.4636	1.0895	1.0236	0.0895	2.0236	聚集
7.11	22.6254	1.0215	0.4754	0.0215	1.4754	聚集
7.21	18.5449	1.0117	0.2149	0.0117	1.2149	随机
7.31	14.2433	1.0059	0.0833	0.0059	1.0833	随机
8.10	8.4959	1.1543	1.1359	0.1543	2.1359	聚集
8.20	7.4264	1.0272	0.1964	0.0272	1.1964	随机

在亚洲小车蝗种群发生初期和末期这两个阶段，时间为6月初和9月中旬，种群特征表现为蝗卵开始孵化，成虫大量死亡。调查中发现，种群在低密度下的零样方出现概率很大，因此方差往往小于平均数，计算结果有可能会产生偏差，造成聚集分布的假象。高龄蝗蝻与部分羽化的成虫混合发生期，种群密度开始下降，伴随蝗蝻蜕皮、羽化过程，个体的活动能力逐渐增强，同时受种间关系和环境条件制约，个体间相互排斥，使种群在空间上向外扩散的趋势明显加强，表明该时期种群的空间格局开始向均匀分布型演变。1龄蝗蝻和成虫的发生高峰期，种群特征表现为蝗卵大量孵化，成虫进入交配、产卵高峰期。表明这一亚系统所含时间元素的种群空间格局为聚集分布型。种群在生境内呈聚集分布主要是在成虫交配产卵期，生殖交尾的需要使成虫个体间相互吸引，种群的聚集趋势增强。

1.3.4.2　亚洲小车蝗两种体色种群的田间分布比例和分布模式研究

在调查区定期分别沿80m样带和250m样带进行扫网采集，3个调查人员在同一水平线同时采集，每一样点共扫10网，每间隔10m设置一个样点。3个调查人员同时操作以减少取样误差。每样点蝗虫做好标记，分别保存、分析，结果见图1-15。亚洲小车蝗种群中存在体色较深的褐色型和较浅的绿色型，Cease等（2010）的研究表明褐色型、绿色型分别是亚洲小车蝗群居型、散居型的表现型。在不同密度发生区，两种体色的亚洲小车蝗田间分布模式不同。高密度发生区褐色个体的种群密度较高，发生频率较大。中低密度发生区则是绿色个体的种群密度较高，发生频率较大。

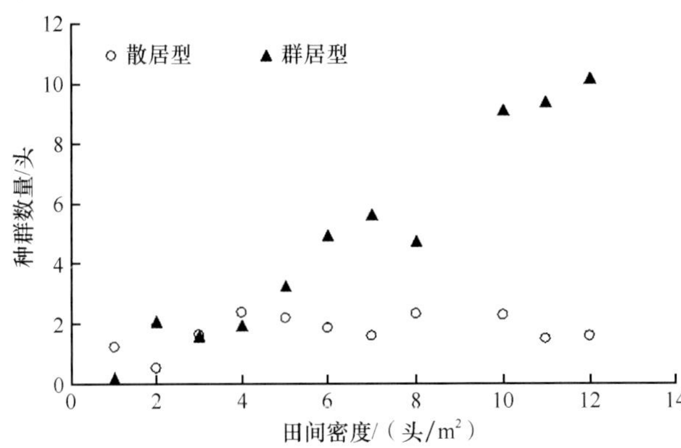

图1-15　亚洲小车蝗不同体色种群田间分布情况

1.3.4.3　气候对亚洲小车蝗发生的影响

从20世纪80年代起，蝗虫的监测和预报技术、蝗虫发生及其与生态环境间关系的研究愈来愈受到重视，蝗虫问题已超越了生物学研究范畴，当今蝗虫研究中学科交叉日益明显。80年代后，由于草地建设与合理利用逐步受到重视，草地蝗虫的研究工作也普遍得到重视，相关的专门研究得以开展。例如，中国科学院动物研究所在内蒙古设立了专门的草原生态系统定位研究站，进行了连续多年的蝗虫生态学及蝗虫防治的定位实验研究，其研究成果已汇编成多本论文集公开出版。生态环境因子对蝗虫活动及其分布影响的研究主要是从80年代末开始的，内容涉及温度与降水对蝗虫发生的影响，放牧活动与蝗虫间的关系，蝗虫种群数量、结构和分布与植被类型、结构、生长状况之间的关系，蝗卵孵化与生态因子之间的关系等。利用内蒙古地区115个台站1971～2003年的逐日气象资料，研究初步分析了气候变化下，亚洲小车蝗龄期出现的分布情况，以期为预测该地区亚洲小车蝗龄期特征提供背景材料。同时，探讨了亚洲小车蝗龄期的预测方法，有助于加强蝗虫治理工作的科学性，提高蝗虫防控效率。

通过对此次实验数据的整理分析，得到亚洲小车蝗1龄若虫发育与温度、＞0d·℃有效积温的关系。蝗虫的个体生活史分为3个主要阶段，即卵、蝗蝻（若虫、幼虫）和成虫。每个阶段的时间长短及它们在年内出现的具体时间因不同蝗虫种类而异，此外还与蝗虫的栖息环境有密切关系。内蒙古地区的蝗虫均为一年1代，即在当年秋冬季以卵的形式存在于土中，次年春夏季蝗卵孵化出土，在夏秋季成虫交配后雌性成虫在土中产卵，之后，随气温降低成虫逐渐死亡。

1. 亚洲小车蝗1龄若虫历史平均状况

从蝗蝻开始孵化到第1次蜕皮称为第1龄。统计了33年（1971～2003年）气候资料平均值数据条件下亚洲小车蝗1龄若虫期的发生分布状况。亚洲小车蝗1龄若虫出现的时间次序是西部先于东部，南部先于北部。西部阿拉善、乌拉特后旗、乌海、鄂尔多斯大部、包头南部和呼和浩特西南部在5月中旬亚洲小车蝗进入1龄期。东胜及其西部、乌拉特中旗、包头北部、呼和浩特东北部、乌兰察布市北部和南部、二连浩特、苏尼特右旗、赤峰大部分地区、通辽大部分地区、兴安盟东南部包括乌兰浩特等地区在5月下旬进入1龄期。乌兰察布市中部（包括集宁）、锡林郭勒盟大部分地区、克什克腾旗西北部、兴安盟西北部、扎兰屯和新巴尔虎右旗等地区的亚洲小车蝗1龄期一般在6月上旬出现。东乌珠穆沁旗北部、呼伦贝尔市大部分地区一般在6月中旬进入1龄期，其中根河出现得更晚些，要在6月中下旬才能进入1龄期。

2. 亚洲小车蝗3龄若虫历史平均状况

防治蝗虫的最佳时期是在3龄若虫的高峰期。另外，若虫个体小，食量也少，对植物形成的危害较小；反之，龄期大则耐药性也强，对植物危害也大。亚洲小车蝗3龄若虫出现的时间次序也是西部先于东部，南部先于北部。西部额济纳旗、阿拉善右旗、阿拉善左旗南部和乌海南部在6月上旬出现3龄蝗蝻。此区域以东至乌拉特中旗西南部、包头南部、呼和浩特西南部在6月中旬出现3龄蝗蝻；另外，赤峰东南部、通辽南部和兴安盟东南部也在6月中旬出现3龄蝗蝻。乌拉特中旗东北部、包头北部、呼和浩特东北部、乌兰察布市北部和南部、二连浩特、苏尼特右旗、克什克腾旗东部、巴林右旗、扎鲁特旗北部、乌兰浩特和扎兰屯等地区在6月下旬出现3龄蝗蝻。乌兰察布市中部（包括集宁）、锡林郭勒盟大部分地区、克什克腾旗西北部、兴安盟西北部、鄂伦春旗东南部和海拉尔以西地区3龄蝗蝻一般在7月上旬出现。东乌珠穆沁旗北部、阿尔山和呼伦贝尔大部分地区一般在7月中旬出现亚洲小车蝗的3龄蝗蝻，其中根河出现得更晚些，要在7月中下旬才能出现3龄蝗蝻。

3. 亚洲小车蝗成虫期历史平均状况

蝗虫成虫期食量为若虫期的3～7倍，对草原的危害比其他时期更为严重；并且进入成虫期产卵后，很可能对下一年度将造成加倍的危害。成虫期出现的时间分布与3龄期时间分布十分接近。在3龄期出现的时间的基础上向后延迟10d左右的时间，基本上就是成虫期出现的时间分布。在所有影响蝗虫发生的生境因素中，一些因素是相对稳定少变的，如土壤类型、地形、植被类型等，而另一些却是多变的，如气候条件、植被生长状况等，其中最显著的是气候条件的变化，而植被生长状况是气候条件的直接反映。所以，在所影响蝗虫发生的因素中，气候条件是相对变化较大、最为重要的动态影响因子。这是因为：一方面，蝗虫作为一种变温动物，其生长、发育、孵化等生命过程都需要较适宜的温度、湿度条件；另一方面，气候条件的变化又会显著影响植被的生长状况，即在蝗虫所生存的生态系统中作为蝗虫食料和栖息场所的牧草的状况。因此，人们自然会首先想到，影响蝗虫发生程度的可能因素主要是气候变化。对气候条件与蝗虫发生之间关系的研究是建立切实可行的蝗虫发生测报模型的首要任务。研究目的主要是探索蝗虫龄期预报的途径，并为从气候角度分析该区蝗虫生长发育提供一定的基础依据。某一具体地区具体年份亚洲小车蝗的龄期出现，还与具体地形环境（如山坡阴面和阳面）有密切关系。虽然这种方法存在一定的不足，但它不失为一种有益的尝试。这种方法给出的亚洲小车蝗的龄期分布，与实际资料是基本相符合的。

1.3.5 亚洲小车蝗成灾潜力分子生物学分析

1.3.5.1 亚洲小车蝗不同地理种群遗传多样性的等位酶分析

在众多分子遗传标记技术中，等位酶技术是目前应用于物种遗传多样性研究的经典方法之一。等位酶作为同一位点上不同等位基因编码的同一种酶的不同形式，能够很好地表明等位基因位点的变化，从而有助于了解物种种群内、种群间的遗传分化，基因流，遗传漂变及种群遗传变异的时空动态等，已经广泛应用于多种昆虫的种群遗传结构研究中。在对迁飞昆虫的研究中，等位酶标记是进行迁飞定量研究的一个重要手段，该方法对于迁飞昆虫的遗传分化、杂合程度的度量及基因流动水平的评价都是不可替代的。国内外已利用等位酶标记技术研究了飞蝗、稻蝗等多种蝗虫的遗传学基础。本研究以等位酶分析方法分析了内蒙古地区亚洲小车蝗不同地理种群的遗传结构。以探讨它们的种内遗传多样性和种内及种间遗传分化程度，从而为亚洲小车蝗系统进化研究及防治工作提供理论依据。所用蝗虫分别采自内蒙古地区的8个盟市，标本采集点及其地理位置等详见表1-11。每种蝗虫在自然种群中随机取样，标本采集后活体带回实验室，并将每个个体分装于不同塑料管中进行标记，然后保存于-70℃冰箱中备用。

表1-11 用于等位酶研究的亚洲小车蝗标本

种群	采集地点	代码	个体数	采集时间	地理位置
乌兰察布种群	四子王旗	WS	40	2008.8	41°22′N，111°21′E
巴彦浩特种群	乌拉特前旗	BS	40	2008.8	40°54′N，108°42′E
呼伦贝尔种群	新巴尔虎左旗	HS	40	2008.8	49°51′N，120°31′E
赤峰种群	阿鲁科尔沁旗	CFS	40	2007.8	42°26′N，117°58′E
通辽种群	扎鲁特旗	TLS	40	2007.8	43°59′N，121°14′E
阿拉善种群	阿拉善左旗	AM	40	2008.8	40°47′N，103°10′E
兴安种群	乌兰浩特市	XAM	40	2008.8	46°11′N，120°51′E
锡林浩特种群	锡林浩特市	XS	40	2009.7	43°28′N，116°12′E

选取11种等位酶进行电泳分析，分别为酯酶（EST）、超氧化物歧化酶（SOD）、淀粉酶（AMY）、苹果酸脱氢酶（MDH）、苹果酸酶（ME）、乙醇脱氢酶（ADH）、谷氨酸脱氢酶（GDH）、谷氨酸-草酰乙酸转氨酶（GOT）、异柠檬酸脱氢酶（IDH）、腺苷酸激酶（AK）和己糖激酶（HK），从中筛选出图谱清晰、结果稳定的8种等位酶MDH、ME、ADH、GDH、GOT、IDH、AK和HK用于分析。根据酶带在亚洲小车蝗8个地理种群中的分布，并参考直翅目其他昆虫等位酶的相关文献，最终确定检测到14个基因位点：*Adh*、*Got*、*Gdh-1*、*Gdh-2*、*Hk-1*、*Hk-2*、*Idh-1*、*Idh-2*、*Mdh-1*、*Mdh-2*、*Me-1*、*Me-2*、*Ak-1*和*Ak-2*。其中7个位点为多态位点：*Mdh-1*、*Me-1*、*Gdh-1*、*Idh-1*、*Idh-2*、*Hk-1*和*Ak-1*。对上述14个基因位点进行遗传学分析，共检测到25个等位基因，其中*Mdh-1*、*Me-1*、*Idh-1*和*Ak-1*含3个等位基因，*Gdh-1*、*Idh-2*和*Hk-1*含2个等位基因，均属于复等位基因，其余单态位点各含一个等位基因。

1. 亚洲小车蝗8个地理种群的等位基因频率

亚洲小车蝗8个地理种群的等位基因频率分布情况见表1-12。在检测到的25个等位基因中，阿拉善种群和赤峰种群检测到的等位基因数最多，为23个；乌兰察布种群等位基因数最少，为19个。根据各位点的等位基因频率分布特点，可将等位基因分为以下几类：第一大类——全域基因，包括16个基因，在所有种群中均出现，即*Mdh-1a*、*Mdh-1b*、*Mdh-2*、*Me-1b*、*Me-1c*、*Me-2*、*Adh*、*Gdh-1a*、*Got*、*Idh-1b*、*Idh-1c*、*Idh-2a*、*Idh-2b*、*Ak-1b*、*Ak-1c*和*Hk-1b*，占总基因数的64%；第二大类包括6个基因，即*Me-1a*、*Gdh-2*、*Ak-1a*、*Ak-2*、*Hk-1a*和*Hk-2*，它们分布于至少50%的种群中，占总基因数的24%，在亚洲小车蝗种群中普遍存在；第三大类包括3个基因，即*Mdh-1c*、*Gdh-1b*和*Idh-1a*，占总基因数的12%，仅分布在亚洲小车蝗少数种群中。数据显示，各种群中不同类型基因数目不同，而且，相同位点的等位基因频率在种群间也存在差异，在一定程度上反映了各种群的等位基因存在差异。

表1-12　8个亚洲小车蝗种群的等位基因频率

基因位点	种群							
	AM	BS	CFS	HS	TLS	WS	XS	XAM
Mdh-1a	0.323	0.412	0.421	0.298	0.451	0.215	0.395	0.456
Mdh-1b	0.556	0.588	0.597	0.604	0.549	0.785	0.605	0.544
Mdh-1c	0.121	0.000	0.000	0.098	0.000	0.000	0.000	0.000
Mdh-2	1.000	1.000	1.000	1.000	1.000	1.000	1.000	1.000
Me-1a	0.212	0.000	0.214	0.000	0.310	0.000	0.206	0.000
Me-1b	0.315	0.396	0.106	0.392	0.221	0.382	0.312	0.623
Me-1c	0.473	0.604	0.680	0.608	0.469	0.618	0.482	0.377
Me-2	1.000	1.000	1.000	1.000	1.000	1.000	1.000	1.000
Adh	1.000	1.000	1.000	1.000	1.000	1.000	1.000	1.000
Gdh-1a	0.827	1.000	0.892	1.000	1.000	0.879	1.000	1.000
Gdh-1b	0.173	0.000	0.108	0.000	0.000	0.121	0.000	0.000
Gdh-2	0.000	1.000	1.000	0.000	1.000	1.000	1.000	1.000
Got	1.000	1.000	1.000	1.000	1.000	1.000	1.000	1.000
Idh-1a	0.000	0.223	0.000	0.206	0.000	0.000	0.000	0.000
Idh-1b	0.231	0.196	0.123	0.421	0.514	0.211	0.436	0.323

续表

基因位点	种群							
	AM	BS	CFS	HS	TLS	WS	XS	XAM
Idh-1c	0.769	0.581	0.877	0.373	0.486	0.789	0.564	0.677
Idh-2a	0.342	0.483	0.405	0.483	0.396	0.296	0.225	0.408
Idh-2b	0.658	0.517	0.595	0.517	0.604	0.704	0.775	0.592
Ak-1a	0.298	0.000	0.104	0.000	0.103	0.000	0.308	0.000
Ak-1b	0.214	0.325	0.214	0.512	0.487	0.415	0.398	0.523
Ak-1c	0.488	0.675	0.682	0.488	0.410	0.585	0.294	0.468
Ak-2	1.000	1.000	1.000	1.000	1.000	0.000	1.000	1.000
Hk-1a	0.156	0.512	0.120	0.219	0.325	0.000	0.112	0.105
Hk-1b	0.844	0.488	0.880	0.781	0.675	1.000	0.888	0.895
Hk-2	1.000	1.000	1.000	0.000	1.000	1.000	1.000	1.000
等位基因数	23	21	23	20	22	19	22	20

注：种群代码详见表1-11

2. 亚洲小车蝗8个地理种群的遗传多样性及遗传分化

遗传多样性参数包括多态位点比率（P）、平均有效基因数（A）、平均每个位点的有效等位基因数（A_e）、平均每个位点的观测杂合度（H_o）和预期杂合度（H_e）、基因流（N_m）、Shannon信息指数（I）、多态位点固定指数（F）和遗传距离（D）等。亚洲小车蝗各种群遗传多样性参数见表1-13。由表1-13可知，8个亚洲小车蝗种群平均P为36.60%（变幅为28.57%～42.86%），A为1.553（变幅为1.428～1.714），H_e为0.073（变幅为0.031～0.133）；种群总体水平P=42.86%，A=1.786，H_e=0.081；种群遗传多样性总体水平均高于种群平均水平。多态位点固定指数F可以用来判断群体中实际杂合体比率与理论期望杂合体比率的偏离程度及其原因，从而衡量群体基因型的实际频率是否偏离Hardy-Weinberg平衡。根据表1-13中各种群F值分析，可知种群BS、HS、WS、XS和XAM的F值均为正值，说明种群内部纯合体过量；种群CFS和TLS的F值为负值，说明种群内部杂合体过量；种群AM的F值为零，说明该种群内部为随机交配，实际等位基因频率符合Hardy-Weinberg平衡。

表1-13　8个亚洲小车蝗种群遗传多样性参数

种群	A	A_e	H_o	H_e	P/%	F
AM	1.714	1.433	0.029	0.031	35.71	0.000
BS	1.500	1.417	0.086	0.133	42.86	0.824
CFS	1.643	1.300	0.073	0.098	35.71	−0.517
HS	1.571	1.453	0.027	0.031	42.86	0.692
TLS	1.571	1.456	0.045	0.109	35.71	−0.452
WS	1.428	1.266	0.052	0.062	35.71	0.630
XS	1.571	1.441	0.031	0.038	35.71	0.720
XAM	1.428	1.331	0.015	0.079	28.57	0.608
种群平均水平	1.553	1.387	0.045	0.073	36.60	0.344
总体水平	1.786	1.431	0.057	0.081	42.86	0.524

注：种群代码详见表1-11

在种群遗传多样性研究中，常用Wright的F值统计量来描述群体的基因分化程度，可检测群体中基因型实际比率与Hardy-Weinberg理论期望比率的偏离程度，也可以度量群体间的分化程度。8个亚洲小车蝗种群多态位点的F统计量分解值和N_m值见表1-14。其中，F_{is}表示在亚种群内基因型的实际频率和理论预期频率的离差；F_{it}表示总种群中基因型的实际频率和理论预期频率的离差；F_{st}表示随机取自每个亚种群的两个配子的相互关系，用来测量亚种群间的遗传分化程度（王中仁，1998）。亚洲小车蝗各种群间杂合性基因多样度比率F_{st}的平均值为0.0864，相对较低，而实际频率和理论预期频率的离差F_{is}值为0.4012，相对较高，说明种群内的遗传变异大于种群间的遗传变异；基因流N_m的平均值为3.1423，说明亚洲小车蝗各种群间有一定的基因交流。

表1-14　亚洲小车蝗种群在多态位点的等位基因F统计量及基因流

基因位点	F_{is}	F_{it}	F_{st}	N_m
Mdh-1	0.6109	0.623	0.0311	7.7959
Me-1	0.3932	0.4367	0.0717	3.2366
Gdh-1	0.2556	0.3039	0.0649	3.6000
Idh-1	0.2865	0.4022	0.1621	1.2923
Idh-2	0.6597	0.6733	0.0400	6.0000
Ak-1	0.4168	0.4695	0.0904	2.5150
Hk-1	0.1837	0.3074	0.1515	1.4000
平均值	0.4012	0.4594	0.0864	3.1423

3. 亚洲小车蝗8个地理种群的遗传距离及聚类分析

8个亚洲小车蝗种群间的Nei's遗传距离（表下三角值）和遗传一致度（表上三角值）如表1-15所示。供试材料的遗传一致度为0.7807～0.9525，遗传距离（D）为0.0687～0.2350，遗传变异较大。由遗传距离可知：在亚洲小车蝗种群间遗传关系最近的是赤峰种群和通辽种群（D=0.0687），遗传关系最远的是阿拉善种群和呼伦贝尔种群（D=0.2350）；从种群分布的地理区域看，随着从东到北的地理距离渐远，各种群的遗传距离也呈逐渐增大的趋势，反映出遗传距离和地理距离存在一定的相关性。

表1-15　亚洲小车蝗种群间遗传一致度和遗传距离

种群	AM	BS	CFS	HS	TLS	WS	XS	XAM
AM		0.8675	0.8905	0.8729	0.8620	0.8882	0.9157	0.8789
BS	0.1090		0.8711	0.8837	0.8646	0.9264	0.8570	0.8709
CFS	0.1395	0.1493		0.8676	0.9525	0.8855	0.8677	0.8679
HS	0.2350	0.1264	0.0930		0.8818	0.8787	0.8785	0.8869
TLS	0.1387	0.1160	0.0687	0.0783		0.8523	0.8848	0.8191
WS	0.1419	0.0942	0.1260	0.1516	0.1388		0.8760	0.8863
XS	0.1294	0.1044	0.1329	0.1018	0.1542	0.1243		0.7807
XAM	0.1613	0.0995	0.1426	0.0832	0.1314	0.1037	0.1395	

注：种群代码详见表1-11

根据遗传距离用非加权组平均法（UPGMA）构建8个亚洲小车蝗种群的系统树，结果见图1-16。可以看出亚洲小车蝗8个地理种群聚为两大类，处于中西部地区的巴彦浩特种群、乌兰察布种群、锡林浩特种群和阿拉善种群聚为一类，处于东部地区的呼伦贝尔种群、兴安种群、赤峰种群和通辽种群聚为另一类，遗传距离数据和聚类结果较符合昆虫的地理分布规律。

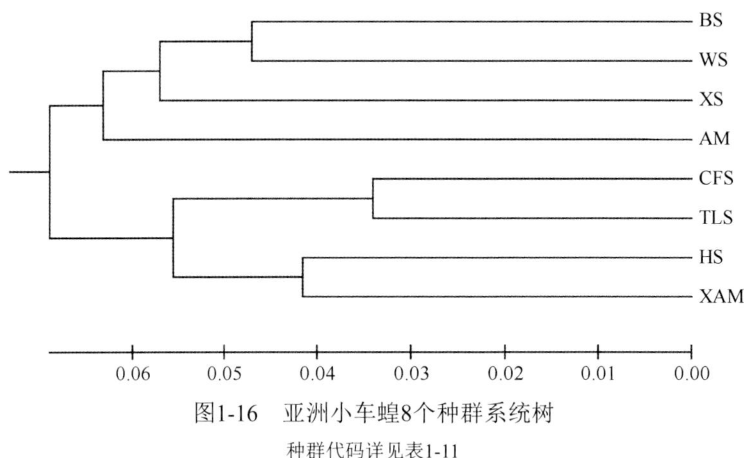

图1-16　亚洲小车蝗8个种群系统树

种群代码详见表1-11

在等位酶实验中首先要注意选材的一致性，许多研究表明，在昆虫不同的器官或不同的发育阶段，等位酶表达的种类及含量是不尽相同的（郭晓霞和郑哲民，2002；南宫自艳等，2008）。本研究在提取酶液时均使用亚洲小车蝗成虫后足，避免了提取材料不统一而导致结果的不准确性。选取了8种等位酶（MDH、ME、ADH、GDH、GOT、IDH、AK和HK）进行遗传学分析，亚洲小车蝗8个地理种群中共检测到14个基因位点，其中7个位点为多态位点，检测到25个等位基因。

本研究在根据多态位点固定指数F值衡量8个地理种群的亚洲小车蝗的基因型实际频率是否偏离Hardy-Weinberg平衡时，发现8个种群中绝大多数等位基因频率在一定程度上偏离Hardy-Weinberg平衡。显著偏离Hardy-Weinberg平衡的原因是多方面的，例如，种群不是随机交配或是基因成分发生变化，并且除了受到遗传学规律的控制，还有可能是受外界环境因素的影响，也可能存在不利于某些杂合子的自然选择。这种偏离也见于其他一些蝗虫种类，亚洲小车蝗种群是否偏离Hardy-Weinberg平衡，推测原因应该与各种群内繁育状况、生存环境、种群规模、寄主及地理隔离等因素有关。

本研究中亚洲小车蝗8个种群平均水平F_{st}=0.0864，F_{is}=0.4012，由此可知各种群间杂合性基因多样度比率F_{st}相对较低，而亚种群内实际频率和理论预期频率的离差F_{is}相对较高，说明种群内的遗传变异大于种群间的遗传变异；Slatkin（1985，1987）认为群体间基因交流可以用遗传参数基因流N_m来度量，如N_m＞1表明较大程度的基因交流可以使各基因在种群间广泛分布，在一定程度上抵消遗传漂变的作用，防止种群分化的发生；若N_m＜1则表明种群间基因交流较少，无法有效抵消遗传漂变所引起的种群分化，遗传漂变就成为刻画群体遗传结构的主要因素。8个不同地理种群的亚洲小车蝗N_m=3.1423，说明亚洲小车蝗各种群间有一定的基因交流。亚洲小车蝗属中型蝗虫，飞行能力较强，具有能扩散出其地理起源地的能力，以前有报道认为该种蝗虫一晚上可以迁飞350km。迁飞可能是其基因交流水平较高的主要原因之一。根据遗传距离用UPGMA构建8个亚洲小车蝗种群的系统树，结果表明，8个种群聚为2支，聚为一类的地理种群生态条件有较高的相似性，加之地理距离较近，增加了基因交流机会，减少了遗传差异。

本研究只选取了8种等位酶进行了遗传学分析，在今后的工作中应该继续优化等位酶体系，同时采用多种等位酶进行电泳，结合遗传变异与生态因子的相关性进行深入研究，以期达到更加准确的遗传学分析，从而为研究昆虫分子遗传进化提供更有价值的理论参考。

1.3.5.2　亚洲小车蝗不同地理种群遗传分化的随机扩增多态性DNA分析

研究不同地理种群的亚洲小车蝗差异是确定其是否迁飞的基础。目前，国内对亚洲小车蝗的研究大多集中于营养学、蛋白质水平及危害损失估计等方面。本研究利用随机扩增多态性DNA（RAPD）技术，从分子水平探讨内蒙古地区的亚洲小车蝗种群间和种群内的遗传多样性及遗传分化，进而分析种群之间的遗传分化与地区生境的关系，为亚洲小车蝗防治提供重要基础数据。

1. 亚洲小车蝗不同地理种群的多态位点比率

8个寡核苷酸引物共扩增出78个RAPD位点，多态位点共计62个，总的多态位点比率为79.48%。不同引物在不同种群中所检测出的RAPD位点及多态位点比率不同（表1-16）。多态片段在不同种群中的分布也不同，呼伦贝尔种群和阿拉善种群由这8条引物检测出的多态位点数较多，分别为52和51。锡林浩特种群多态位点数最少，为30，这9个种群的多态位点比率都在0.6以上。

表1-16　9个种群8个引物的RAPD位点数和多态位点比率

种群	样本数	位点数	多态位点数	多态位点比率（P）
WS	10	54	41	0.7593
BS	10	55	43	0.7636
HS	10	71	52	0.7324
CFS	10	46	32	0.6957
TLS	10	72	50	0.6944
AM	10	68	51	0.7500
XAM	10	52	34	0.6538
XS	10	49	30	0.6122
BTS	10	42	31	0.7381
总计	90	78	62	0.7948

WS：乌兰察布种群；BS：巴彦浩特种群；HS：呼伦贝尔种群；CFS：赤峰种群；TLS：通辽种群；AM：阿拉善种群；XAM：兴安种群；XS：锡林浩特种群；BTS：包头种群

2. 遗传多样性

由Nei's指数估计的亚洲小车蝗种群的遗传多样性和遗传分化见表1-17，各引物检测出的基因多样性中，阿拉善种群最高（0.3823），锡林浩特种群最低（0.2378），种群间的基因分化系数为0.2343，即23.43%的遗传变异存在于种群间，76.57%的遗传多样性存在于种群内。根据等位基因频率计算的Nei's基因多样性指数，亚洲小车蝗各种群的遗传多样性顺序为阿拉善种群＞兴安种群＞巴彦浩特种群＞呼伦贝尔种群＞包头种群＞赤峰种群＞乌兰察布种群＞通辽种群＞锡林浩特种群。

表1-17　由Nei's指数估计的亚洲小车蝗种群的遗传多样性和遗传分化

引物	BS	HS	XS	CFS	AM	XAM	TLS	BTS	WS	H_S	H_T	G_{ST}
S61	0.3439	0.3040	0.2164	0.2478	0.4152	0.2789	0.3246	0.2707	0.2847	0.2985	0.3599	0.1706
S75	0.0000	0.2635	0.2163	0.2317	0.3871	0.3871	0.1765	0.1480	0.1479	0.2176	0.2693	0.1919
S125	0.2516	0.2725	0.1186	0.1817	0.2660	0.3001	0.16228	0.1888	0.2357	0.2197	0.2721	0.1926
S134	0.4746	0.4392	0.3780	0.3732	0.4765	0.4291	0.2290	0.3061	0.3142	0.3799	0.4769	0.2034
S283	0.3939	0.2501	0.3381	0.3352	0.4342	0.3127	0.3712	0.3303	0.4199	0.3539	0.4212	0.1598
S361	0.4510	0.3399	0.2071	0.1239	0.4244	0.3871	0.1117	0.4025	0.2319	0.2977	0.4528	0.3425
S823	0.2982	0.2947	0.2244	0.4036	0.2792	0.3350	0.2846	0.3799	0.3309	0.3145	0.4942	0.3636
S1402	0.3563	0.2162	0.1239	0.3036	0.3157	0.3708	0.3399	0.3190	0.1236	0.2743	0.3618	0.2418
平均值	0.3322	0.3020	0.2378	0.2794	0.3823	0.3473	0.2567	0.2919	0.2726	0.2945	0.3885	0.2343

H_S：种内遗传多样性；H_T：总种群遗传多样性；G_{ST}：种群间基因分化系数。种群代码详见表1-16

3. 遗传一致度和遗传距离

亚洲小车蝗9个地理种群的遗传一致度和遗传距离见表1-18。由Nei's遗传一致度（表上三角值）和遗传距离（表下三角值）可以看出，亚洲小车蝗的9个种群的遗传一致度在0.7736～0.9415，遗传距离在0.0697～0.2514。赤峰种群和通辽种群的遗传距离最小，为0.0697；阿拉善种群和呼伦贝尔种群的遗传距离最大，为0.2514。由表1-18中数据可以看出，亚洲小车蝗不同种群之间存在一定程度的遗传差异。

表1-18　亚洲小车蝗9个地理种群的遗传一致度和遗传距离

种群	BS	HS	XS	CFS	AM	XAM	TLS	BTS	WS
BS		0.8442	0.9415	0.8432	0.8785	0.8399	0.8301	0.9021	0.8789
HS	0.1894		0.8190	0.9096	0.8769	0.8281	0.9272	0.8720	0.8173
XS	0.1603	0.1396		0.8354	0.8731	0.7736	0.8151	0.8885	0.8427
CFS	0.1705	0.0948	0.1799		0.8793	0.8172	0.9234	0.8691	0.8487
AM	0.1295	0.2514	0.1857	0.1286		0.8385	0.8309	0.8846	0.8901
XAM	0.1745	0.0886	0.1767	0.2019	0.1762		0.7949	0.8057	0.8980
TLS	0.1863	0.0756	0.2045	0.0697	0.1853	0.2295		0.8399	0.7967
BTS	0.0930	0.1370	0.1582	0.1404	0.1227	0.2161	0.1745		0.8833
WS	0.1291	0.2017	0.1712	0.1640	0.1464	0.1076	0.2273	0.1240	

注：种群代码详见表1-16

4. 聚类分析

选取RAPD图片中清晰可辨的DNA带纹，以标准分子量为参考，进行0、1数据的转换，使用POPGENE（version 1.31）计算Nei's相似系数和遗传距离，在MEGA软件中用邻接法（neighbor joining，NJ）对距离矩阵作聚类分析，构建群体间分子系统树（图1-17）。聚类结果表明：遗传距离与地理距离具有正相关性。

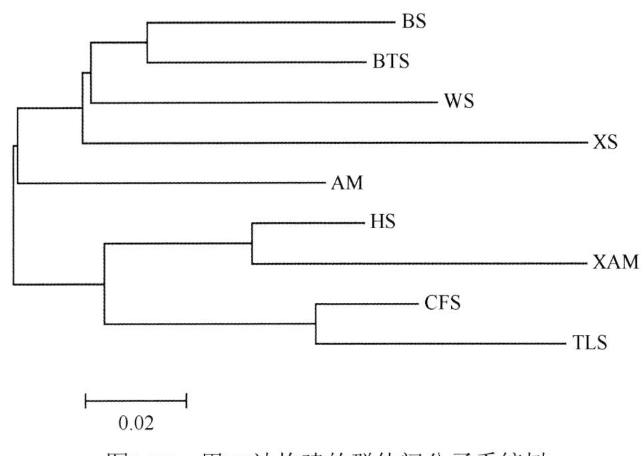

图1-17　用NJ法构建的群体间分子系统树

种群代码详见表1-16

RAPD技术自1990年问世以来，由于其存在的稳定性问题，不少学者对该技术的可靠性提出过质疑，但由于RAPD技术具有简单、快速、对DNA模板质量的要求相对不高，且不需要了解所研究对象的背景等诸多优势，在种群遗传分化及物种特异分子标记的建立等领域仍发挥重要作用。

本研究中用8个寡核苷酸引物共扩增出78个RAPD位点，多态位点共计62个，总的多态位点比率为79.48%。RAPD谱带的统计结果表明：共有带在种群间有一定的规律可循，种群内不同个体间的共有片段数明显高于种群间。在所研究的亚洲小车蝗9个种群中，种群内的共有片段数为10～12条，种群间的共有片段数为6条。共有带数目的多少与聚类图中所显示的种群间遗传距离存在一定的正相关关系。张建珍等（2004）在研究中华稻蝗5个种群的RAPD遗传分化时，也认为种群间共有片段的多少与分化程度相关。本研究的结果与上述观点相一致。

由Nei's基因多样性指数计算亚洲小车蝗9个种群的遗传多样性：种群间基因分化系数为0.2343，即亚洲小车蝗76.57%的遗传多样性存在于种群内部，23.43%的遗传变异存在于种群之间。结果表明，不同地理种群间存在交流，而同一栖息环境种群内部可以进行较为广泛的自由交配，有利于种群内部遗传多样性的产生和维持。亚洲小车蝗的种间遗传多样性小于种内遗传多样性，可能是亚洲小车蝗具有迁飞习性，较强的长距离迁飞能力增加了种群间的基因交流，降低了种群间的遗传差异。蒋湘等（2003）就观察到其迁飞习性。聚类分析结果显示，巴彦浩特种群、包头种群、乌兰察布种群和锡林浩特种群聚为一类，呼伦贝尔种群、兴安种群、赤峰种群和通辽种群聚为一类，阿拉善种群单独为一类。这可能是由当地环境、气候等原因造成的，地理的差异、生境条件的不同可导致蝗虫出现遗传分化。本研究表明，种群之间的遗传分化与地理距离呈正相关，这与前人的研究结果一致。

1.3.5.3　不同地理种群的亚洲小车蝗mtDNA COⅠ基因序列及其相互关系

动物的线粒体DNA（mtDNA）具有结构简单、序列和组成一般较为保守、易于操作、母系遗传、单拷贝、含量丰富等特点，mtDNA进化速率快，一般动物mtDNA的进化速率是单拷贝核DNA的5～10倍，昆虫mtDNA的进化速率平均是单拷贝核DNA的1～2倍。快速进化意味着群体内变异增加，更有利于种群遗传结构及近缘种的研究。昆虫的mtDNA是单链环状分子，进化速率较慢，长度为16～20kb，包括12或13个编码蛋白质的基因，其中细胞色素氧化酶Ⅰ（COⅠ）基因是研究系统发育使用得较多的基因之一。用线粒体DNA（mtDNA）作为标记研究昆虫的系统发育，近年来发展很快。利用mtDNA细胞色素氧化酶基因揭示不同地理种群遗传变异，在昆虫学研究中有很多报道。Lunt等（1998）对欧洲草地雏蝗11个地理种群的COⅠ基因300bp片段进行了分析，探讨其内部遗传结构；Villalba等（2002）基于COⅠ与COⅡ基因部分序列对金龟甲亚科33种不同族的粪金龟进行了系统发育分析；任竹梅等（2003）研究了不同地理区域小稻蝗mtDNA部分序列，实验结果表明，不同地理区域的小稻蝗并没有受到地理环境的影响。本试验以内蒙古地区亚洲小车蝗为研究对象，测定了7个不同地理种群（表1-19）的亚洲小车蝗线粒体DNA细胞色素氧化酶Ⅰ基因部分编码区，并用槌角蝗科的宽须蚁蝗（*Myrmeleotettix palpalis*）和斑腿蝗科的鼓翅皱膝蝗（*Angaracris barabensis*）作外群，构建分子系统树，以期从分子水平获得它们的系统进化关系，并为其利用与防治提供分子生物学方面的依据。

表1-19　用于mtDNA研究的亚洲小车蝗标本

种群	采集地点	代码	个体数	地理位置
乌兰察布种群	四子王旗	S	5	41°22′N，111°21′E
包头种群	达茂旗	D	5	41°21′N，109°16′E
呼伦贝尔种群	新巴尔虎左旗	H	4	49°51′N，120°31′E
赤峰种群	阿鲁科尔沁旗	C	5	42°26′N，117°58′E
通辽种群	扎鲁特旗	T	5	43°59′N，121°14′E
阿拉善种群	阿拉善左旗	A	4	40°47′N，103°10′E
兴安种群	阿尔山	Z	5	46°11′N，120°51′E

1. COⅠ区域DNA序列组成及变异

亚洲小车蝗7个不同地理区域及2个外群共个32个个体的mtDNA COⅠ基因473bp的序列被测定，据文献报道，许多生物包括昆虫类群等存在核中线粒体假基因（Zhang and Hewitt，1996），我们的研究结果表明：①PCR扩增总是产生大小相同的一条带，大约498bp（包括引物长度），没有其他条带的影响；②经序列比对及氨基酸转换，没有缺失、插入或终止密码子出现。因此，我们所得到的序列应该是线粒体DNA序列，而非核中线粒体假基因干扰。经氨基酸转换分析，确认所测序列第1位点为前一密码子的第3位点，为便于软件分析，从该片段第2核苷酸位点算起一共为465bp。对得到的亚洲小车蝗及2个外群的32条序列进行软件分析，共得到14个不同的单倍型（序列见图1-18），单倍型的分布：阿拉善种群的3个个体；通辽种群、呼伦贝尔种群、赤峰种群、兴安种群和包头种群的2个个体；乌兰察布种群的1个个体。经比较共检测出29个变异位点，约占核苷酸总数的6.2%，多数变异发生在密码子的第3位点上（占62.1%），第1位点次之，占27.6%，第2位点最少，仅占10.3%。没有发现任何碱基的缺失或插入，其中A、T、C和G的碱基平均含量分别为33.2%、38.5%、15.7%和12.6%，A+T平均含量为71.7%，而G+C含量只有28.3%。就每个氨基酸密码子来看，第3位点的A+T平均含量较高。用MEGA软件统计两两序列之间的核苷酸替换数，发现亚洲小车蝗mtDNA COⅠ基因部分序列不同单倍型之间核苷酸的替换数最大为9，最小为1，其中转换数明显高于颠换数，颠换中只有A与T、A与C之间的颠换发生，没有C与G之间的颠换。遗传距离在不同亚洲小车蝗种群间最大是2.0%，最小是0.00%，即序列相同，所有序列的平均遗传距离为0.4%。

```
         111111111122222222223333333333444444444455555555556666666666777777777788888888889999999999
     123456789012345678901234567890123456789012345678901234567890123456789012345678901234567890123456789
A-1  CCACGAATAAATAATATAAGAATTCTGGTGTTATTACCACCATCATTAACACTTTTAATTCTGTCTTCTTTAGTTGAAAATGGAGCAGGAACAGGATGA
A-2  ..........................................................N........................................
A-4  .......................................................................G...........................
C-1  ..........................................................C........................................
C-2  ..........................................................C........................................
D-1  ..........................................................C............G...........................
D-3  ..........................................................C........................................
H-1  ....C......................A..............................C........................................
H-3  ................................G..................................................................
T-2  ...................................................................................................
T-3  ...................................................................................................
S-4  ..........................................................C........................................
Z-2  ................................................................................................C..
Z-4  ...................................................................................................
GC   ..............C............A................................A.A...........A..........T.........C...
KY   ....................T....TGA..............................................G....................C...

     111111111111111111111111111111111111111111111111111111111111111111111111111111111111111111111111111
     000000000011111111112222222222333333333344444444445555555555666666666677777777778888888888999999999
     012345678901234567890123456789012345678901234567890123456789012345678901234567890123456789012345678
A-1  ACAGTTTACCCTCCACTAGCAAGAGTTATTGCACACAGAAGGTGCATCTGTAGATCTGGCAATTTTCTCATTACATTTAGCAGGTATTTCATCAATTCT
A-2  ..........................................................A...........................C............
A-4  .....................G....................................A........................................
C-1  .....................G................................................................C............
C-2  .....................G....................................A....................A...................
D-1  .................................................................................................T.
D-3  .....................G.............................................................................
H-1  ...................................T...............................................................
H-3  .....................G.............T...............................................................
T-2  ...................................................................................................
T-3  .....................G....................................A...........................C............
S-4  .....................G.............T......................A......................................T.
Z-2  ...............................................................................A...................
Z-4  .....................G.............................................................................
GC   ..T........A....................................A......T.A...........C...........................T.
KY   ................C.....................G................................C.........................T.

     122222222222222222222222222222222222222222222222222222222222222222222222222222222222222222222222222
     900000000001111111111222222222233333333334444444444555555555566666666667777777777888888888899999999
     901234567890123456789012345678901234567890123456789012345678901234567890123456789012345678901234567
A-1  AGGAGCAATTAATTTCATCACAACAGCAATCAATATACGATCAAGCAATATAACCCTAGAACAGACACCACTATTTGTTTGATCTGTAGTAATTACAGC
A-2  .......................T.........................................................................A.
A-4  .......................T................G.......................................A..................
C-1  .......................T............................................T..............................
C-2  .......................T............................................T..............................
D-1  .......................T...........................................................................
D-3  ....................................................................T..............................
H-1  ....................................................................T..............................
H-3  ........C..............T................G.................G.........T...........A................A.
T-2  .......................T........................................................A..................
T-3  ................................................................................A..................
S-4  .......................T...........................................................................
Z-2  .................................................................................................A.
Z-4  .......................T................G...........................T..............................
GC   ............C.....T...........T.............AT...........T..T..A....................A....C.........
KY   ............C..............G..........................T......................C.....................

     223333333333333333333333333333333333333333333333333333333333333333333333333333333333333333333333333
     990000000000111111111122222222223333333333444444444455555555556666666666777777777788888888889999999
     890123456789012345678901234567890123456789012345678901234567890123456789012345678901234567890123456
A-1  ATTGCTATTATTATTATCACTACCAGTACTAGCAGGAGCAATTACTATATTATTAACTGACCGAAACCTTAATACATCATTCTTTGATCCAGCAGGAGG
A-2  ................................T.......................................C..........................
A-4  ........................................................................C...............T..........
C-1  ................................T.......................................C..........................
C-2  ...............G................T.......................................C..........................
D-1  ................................T......................G...........................................
D-3  ........................................................................C..........................
H-1  ................................................................................C..................
H-3  ...............G................T......................N.......G........C.......C..................
T-2  ........................................................................................T..........
T-3  ........................................................................C..........................
S-4  ................................T...............................................C..................
Z-2  ................................T.......................................C..........................
Z-4  ...............G................T..................................................................
GC   ...AT.............GT.......TT....................C.C............................................T..
KY   ..................G.........T.........T................................G................T..........
```

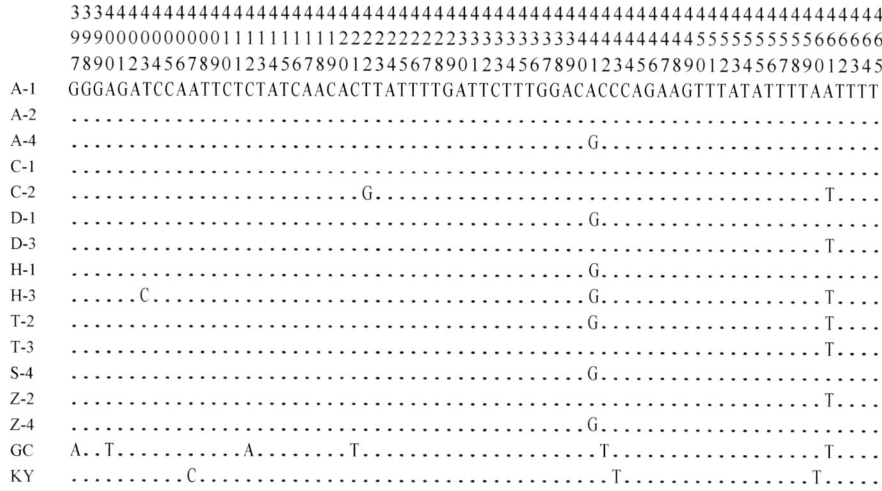

图1-18　亚洲小车蝗14个单倍型mtDNA COⅠ基因473bp序列

GC为鼓翅皱膝蝗；KY为宽须蚁蝗

2. 系统进化树

以宽须蚁蝗和鼓翅皱膝蝗为外群构建7个不同地理种群的亚洲小车蝗32个个体14个单倍型的NJ分子系统树，见图1-19，Boot-strap 1000循环检验结果表明，最高和最低置信度分别为100%和2%。聚类分析显示，32个个体大体上分别聚在两个主要簇群中，兴安种群的一个单倍型Z-2较为特殊，单独成枝，以极高的置信度（100%）构成聚类簇第一支（Ⅳ），呼伦贝尔种群的一个单倍型H-1以63%的置信度单独构成聚类簇第二支（Ⅲ），聚类簇Ⅱ由4个种群4个单倍型构成，包括赤峰种群的C-1、兴安种群的Z-4、呼伦贝尔种群的H-3和乌兰察布种群的S-4；其余单倍型属于聚类簇Ⅰ，包括4个种群的8个单倍型。结果表明，相同地域的个体之间相聚的概率相对要大一些，跨地域不同个体之间也可以很高的置信度相聚，但总体上看，其余亚洲小车蝗不同群体在聚类中分支不明显，呈现出一种平行式的分布关系，并没有显示出与地理分布一致的结果。

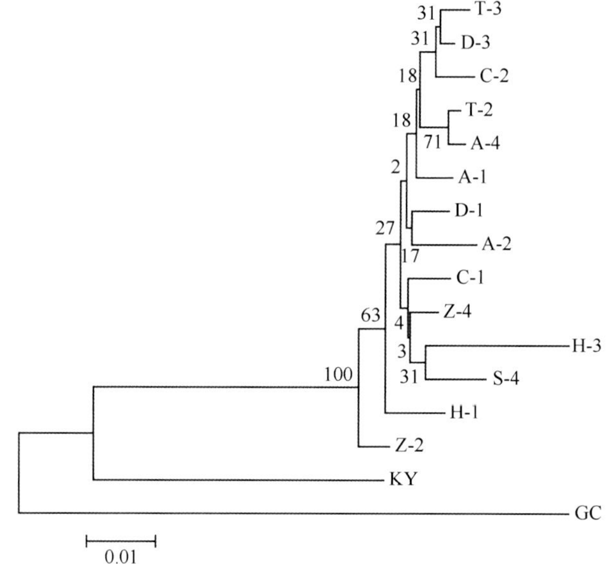

图1-19　亚洲小车蝗 COⅠ基因473bp 14个单倍型NJ分子系统树

线粒体细胞色素氧化酶Ⅰ（COⅠ）基因有以下几个显著的特点而受到研究者青睐：一是该基因存在于所有昆虫体内；二是该基因进化速率较快而又相对保守，这样可以保证种间存在足够多的变异而种内个体相对保守；三是该基因序列足够长，包含大约50个功能域。线粒体基因很少存在缺失或插入现象，便于序列的比对及构建系统发育树。

本试验以采集的亚洲小车蝗冷冻标本为材料，所用引物很好地扩增出7个地理种群亚洲小车蝗的目的片段，且所得PCR产物可以直接用于测序反应。测序得到7个地理种群的32个个体的序列，每条序列473bp，共14个单倍型。分析结果表明，该标记片段在种内较为保守，种内平均遗传距离为0～0.02，核苷酸突变均为同义突变，多发生于密码子的第3位，多数为转换。本试验扩增目的片段的A+T含量较高（71.7%），昆虫的线粒体DNA具有较高的A+T含量，其与进化间的关系已被广泛研究过，但并没有得到一致的结论。从软件分析比较得到的单倍型的分配来看，单倍型的出现没有一定的规律可循，同一地域的个体之间出现相同单倍型的概率相对要大一些，但也有可能具有较大的变异，而且跨地域不同个体之间也有可能具有相同的单倍型，与任竹梅等（2003）的研究结果一致。从系统树的结果也可看出，不同的单倍型之间有一定的分歧，但不同种群间的关系并没有得到与地理分布相一致的结果。空间位置相距较远的群体并不一定在核苷酸序列中有大的差异，而较近种群间和同一种群内有可能存在较大的遗传距离，但不同的单倍型与两个外群的遗传距离基本一致。

本试验结果表明，分布于我国7个不同地理区域的亚洲小车蝗并没有受到地理环境的影响，不同的群体之间在遗传物质上有着较大的保守性。这可能是由以下几个因素造成的：第一，细胞色素氧化酶Ⅰ基因由于编码蛋白质存在着功能上的约束性，亚洲小车蝗各群体之间没有达到足够的变异，需选择进化速率更快的遗传标记来研究各居群的演化；第二，蝗科的进化呈现出一种简单的爆炸式的辐射状态（Flook and Rowell，1995），各居群间存在着广泛的基因交流和融合，亚洲小车蝗飞翔能力较强，有报道表明该种蝗虫一晚上可以迁飞350km；第三，本研究只选择内蒙古地区的亚洲小车蝗7个种群，研究个体数也相对较少，还需增加国内其他地区的种群数量和样本数进一步进行探讨。本工作在一定程度上为亚洲小车蝗的系统演化提供了分子生物学方面的证据。

1.3.5.4 基于线粒体16S rRNA基因亚洲小车蝗7个地理种群的遗传变异分析

线粒体DNA（mtDNA）具有分子量小、进化速度快、结构简单、表现为母系遗传等特点，近年来被广泛用于动物群体遗传学和系统进化的研究。国内外有关动物线粒体DNA研究的报道很多，发展比较迅速。在线粒体DNA中，16S rRNA基因是研究得比较多的基因，为生物所共有，功能相同，既具有保守序列，又具有可变序列，可以很方便地用通用引物或保守引物进行PCR扩增，所以该基因的序列已在许多类群中被测定，在分子遗传学研究中应用广泛。目前，对亚洲小车蝗遗传多样性的研究还很少，郃丽华等（2011）利用RAPD技术对内蒙古中东部地区3个地理种群的遗传多样性进行了分析；高书晶等（2010a，2010b）利用等位酶及RAPD技术对内蒙古地区9个地理种群的遗传多样性进行了研究。利用线粒体16S rRNA基因对亚洲小车蝗进行遗传学研究还未见报道。本试验利用线粒体16S rRNA基因测序技术研究了7个地理种群亚洲小车蝗的遗传学关系，为揭示不同地理种群间的内在联系提供了分子生物学方面的证据，同时为了解各地区亚洲小车蝗种群在数量和空间上的内在联系、生态适应性及制定合理的防治策略提供科学依据。

1. 亚洲小车蝗16S rRNA基因检测结果

PCR扩增结果的凝胶电泳检测显示，在289bp左右有一清晰的条带，无其他干扰条带。对测得的亚洲小车蝗28个个体16S rRNA基因序列做相似性比较，相似性为97.48%，与GenBank上已发表的亚洲小车蝗16S rRNA基因序列比对同源性最高达99%（AY952309）。说明扩增的是目的片段而不是其他同源基因。

2. 16S rRNA基因序列及其多态性

7个不同地理种群亚洲小车蝗、1个近缘种及2个外群种16S rRNA基因序列比较见图1-20，对得到的289bp的mtDNA 16S rRNA基因序列进行排序，去掉两端测序误差大的区域，得到长度为267bp的片段可用于遗传差异分析，结果见图1-20。

经MEGA4.1软件分析，得到的267bp序列中的A、T、C和G碱基含量分别为28.2%、42.1%、10.3%、19.4%。A+T平均含量为70.3%，而G+C含量只有29.7%，A+T含量明显高于G+C含量。用DnaSP3.0软件统计核苷酸的变异位点，检测出20个变异位点，约占所测核苷酸总数的7.49%，密码子第3位点上的变异最多，占50.14%，第2位点29.42%，第1位点20.44%。不同个体间碱基替换数最小为4，最大为10，其中转换数要高于颠换数，没有发现碱基的插入或缺失。不同地理种群间亚洲小车蝗的遗传距离最大为0.026，最小为0，即序列相同，种群间平均遗传距离为0.0201。

```
                 111111111122222222223333333333444444444455555555556666666666777777777788888888889
        123456789012345678901234567890123456789012345678901234567890123456789012345678901234567890
A-2     GATGATTTCTTAATATTAATTTGTTTTGTTTGGTTGGGGTGACTTGAAGAATAAATAAACTCTTCATTATTAAATCATTGATTTATGTTT
A-3     ..........................................................................................
A-4     ..........................................................................................
A-5     ..........................................................................................
C-1     ..........................................................................................
C-2     ...A..........G.................................................................C.........
C-3     ..........................................................................................
C-4     ..........................................................................................
D-2     .................T........................T...............................................
D-3     ..........................................................................................
D-4     ...................................C......................................................
D-5     ..........................................................................................
H-1     ..........................................................................................
H-2     ...A..................................................................A...................
H-3     ..........................................................................................
H-4     ..........................................................................................
T-1     ................................................................................C.........
T-2     ...A..........G...........................................................................
T-3     ..........................................................................................
T-4     ..........................................................................................
X-1     ..........................................................................................
X-2     ..........................................................................................
X-3     ......................................................................A...................
X-4     ..........................................................................................
Z-1     ..........................................................................................
Z-2     ..........................................................................................
Z-3     ..........................................................................................
Z-4     ..........................................................................................
HJ-2    .T.A....T.....G.........G.................T...........T.........................A.........
K-2     ...AG.C.T..T.....TGA.G..GG.....T...........A...........A........T.....A.........A.........
G-2     ...T..C.T.CT..G.A.T...T.AC.A...............A..........T...................................C
```

```
              1111111111111111111111111111111111111111111111111111111111111111111111111111111111
      999999990000000000111111111122222222223333333333444444444455555555556666666666777777777788
      123467890123456789012345678901234567990123456789012345678901234567890123456789012345678901
A-2   ATTTGATCCATAATTTTTGATTATAAGATTAAGTTACCTTAGGGATAACAGCGTAATCATTTTTGAGAGTTCTTATTGATAAAGTGGATT
A-3   ..........................................................................................
A-4   ................................................................A.........................
A-5   ..........................................................................................
C-1   ..........................................................................................
C-2   ....C................................G......................................C.............
C-3   .....................G....................................................................
C-4   ..............................................C...........................................
D-2   ..........................................................................................
D-3   ..........................................................................................
D-4   ..........................................................T...............................
D-5   ..........................................................................................
H-1   ..........................................................................................
H-2   ............................................................................C.T...........
H-3   ..........................................................................................
H-4   ....C.....................................................................................
T-1   .....................C...............G....................................................
T-2   ............................................................................C.............
T-3   ..........................................................................................
T-4   ..........................................................................................
X-1   ..........................................................................................
X-2   ..........................................................................................
X-3   ..........................................................................................
X-4   ..........................................................................................
Z-1   ..........................................................................................
Z-2   ..........................................................................................
Z-3   ..........................................................................................
Z-4   ..................................................C.......................................
HJ-2  ................G......A........................................A...........C......A......
K-2   ................A....C...................................TG..........C..A......C....CA....
G-2   ................G.......................................................A...C..C...A......

      11111111111111111122222222222222222222222222222222222222222222222222222222222222222222
      88888888999999999900000000001111111111222222222233333333334444444444555555555566666666
      23456789012345678901234567890123456789012345678901234567890123456789012345678901234567
A-2   GCGACCTCGATGTTGGATTAAGATTAATTACGGGTGTAGTGGCTTGATAATTAGGTCTGTTCGACCTTTAAATTCTTACGTGATCT
A-3   ......................................................................................
A-4   ......................................................................................
A-5   ......................................................................................
C-1   ......................................................................................
C-2   ...............................A..........G...........................................
C-3   C....................................................C................................
C-4   ......................................................................................
D-2   ......................................................................................
D-3   ......................................................................................
D-4   ......................................................................................
D-5   ......................................................................................
H-1   ......................................................................................
H-2   ......................................................................................
H-3   ..........................................T.............G.............................
H-4   ......................................................................................
T-1   ......................................................................................
T-2   ......................................................................................
T-3   ......................................................................................
T-4   ......................................................................................
X-1   ......................................................................................
X-2   ......................................................................................
X-3   ......................................................................................
X-4   ......................................................................................
Z-1   C.....................................................................................
Z-2   ......................................................................................
Z-3   ......................................................................................
Z-4   ......................................................................................
HJ-2  ..............................T.........T.............................................
K-2   .......................AA....TT.........A.TCCA........................................
G-2   .............................TTA........A....A........................................
```

图1-20　亚洲小车蝗28个个体、1个近缘种及2个外群种mtDNA 16S rRNA 267bp基因序列

HJ：黄胫小车蝗（近缘种）；K：宽须蚁蝗（外群种）；G：鼓翅皱膝蝗（外群种）

3. 系统进化树

以鼓翅皱膝蝗和宽须蚁蝗为外群构建内蒙古7个不同地理种群的亚洲小车蝗共28个个体和18个单倍型的分子系统树，UPGMA和NJ法的聚类结果基本一致（图1-21），各分支的置信度用Boot-strap 1000循环检验，最低和最高置信度分别为79%和100%。聚类结果显示，28个亚洲小车蝗个体总体上聚在2个主要簇群中，赤峰（C-2）、通辽（T-2）、呼伦贝尔（H-2）的亚洲小车蝗首先聚成一簇，随后又与其他地区的亚洲小车蝗种群构成聚类簇Ⅰ。两个外群种分别聚成一簇，构成了聚类簇Ⅱ和Ⅲ。Ⅰ与Ⅱ先聚成一簇，表明鼓翅皱膝蝗与亚洲小车蝗的亲缘关系更近一些。除通辽（T-2）、赤峰（C-2）、呼伦贝尔（H-2）的3个个体表现出与其他个体较大的遗传差异外，种群内的多数个体间差异并不明显，呈现一种平行式的分布。同一地理种群间的个体相聚概率较大，同时，不同地理种群间的个体也可以较高的置信度相聚。聚类结果与种群地理距离间没有明显的相关性，亚洲小车蝗不同地理种群的个体之间呈现一种平行式的分布关系。2个外群种与亚洲小车蝗间的遗传差异较大。

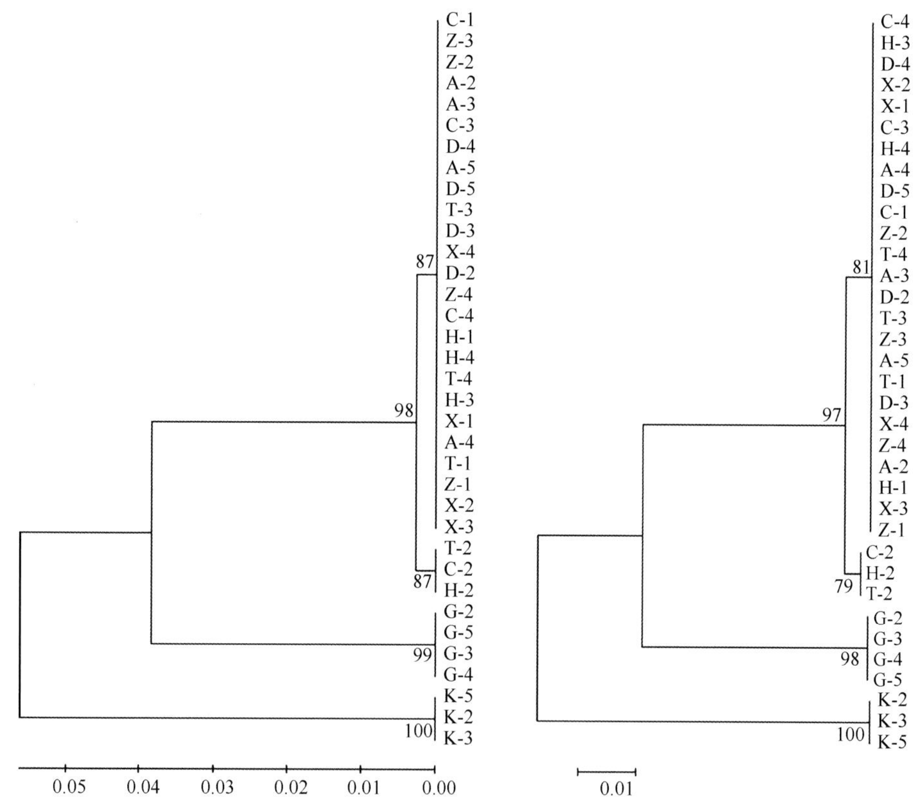

图1-21　28个亚洲小车蝗及2个外群种16S rRNA基因序列UPGMA（左）和NJ（右）分子系统树

昆虫线粒体DNA能够全面地反映种群间和种群内的遗传差异，如果地理种群间存在天然的或者人为的隔离屏障，造成它们间基因交流的大幅度降低，mtDNA结构的地理变异可在短期内发生。mtDNA 16S rRNA基因主要由1500个核苷酸组成，其进化速率要比细胞核DNA编码的核糖体RNA快。16S rRNA基因一直以来备受研究者青睐的原因有以下几点：一是所有昆虫体内都有该基因存在；二是该基因具有高度的特异性和保守性；三是它具有足够长的基因序列，包含50个左右的功能域。因此，16S rRNA基因在许多领域被广泛用于研究昆虫系统发育关系和群体遗传差异。

对亚洲小车蝗的线粒体16S rRNA部分基因扩增、测序得到289 bp的序列，序列的A+T平均含量为70.3%，G+C含量为29.7%，A+T含量明显高于G+C含量。这种现象在昆虫中比较普遍。多数变异发生在密码子的第3位点上，占50.14%，与直翅目蝗总科斑腿蝗科部分种类的研究结果一致。转换数明显高于颠换数，没有碱基的插入或缺失变异。这些结果说明，不同地理种群间DNA序列较多发生同义突变，密码子第3位点表现出极高的替换频率，该位点所发生的碱基替换大多属于同义替换，很少引起氨基酸的改变。

分子系统树表明，各地亚洲小车蝗种群基本聚成一簇，说明各地理种群间差异很小，有一定程度的分化，但分化程度较低。发生变异的位点主要集中在T-2、C-2、H-2上。单倍型在系统树中的分布散乱、混杂，也没有显示出明显的地理分布族群，不同的群体之间在遗传物质上有着较大的保守性，种群彼此之间的遗传分化程度与其间相隔的地理距离之间并不具有显著的相关性。选取的2个外群种中鼓翅皱膝蝗先与亚洲小车蝗聚成一簇，表明鼓翅皱膝蝗与亚洲小车蝗的亲缘关系更近一些。本研究选取了内蒙古地区7个地理种群的亚洲小车蝗，每个种群仅取了4个样品进行分析，研究个体数有些不足，为了更全面地反映亚洲小车蝗各地理种群间遗传变异和空间分布规律的内在联系，还需增加地理种群数量和样品数量及应用其他分子生物学手段进行进一步探讨，以期为亚洲小车蝗的区域性控制提供全面的科学依据。

1.3.5.5　不同地理种群的亚洲小车蝗mtDNA ND1基因序列及其相互关系

本研究以内蒙古地区亚洲小车蝗为研究对象，测定了7个不同地理种群的亚洲小车蝗的线粒体DNA蛋白质编码基因——NADH脱氢酶复合体亚基ND1的基因，并用槌角蝗科的宽须蚁蝗（*Myrmeleotettix palpalis*）和斑腿蝗科的鼓翅皱膝蝗（*Angaracris barabensis*）作外群，构建分子系统树，以期从分子水平获得它们的系统进化关系，并为其利用与防治提供分子生物学方面的依据。

1. ND1区域DNA序列组成及变异

实验共获得亚洲小车蝗7个不同地理种群、1个近缘种及2个外群种共31个个体的mtDNA ND1基因序列。mtDNA ND1基因片段对应果蝇序列位置为12 248～12 595，产物测序得到大约378bp（包括引物长度）的序列，由于两端的碱基存在错配，不一定能够准确判读，因此对序列进行剪切。经氨基酸转换分析，确认所测序列第1位点为前一密码子的第2位点，为便于软件分析，从该片段第2核苷酸位点算起一共为303bp（图1-22）。对得到的亚洲小车蝗、1个近缘种及2个外群的31条序列进行软件分析，结果表明，种群内的个体差异较小，所测的4～5个个体变异位点差异不大。经比较共检测出22个变异位点，约占核苷酸总数的7.26%，多数变异发生在密码子的第3位点上（占68.18%），第2位点为4.55%，第1位为27.27%。就每个氨基酸密码子来看，第3位点A+T平均含量较高，达90.3%，第1位点A+T平均含量74.6%，第2位点为61%。没有发现任何碱基的缺失或插入，计算得出它们的平均碱基含量为：A 25.8%，T 50.8%，C 12.5%，G 10.9%，A+T平均含量较高，为76.6%。就每个氨基酸密码子来看，第3位点的A+T平均含量较高。对得到的28个亚洲小车蝗ND1序列做相似性比较，相似性达96.48%，与GenBank上已发表序列比对，同源性最高达95%（EU287446）。用MEGA软件统计两两序列之间的核苷酸替换数，发现亚洲小车蝗mtDNA ND1基因部分序列不同个体之间核苷酸的替换数最大为9，最小为2，其中转换数明显高于颠换数，颠换中只有A与T、A与C之间的颠换发生，没有T与G、C与G之间的颠换，这与其他昆虫类群研究的结果基本相同。遗传距离在不同亚洲小车蝗种群间最大是2.3%，最小是0.00%，即序列相同，所有序列的平均遗传距离为0.18%。

```
               111111111122222222223333333333444444444455555555556666666666777777777
      123456789012345678901234567890123456789012345678901234567890123456789012345678
Z-1   TTAGGTATTCCTCAACCTTTTAGAGATGCTATTAAATTAATTTGTAAGGAACAGCCAATTCCTTTTATATCAAATTAT
Z-2   ..............................................................................
Z-3   ..............................................................................
Z-4   ..............................................................................
A-1   ...................................G..G.......G......A........................
A-2   ......................................G.......G......A........................
A-3   ...................................G..G.......G......A........................
A-4   ...................................G..G.......G......A........................
C-1   ..............................................................................
C-2   ..............................................................................
C-3   ..............................................................................
C-4   ..............................................................................
D-1   ...................................G..G.......G......A........................
D-2   ...................................G..G.......G......A........................
D-3   ...................................G..G.......G......A........................
D-4   ...................................G..G.......G......A........................
H-1   ..............................................................................
H-2   ..............................................................................
H-3   ..............................................................................
H-4   ..............................................................................
T-1   ..T...........................................................................
T-2   ..............................................................................
T-3   ..............................................................................
T-4   ..............................................................................
X-1   ...................................G..G.......G......A........................
X-2   ......................................G.......G......A........................
X-3   ...................................G..G.......G......A........................
X-4   ...................................G..G.......G......A........................
HJ-2  A............G.........T.............................A.........A..............
G-2   .............G.........T...............G................T.....................
K-2   A............G.........T.......................A.....A.........A.......T......

                           111111111111111111111111111111111111111111111111111111111
      788888888889999999999000000000011111111112222222222333333333344444444445555555
      901234567890123456789012345678901234567890123456789012345678901234567890123456
Z-1   TTTTTGTATTATTTTTCCCCTGTTTTTAATTTAATGATTTCTTTATTAGTTTGAATTATTTTTCCTTATATAACTTAT
Z-2   ..............................................................................
Z-3   ..............................................................................
Z-4   ..............................................................................
A-1   .....A...........T..A..............A............A.....G.G.....................
A-2   .....A...........T.................A............A.....G.G.....................
A-3   .....A...........T..A..............A............A.....G.G.....C...............
A-4   .....A...........T..A..............A............A.....G.G.....C...............
C-1   ..............................................................................
C-2   ..............................................................................
C-3   ..............................................................................
C-4   ..............................................................................
D-1   .....A...........T..A..............A............A.....G.G.....C...............
D-2   .....A...........T..A..............A............A.....G.G.....C...............
D-3   .....A...........T..A..............A............A.....G.G.....C...............
D-4   .....A...........T..A..............A............A.....G.G.....C...............
H-1   ..............................................................................
H-2   ..............................................................................
H-3   ..............................................................................
H-4   ..............................................................................
T-1   ..............................................................................
T-2   ..............................................................................
T-3   ..............................................................................
T-4   ..............................................................................
X-1   .....A...........T..A..............A............A.....G.G.....C...............
X-2   .....T...........T.................A...........TA.......A............T........
X-3   .....A...........T..A..............A............A.....G.G.....C...............
X-4   .....A...........T..A..............A............A.....G.G.....C...............
HJ-2  ..AC.T...........T.................A.........A.TA.......A............T........
G-2   ...A.A..............A...................G..G..TA.....TC......C...............
K-2   ..AC.T...........T...A..........G..A.........A.TA.......A............T........
```

```
      1111111111111111111111111111111111111111111222222222222222222222222222222222222
      555666666666677777777778888888888999999999900000000001111111111222222222233333
      789012345678901234567890123456789012345678901234567890123456789012345678901234
Z-1   ATATGTTCTTTTCCTTATGGTTTTTTATTTTTTCTTTGTTGTACTAGATTAAGAGTTTATACATTAATAATTGCTGGT
Z-2   ..............................................................................
Z-3   ..............................................................................
Z-4   ..............................................................................
A-1   ............T.......A.........................................................
A-2   ............T.......A.........................................................
A-3   ............T.......A.........................................................
A-4   ............T.......A.........................................................
C-1   ..............................................................................
C-2   ..............................................................................
C-3   ..............................................................................
C-4   ..............................................................................
D-1   ............T.......A.........................................................
D-2   ............T.......A.........................................................
D-3   ............T.......A.........................................................
D-4   ............T.......A.........................................................
H-1   ..............................................................................
H-2   ..............................................................................
H-3   ..............................................................................
H-4   ..............................................................................
T-1   ..............................................................................
T-2   ..............................................................................
T-3   ..............................................................................
T-4   ..............................................................................
X-1   ............T.......A.........................................................
X-2   ............T.......A..............................G..........TG..............
X-3   ............T.......A.........................................................
X-4   ............T.......A.........................................................
HJ-2  ..G.....A...T....................T.A...............G.T........TG..........A...
G-2   ....................A..............C..C.........G.G...........T...........A...
K-2   ..G.....A...T....................T.A........A......G.T........TG..............

      222222222222222222222222222222222222222222222222222222222222222223333
      333334444444444555555555566666666667777777777888888888899999999990000
      567890123456789012345678901234567890123456789012345678901234567890123
Z-1   TGATCTTCTAATTCAAATTATTCATTATTGGGTTCTTTACGTTCTGTTGCTCAAACTATTTCTTATGAA
Z-2   .....................................................................
Z-3   .....................................................................
Z-4   .....................................................................
A-1   ........C....................A.......................................
A-2   ........C....................A.......................................
A-3   ........C....................A.......................................
A-4   ........C....................A.......................................
C-1   .....................................................................
C-2   .....................................................................
C-3   .....................................................................
C-4   .....................................................................
D-1   ........C....................A.......................................
D-2   ........C....................A.......................................
D-3   ........C....................A.......................................
D-4   ........C....................A.......................................
H-1   .....................................................................
H-2   .....................................................................
H-3   .....................................................................
H-4   .....................................................................
T-1   .....................................................................
T-2   .....................................................................
T-3   .....................................................................
T-4   .....................................................................
X-1   ........C....................A.......................................
X-2   .............................A.......................................
X-3   ........C....................A.......................................
X-4   ........C....................A.......................................
HJ-2  .....A.......................A.......................................
G-2   .....A........T..............A.......................................
K-2   .....A.......................A.................C.....................
```

图1-22　亚洲小车蝗28个个体、1个近缘种及2个外群种mtDNA ND1基因303bp序列

2. 系统进化树

以宽须蚁蝗、鼓翅皱膝蝗为外群，采用UPGMA法构建7个不同地理种群的亚洲小车蝗28个个体及两个外群种的分子系统树，系统树各分支的置信度以自引导值来表示。Boot-strap 1000循环检验结果表明，最高和最低置信度分别为100%和65%（图1-23）。聚类分析显示，所有个体大体上分别聚在4个主要簇群中，亚洲小车蝗通辽种群的一个个体T-1，以100%的置信度与亚洲小车蝗赤峰种群、亚洲小车蝗阿拉善种群、亚洲小车蝗呼伦贝尔种群构成聚类簇Ⅰ；亚洲小车蝗锡林浩特种群、亚洲小车蝗兴安种群和亚洲小车蝗包头种群以74%的置信度构成聚类簇Ⅱ；宽须蚁蝗种群和鼓翅皱膝蝗种群作为外群种各成一簇，分别构成聚类簇Ⅲ和Ⅳ。总体上看，除通辽种群的一个个体T-1和锡林浩特种群的一个个体X-2与该种群其他个体表现差异较大外，种群内的个体间差异不明显，结果表明，相同地域的个体之间相聚的概率相对要大一些，跨地域不同个体之间也可以很高的置信度相聚，但总体上看，亚洲小车蝗不同地理种群在聚类中分支不明显，呈现出一种平行式的分布关系，并没有显示出与地理分布一致性的结果。空间位置相距较远的群体并不一定在核苷酸序列中有很大的差异，而相距较近种群间和同一地理种群内有可能存在较大的遗传距离。这与前人的研究结果一致。亚洲小车蝗不同地理种群个体与两个外群种的遗传差异较大。

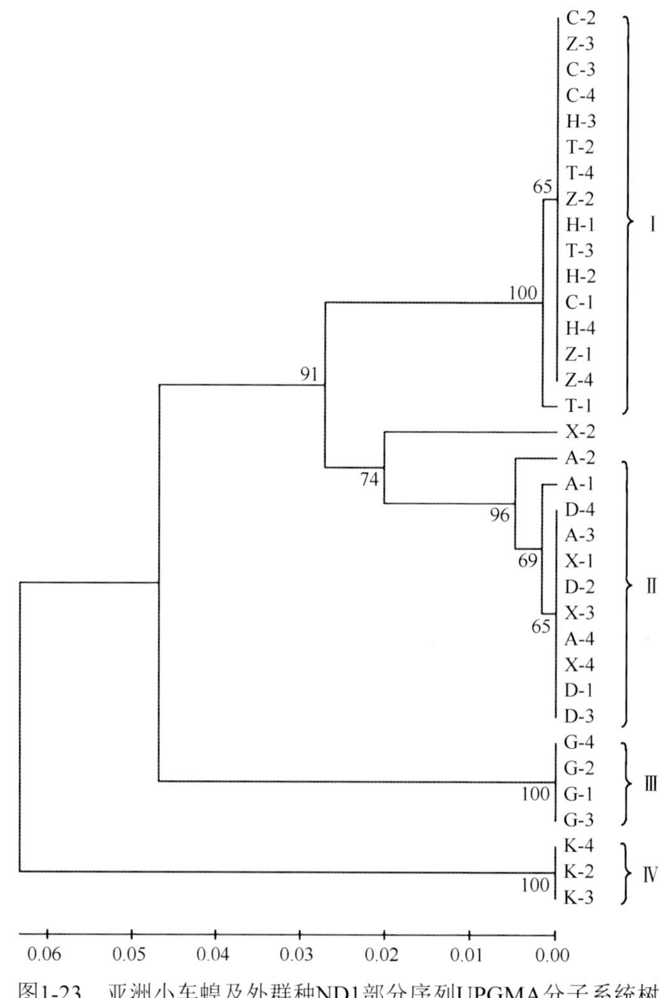

图1-23　亚洲小车蝗及外群种ND1部分序列UPGMA分子系统树

本试验以采集的亚洲小车蝗冷冻标本为材料，对7个地理种群亚洲小车蝗、1个近缘种及2个外群种mtDNA ND1基因378bp的序列进行测定，据文献报道，包括昆虫在内的许多生物类群的细胞核基因组中有类线粒体基因（又称线粒体假基因）的存在。我们的研究结果表明：①PCR扩增总是产生大小相同的一条带，大约378bp（包括引物长度），没有其他条带的影响；②经序列比对及氨基酸转换，没有缺失、插入或终止密码子出现。因此，我们所得到的序列应该是线粒体DNA序列，而非核中线粒体假基因干扰。测序得到7个地理种群亚洲小车蝗、1个近缘种及2个外群种的31个个体的序列，每条序列378bp。分析结果表明，该标记片段在种内较为保守，种内平均遗传距离在0～0.018，核苷酸突变均为同义突变，多发生于密码子的第3位，多数为转换。本试验扩增目的片段的A+T含量较高（76.6%），昆虫的线粒体DNA具有较高的A+T含量，其与进化间的关系已被广泛研究过，但并没有得到一致的结论。测序结果得出种群内的个体差异较小，所测的4～5个个体变异位点差异不大。也可能是由于所测个体较少，今后应增加种群内个体数量，进行深入研究。从系统树的结果也可看出，不同的个体之间有一定的分歧，但不同种群间的关系并没有得到与地理分布相一致的结果。空间位置相距较远的群体并不一定在核苷酸序列中有大的差异，而较近种群间和同一种群内有可能存在较大的遗传距离，但不同地理种群的亚洲小车蝗与两个外群种的遗传距离基本一致。

本试验结果表明，分布于我国7个不同地理区域的亚洲小车蝗并没有受到地理环境的影响，不同的群体之间在遗传物质上有着较大的保守性。这可能是由以下几个因素造成的：第一，NADH脱氢酶复合体亚基ND1的基因由于编码蛋白质存在着功能上的约束性，亚洲小车蝗各群体之间没有达到足够的变异，需选择进化速率更快的遗传标记来研究各居群的演化；第二，蝗科的进化呈现出一种简单的爆炸式的辐射状态，各居群间存在着广泛的基因交流和融合，亚洲小车蝗飞翔能力较强，有报道称该种蝗虫一晚上可以迁飞350km；第三，本研究只选择内蒙古地区亚洲小车蝗的7个种群，研究个体数也相对较少，还需增加国内其他地区的种群数量和样本数进行进一步探讨。本研究在一定程度上为亚洲小车蝗的系统演化提供了分子生物学方面的证据。

1.4　草原蝗虫的生物防治

自20世纪90年代以来，随着科学技术不断发展，人们对生态环境保护日益重视，减少化学农药使用、保护生态环境的意识日益提高，研究开发利用生物防治技术控制农牧业病虫草害，成为国内外植物保护科学工作者的重要研究课题之一。生物防治措施具有安全、有效、无污染等特点，与保护生态环境和自然社会协调发展的要求相吻合。同化学防治相比，生物防治具有选择性强、对人畜安全、对生态环境影响小等优点。生物防治可将病虫草害种群长期控制在经济受害水平以下，是一项可持续的灾害治理措施。20世纪80年代初，美国最早研制出了生物治蝗制剂——蝗虫微孢子虫。到20世纪80年代后期，我国在蝗虫微孢子虫的生产和应用方面处于世界领先水平。20世纪90年代中期，英国、澳大利亚开发了绿僵菌治蝗制剂。蝗虫的主要生物防治技术主要包括利用杀虫真菌（绿僵菌、白僵菌等）、植物源农药（印楝素、苦参碱等）、天敌昆虫（寄生性天敌和捕食性天敌）、性诱剂及生态调控等各种防治措施。应用生物制剂后可以使得天敌微生物或昆虫，如捕食性天敌昆虫、蝗虫微孢子虫能够在生态系统中建立种群，已经成为蝗虫种群密度的长期控制因素。蝗虫的生物防治已经成为全世界有害生物可持续治理的热点和重要发展方向。

1.4.1 病原微生物防治技术

感染昆虫并使其发生疾病的微生物称为昆虫病原微生物，它是自然界控制昆虫种群数量的重要因子。利用昆虫病原微生物防治害虫的历史可追溯到19世纪，早在1879年，俄罗斯的Metchnikoff曾用昆虫病原真菌——金龟子绿僵菌（*Metarhizium anisopliae*）来防治金龟子幼虫，是最早应用绿僵菌的事例。自此以后，世界各地掀起了利用昆虫病原真菌防治害虫的研究。以昆虫病原微生物开发的微生物杀虫剂具有与环境的相容性、易于工业化生产、可自然扩散、持续控制害虫等优点而作为化学农药的替代品，备受国内外学者及产业界的重视。蝗虫的病原微生物主要包括微孢子、真菌、细菌、病毒等类群的很多重要种类。当前，运用致病微生物来进行害虫防治的方式在我国的很多地区都有应用，也获得了比较良好的效果。

1.4.1.1 蝗虫微孢子虫

蝗虫微孢子虫（*Paranose malocustae*）是蝗虫等直翅目昆虫的专性寄生物，是蝗虫综合治理中最重要的生物防治手段之一，因其对蝗害的可持续控制作用明显，受到广泛重视。蝗虫微孢子虫可侵染我国多种蝗虫，包括东亚飞蝗、中华稻蝗（*Oxya chinensis*）及白边痂蝗、小翅雏蝗（*Chorthippus fallax*）、狭翅雏蝗、毛足棒角蝗、鼓翅皱膝蝗、宽须蚁蝗和亚洲小车蝗等多种优势种蝗虫。1986年由美国引入我国，其相关理论和应用技术研究超过30年，在我国蝗害治理中发挥了很大作用，累计防治蝗虫面积达100多万公顷，并显示了明显的长期控制效果。蝗虫取食了被微孢子污染过的食物后，孢子即在蝗虫消化道中萌发，爆发性地突出极丝尖端，穿进寄主细胞和中肠肠壁细胞，到达血腔，进入感受性组织细胞，如在脂肪体中开始无性裂殖生殖，将孢子的孢原质释放出来，开始在寄主的细胞内大量繁殖，消耗蝗虫体内的能源物质，导致虫体总脂含量和血淋巴甘油酯含量大幅度下降及血淋巴脂肪酶活力大幅度上升，使蝗虫出现畸形，发育期延长，寿命缩短，丧失生殖能力。另外，微孢子还可侵染蝗虫的唾腺、围心细胞及神经组织；在其病虫体内的卵细胞、侧输卵管、中输卵管中均发现有微孢子虫的孢子，使病虫的产卵量下降约50%，孵化率极低，取食量下降，随着微孢子在寄主体内不断增殖，寄主的生理机能等遭到破坏而死亡。蝗虫微孢子虫不污染环境、不杀伤天敌、对人畜安全，不产生对其他生物的二次毒害，有利于保护生物多样性。1972年，Henry研究了自然情况下的蝗虫微孢子虫病的流行，认为该病的流行与各地区的蝗虫种类组成及丰富度有关；在季节动态中感染率的高低与引起的死亡率有关，与蝗虫的迁飞扩散有关；如果蝗虫虫口密度太低则无法传播流行。1980年，美国科学家研制出蝗虫微孢子虫饵剂和水剂，并首次获得美国环保部的登记，2008年又重新在美国获得登记，2011年蝗虫微孢子虫被加拿大批准登记并应用，极大促进了蝗虫微孢子虫在北美的推广应用和研究。在美国、加拿大、阿根廷等地，应用蝗虫微孢子虫防治蝗虫取得了显著持续效果，越来越被人们接受和应用。目前，蝗虫微孢子虫已经在世界上的主要蝗区推广应用，显示出良好的控蝗效果，当年的防治效果可达50%～90%甚至更高，即使是存活的蝗虫也有20%～50%被微孢子病原感染，可以持续控制蝗虫种群，逐步得到各国认可，具有广阔的应用前景。通过对微孢子应用区域微孢子病原在蝗虫种群中流行规律的长期跟踪研究发现，微孢子病原在南美草原蝗群中至少可以持续流行6～7年。自从引进蝗虫微孢子虫以来，我国学者开展了蝗虫微孢子虫病在草原蝗虫种群中流行规律试验研究，结果表明，草场引入蝗虫微孢子虫后有两个明显的发病高峰，蝗虫高密度利于微孢子虫病的流行；较高浓度的微孢子虫可以侵染50%～80%的蝗虫。自我国开展了蝗虫微孢子虫治理蝗虫的理论与应用技术以后，累计示范推广应用微孢子虫防治蝗虫的面积达1000多万亩，取得了良好的经济效益、社会效益和生态效益。在内蒙古和青海草原上施用蝗虫微孢子虫9年后，其在多种草原蝗虫体内仍有较高寄生率，并且有效抑制蝗虫种群数量增长，证明蝗虫微孢子虫能在自然种群中定植，并达到长期控蝗效果，并且一直将蝗虫控制在经济为害允许水平以下，施用一次，6～10年不需再施药防治，持续控制蝗虫的作用明显。

应用蝗虫微孢子虫防治蝗虫可以大量减少材料和人工的耗费，是蝗虫可持续治理的理想生物制剂。除了直接的致死作用，蝗虫微孢子虫更重要的是其对蝗虫的亚致死作用，如抑制蝗虫的生长发育、产卵和群集行为。在研究蝗虫微孢子虫抑制飞蝗群集迁飞行为的机制中发现，蝗虫微孢子虫可显著抑制飞蝗的群集迁飞行为，主要是通过干扰合成调控飞蝗群集和型变的神经递质血清素和多巴胺等基因的表达来达到抑制飞蝗群集的目的；同时，蝗虫微孢子虫也可以通过抑制参与飞蝗聚集信息素合成的肠道细菌的生长发育来阻止飞蝗的群集行为。该病原不仅可以干扰飞蝗的行为型变，也可以抑制飞蝗的形态型变，即抑制飞蝗向群居形态和促进飞蝗向散居形态转变，从而阻止了飞蝗的群集迁飞为害，从可持续控制作用上理解，这种亚致死作用比直接的致死作用更为重要。为促进蝗虫微孢子虫在蝗虫生物防治工作中的进一步应用，世界各国科学家开展了蝗虫微孢子虫控制蝗虫的生理生化及分子机制的研究。科学家免疫定位了感病蝗虫脂肪体细胞内的蝗虫微孢子虫已糖激酶，同时发现该蛋白也可在鳞翅目细胞中异源表达，证明了蝗虫微孢子虫分泌的已糖激酶可进入寄主细胞核累积表达，为进一步明确其对寄主的致病分子机制提供了依据。

1.4.1.2　蝗虫病原真菌

昆虫病原真菌是昆虫病原生物中的最大类群。野外调查越冬昆虫发现，昆虫疾病中约有60%是由真菌引起的，病原真菌也是最早被系统地用于控制害虫的昆虫病原微生物。20世纪80年代至21世纪初的十多年的时间里，国际生物防治研究所开展了蝗虫生物防治专项研究，大规模筛选对蝗虫致病的真菌，在国际热带农业研究所的协作下，从西非、也门、马达加斯加等地区的土壤或病蝗中筛选出300多个有效控制蝗虫的菌株，通过测试其对蝗虫的毒性、遗传稳定性、产孢能力、孢子稳定性、对紫外线和高温的抗性、田间有效性、对非靶标生物的安全性、对环境的影响和循环性等特性，来评价其推广应用前景，其中金龟子绿僵菌是毒性较强的菌株，同时也分离得到其他一些有效菌株，如球孢白僵菌（*Beauveria bassiana*）和小团孢属真菌（*Sorosporella* sp.）等。

蝗虫的病原真菌主要分布于接合菌亚纲和半知菌亚纲，接合菌亚纲的蝗虫病原是复合体，研究较少，目前研究和应用较多的是蝗噬虫霉菌复合体（*Entomophaga grylli* complex），其至少包括4种致病型菌类——*E. calopteni*、*E. macleodii*、*E. praxibuli*和*E. asiatica*。这4种致病型的寄主、生活史和环境要求等都不同，其中：Ⅰ型*E. macleodii*主要寄生斑翅蝗亚科（Oedipodinae）的蝗虫；Ⅱ型*E. calopteni*主要寄生黑蝗亚科（Melanoplinae）的蝗虫；Ⅲ型*E. praxibuli*均可寄生；Ⅳ型*E. asiatica*是从日本的一种蝗虫体分离得到的，现在可以采取分子生物学手段来区分这4种病原真菌。我国主要是Ⅰ型蝗噬虫霉菌，虫体培养可以发现白色的外部菌丝。半知菌亚纲广泛存在于自然界，是蝗虫的主要病原真菌，包括绿僵菌、白僵菌、黄绿僵菌（*Metarhizium flavoviride*）、黄曲霉菌（*Aspergillus flavus*）等。这些真菌的分生孢子要比蝗噬虫霉菌的孢子小，但它们的形态也各不相同，当然区分它们的最好手段还是分子探针。科学家经过多年的跟踪调查发现，真菌病害在蝗群中的自然流行比率很低，在非洲草原蝗群中的自然感病率在2%～6%。因此，要将蝗虫控制在经济为害水平以下，必须人工增殖病原真菌并应用到蝗群中，提高蝗虫的感病率并降低其种群密度。目前，人工增殖应用的对蝗虫有毒杀作用的病原真菌主要有绿僵菌、白僵菌和黄绿僵菌等。此外，还有小团孢属真菌（*Sorosporella* sp.）、蝗噬虫霉菌（*E. grylli*）和轮状镰刀霉菌（*Fusarium verticillioides*），在田间示范应用较多的是绿僵菌和白僵菌。杀蝗绿僵菌在非洲进行了大面积试验，用于沙漠蝗（*Schistocerca gregaria*）的防治，有很大应用前景。昆虫绿僵菌可以产生大量的酶和次生代谢物质，帮助其渗透昆虫的体壁或者其他组织，以达到侵染和寄生的目的。专门寄生蝗虫的杀蝗绿僵菌可以分泌一系列蛋白，如蛋白酶、几丁质酶、细胞色素P450等，这些蛋白能为杀蝗绿僵菌带来更加强大的适应多变的生存环境的能力。同时在菌株选育、生产工艺、剂型和防治对象上已有显著进步，杀蝗绿僵菌生物农药的研制取得了重要的成果，产品已在国内外多个地区示范试验。不仅如此，生防工作者还尝试向真菌农药中添加附带物质（如苦楝籽油等）以开发新的剂型，提高病原真菌农药的杀蝗毒性。

绿僵菌是最早用于防治农业害虫的真菌，是一种广谱的昆虫病原菌，属于半知菌类，能寄生昆虫8目30科，共200余种，也能寄生螨类。它可诱发昆虫产生绿僵病。绿僵菌也能产生外毒素，目前已知的毒素有腐败菌素A、B、C、D和脱甲基腐败菌素B。绿僵菌治蝗是近几年国际上研究与开发的热点之一。1890年，美国第一次使用白僵菌防治麦长蝽，此后许多国家，如日本、苏联、巴西、英国等也开始应用白僵菌、绿僵菌、黄僵菌、蚜霉菌等防治农林害虫，并且逐渐把虫生真菌发展为一类微生物杀虫剂。已有一些产品相继问世，如英国研制的产品Green Muscle和澳大利亚研制的产品Green Guard等。澳大利亚筛选出了产孢量高、对蝗虫的致病性强的新品系——金龟子绿僵菌（*Metarhizium anisopliae*），现已商品化大量生产。自2000年以来，利用金龟子绿僵菌每年在澳大利亚防治蝗虫近25 000hm^2，主要用于近水源的地区和生产有机农产品的农场、牧场地区，从而保证了水源和从事有机农产品生产的地区不受化学农药的污染。

我国是最早应用虫生真菌资源的国家之一。1149年，《农书》一书中就在世界上首先描述过家蚕僵病，并探讨了发病条件与环境的关系；古代史书中也多次记载蝗虫感染蝗噬虫霉菌后“抱草而死”的现象。20世纪50年代，利用白僵菌防治农林害虫试验是我国应用真菌防治害虫的开端。在我国也有很多单位在开发绿僵菌，部分产品已经在国内进行了登记，并且开展了大规模的应用。绿僵菌与白僵菌相比，其特点是杀虫种类更广泛，感染虫体的温度，即孢子萌发的适宜温度比白僵菌低，适合春季和秋季，而白僵菌主要适合夏季高温杀虫，绿僵菌与白僵菌的利用在季节上可形成互补。因此，绿僵菌的研究及其制剂开发对控制春秋为害的许多害虫是十分必要的。

对病原微生物的开发研究已成为热点领域，研究重点主要有：大范围的菌株分离、鉴定和筛选（目前分离出的绿僵菌有效株系达300多份）；流行学评价和生物测定（分析其最佳施用剂量，以及在自然环境中的流行条件和规律）；菌株培养、工厂化生产和储藏技术；新剂型和释放技术的开发，以增强其可操作性；田间试验、环境影响评估、防治效果评价等。与化学杀虫剂对比，在环境安全的基础上才允许登记注册商品化；技术推广与政府补偿，通过技术推广使研究成果被公众接受，实行政府补贴措施，增加生产商的利润，以降低售价。这些措施都积极地推动了微生物杀虫剂的开发应用。

1.4.1.3　蝗虫病原细菌

蝗虫病原细菌在蝗虫病原微生物区系中占很大比例，在不同环境条件下对蝗虫种群数量能起到不同程度的调节作用。杀蝗细菌主要来自芽孢杆菌科（Bacillaceae）、假单胞菌科（Pseudomonadaceae）、肠杆菌科（Enterobacteriaceae）、乳杆菌科（Lactobacillaceae）和微球菌科（Micrococcaceae）等细菌类群。最早报道应用细菌防治蝗虫的是墨西哥科学家d'Herelle，他认为这种细菌在墨西哥、哥伦比亚和阿根廷的蝗群中流行，将其命名为蝗虫球杆菌（*Coccobacillus acridorum*），后来证明其是产气杆菌（*Aerobacter aerogenes*）。还有一种是从沙漠蝗体表分离出来的黏质沙雷菌（*Serratia marcescens*），但应用中发现其对蝗虫的控制作用不稳定。实际上，利用病原细菌防治蝗虫的研究远没有病原真菌多，主要研究集中在苏云金芽孢杆菌（*Bacillus thuringiensis*）和类产碱假单胞菌（*Pseudomonas pseudoalcaligenes*）两种细菌上，也有部分球形芽孢杆菌（*B. sphaericus*）的报道。对蝗虫有效的新细菌菌株的筛选屡有报道，但也主要集中在芽孢杆菌属（*Bacillus*）和假单胞菌属（*Pseudomonas*）。最早从四川乐山自然死亡的黄脊竹蝗（*Ceracris kiangsu*）体内分离得到第一株类产碱假单胞菌，并确定了其对3种草地蝗虫（土蝗、亚洲飞蝗和蚁蝗）的感染力和毒力。与芽孢杆菌类似，类产碱假单胞菌产生的杀虫蛋白是其对蝗虫产生毒性的主要原因，其分子质量约为26kDa。增效剂型的研究一直是生物农药在开发和利用过程中的重要环节，尹鸿翔等（2004）分离出一株可以产生几丁质酶的黏质沙雷菌（*Serratia marcescens*），并与类产碱假单胞菌进行了混合生物制剂的试验，显著提高了单一菌种杀蝗效率。

苏云金芽孢杆菌是一种可以对鳞翅目、双翅目、鞘翅目、同翅目、膜翅目和食毛目等众多昆虫有毒杀作用的病原细菌，与此相比，对直翅目昆虫有效的Bt的报道很少。Prior和Greathead（1989）认为，蝗虫肠液为酸性，不足以激活Bt毒蛋白，故Bt毒蛋白对其无毒性。但是随着越来越多的Bt菌株和毒蛋白的发现，人们筛选出了对飞蝗有毒性的Bt菌株，如BTH-13，主要δ-内毒素为Cry7Ca1。并且，Quesada-Moraga等（2001）和Barakat等（2015）分别报道了Bt毒素对摩洛哥戟纹蝗（*Dociostaurus maroccanus*）和沙漠蝗（*Schistocerca gregaria*）中肠组织的影响，开启了系统研究Bt毒素对蝗虫中肠的病理学影响的先河，具有一定的发展前景。

1.4.2　生物源产品防治技术

1.4.2.1　植物源农药

植物源农药，就是直接利用或提取植物的根、茎、叶、花、果、种子等，或利用其次生代谢物质制成具有杀虫或杀菌作用的活性物质。植物源农药作为生物农药中最大的一类，与化学合成农药相比具有很多优点：①植物源农药的活性成分是自然存在的物质，自然界有其自然的降解途径，不污染环境，因而被称为绿色农药；②植物源杀虫剂对害虫的作用机制与常规化学农药差别很大，常规化学农药仅作用于害虫某一生理系统的一个或少数几个靶标，而多数植物源杀虫剂由于活性成分复杂，能够作用于昆虫的多个器官系统，有利于克服害虫抗药性；③有些植物源农药还可刺激作物生长；④有的植物源农药可以因地制宜就地取材进行加工生产，提高农牧业产业效益。

据统计，世界上至少有50万种不同植物，其中药用植物有11 020种（含种下等级1208个），隶属于383科2313属。目前已报道具有控制有害生物活性的高等植物达2400余种，其中具有杀虫活性的1000多种，具有杀螨活性的39种，具有杀线虫活性的108种，具有杀鼠活性的109种，杀软体动物的8种；对昆虫具有拒食活性的384种，具有忌避活性的279种，具有引诱活性的28种，引起昆虫不育的4种，调节昆虫生长发育的31种；抗真菌的94种，抗细菌的11

种，抗病毒的17种。这些植物主要集中于楝科、菊科、豆科、卫矛科、大戟科等，目前，鱼藤、雷公藤、除虫菊、印楝、苦参、乌桕、龙葵、闹羊花、马桑、大蒜等的杀虫、杀菌特性相继被发现和利用，其中鱼藤酮、除虫菊酯、印楝素等的研究已较为成功。

杀蝗的植物次生代谢产物主要是指来自植物的对蝗虫有明显活性的次生代谢产物。最早被研究报道和利用的防蝗的植物次生代谢产物是印楝素（azadirachtin）。印楝素可以直接或间接通过破坏蝗虫口器的化学感应器官产生拒食作用，通过对中肠消化酶的作用使得食物的营养转换不足，影响蝗虫的生命力，高剂量的印楝素也可以直接杀死蝗虫等昆虫，低剂量的印楝素通过抑制脑神经分泌细胞促前胸腺激素的合成与释放，影响前胸腺对蜕皮甾类的合成和释放，以及咽侧体对保幼激素的合成和释放而抑制蝗虫的生长发育。

印楝素也可使蝗虫血淋巴内保幼激素正常浓度水平被破坏，同时使得蝗虫卵成熟所需要的卵黄原蛋白合成不足而导致不育。据报道，施用0.3%的印楝素乳油2周后对草原蝗虫的防治效果可达90%以上。当前楝科（Meliaceae）、芸香科（Rutaceae）、菊科（Asteraceae）、胡椒科（Piperaceae）、唇形科（Lamiaceae）和番荔枝科（Annonaceae）等植物的次生代谢产物被认为最有前景成为防治蝗虫的化学农药的替代物质，最近研究发现葱科（Alliaceae）、牻牛儿苗科（Geraniaceae）、伞形科（Umbeliferae）等植物的提取物也对蝗虫有明显的控制效果，其对3龄沙漠蝗的半数致死量（LD_{50}）在1.11～1.59μg/g。我国植物源药物资源丰富，未来防治蝗虫的植物源农药开发潜力巨大。

1.4.2.2　蝗虫化学信息物质

化学信息物质是一个个体分泌并释放到体外的，能引起同种或异种个体的接受者发生一类特殊反应的化学物质。在节肢动物的趋性范围中，有数千种种内通讯物质被发现。目前有3500多种昆虫的化学信息，包含8000多种有机化合物被鉴定，同时3500多种化合物可以被人工合成，有500余种信息物质已经达到商品化水平。

蝗虫被发现也能产生和利用化学信息物质，最早找到的飞蝗化学信息物质是促成熟信息素。蝗虫化学信息物质包括种内通讯的化学信息素和种间通讯的化学信息物质。其中种内通讯的化学信息素主要有群居信息素、成熟信息素、产卵信息素（含促产卵化学信息素和群集产卵化学信息素）、性信息素、聚集信息素等；种间通讯的化学信息物质主要是用于防卫的化学信息物质，包括卵分泌的信息物质、特定腺体分泌的信息物质、粪便挥发的信息物质、口腔分泌物和内部毒素等，对其天敌均有一定的防卫作用。研究和应用较多的是沙漠蝗和飞蝗的聚集信息素。飞蝗的聚集信息素的主要成分是4-乙烯基苯甲醚（4VA）、环己醇、2,5-二甲基吡嗪、壬醛、苯甲醇、2,6,6-三甲基-1,4-环己二酮等；而沙漠蝗蝗蝻与成熟蝗虫的聚集信息素的主要活性成分不同，成蝗聚集信息素的主要活性成分是苯乙腈，不属于蝗蝻聚集信息素的组成成分，相反，它对蝗蝻有一定的抑制作用，被苯乙腈处理过的蝗蝻，对农药的敏感性增加，协调应用苯乙腈防治蝗虫可以减少化学农药的使用，保护生态环境。同时，蝗虫的信息化学物质可以在蝗虫监测预警等方面应用，可人工合成的信息素用于田间长期监测蝗虫种群动态，为预测预报服务。用人工合成的信息素可以设计诱集带诱集蝗虫，并在诱集带集中使用化学农药或生物制剂将其消灭，从而极大地减少化学农药的使用，对精准施药、降低成本和提高防效有重要作用。4-乙烯基苯甲醚（4VA）等蝗虫信息化学物质的发现和应用，以及其受体的发现将极大地改变防治蝗虫的对策和技术，是未来蝗虫绿色防控的发展方向。

1.4.2.3　杀蝗微生物的次生代谢产物

杀蝗微生物的次生代谢产物农药，主要是指由杀蝗细菌、真菌、放线菌等微生物产生的，可以在较低浓度下抑制或杀死蝗虫的低分子量次生代谢产物，主要是抗生素（antibiotic）类物质，以及色素分子、生物碱类、生物毒素、生长因子、酶抑制剂等。在蝗虫病原微生物次生代谢产物中研发较多的是杀蝗真菌的次生代谢产物，如来自杀蝗白僵菌和绿僵菌（图1-24）的次生物质。Bassiacridin是白僵菌毒素中特异性杀灭蝗虫的毒素蛋白，研究显示其具有β-葡萄糖苷酶、β-半乳糖苷酶和*N*-乙酰葡糖胺酶活性，在极低的浓度下就可以致死蝗虫，如注射毒素3.3ng/g剂量给4龄蝗虫，致死率可达50%，可破坏蝗虫气管等上皮细胞结构，这类单体毒素与早期明确的真菌分泌的大分子毒素蛋白hirsutellin A的作用方式不同。另外，也发现了白僵菌分泌的多种小分子的真菌代谢产物和环肽类化合物，主要包括白僵菌素、类白僵菌素、卵孢霉素、草酸等，其也具有一定的抗菌和杀虫作用。从金龟子绿僵菌的培养液中分离到的绿僵菌素，包含6种环缩肽，其中两种杀虫活性较高，分别被命名为destruxin A和destruxin B，两者结构均由β-丙氨酸、丙氨酸、缬氨酸、异亮氨酸和脯氨酸5种氨基酸组成，其对沙漠蝗（*Schistocerca gregaria*）、大蜡螟（*Galleria mellonella*）、葡萄象甲（*Otiorhynchus sulcatus*）、竹异䗛属（*Carausius*）等昆虫表现出明显毒性，致死中时（LT_{50}）为3～8h。当前，从不同真菌株系分离得到的杀虫毒素有几十种，与其杀虫活性、生物合成及其致病机制有关的研究十分广泛。

图1-24　感染绿僵菌的蝗虫

1.4.3　天敌防治技术

不同地区的生态地理条件不同，引发蝗灾的蝗虫优势种类及在不同自然条件下分布的蝗虫种类不同，因此以各类蝗虫为食的天敌类群也不同。蝗虫在各个时期都有天敌对其发挥控制作用，而且蝗虫各发育期的天敌发生情况不同。国外研究表明，以各类蝗虫为食的昆虫纲天敌主要分属于7目10科以上的类群，被记载的种类名称超过70种；除昆虫纲外，蛛形纲、两栖纲、爬行纲、真菌纲等也有许多蝗虫的天敌，Greathead于1963年总结了世界范围内蝗虫天敌534种，对这些天敌进行了评估并汇编成名录，这是迄今为止唯一的一部相关权威性论著；刘小华和陈贻云（1993）对广西地区的调查表明，蝗虫天敌共计5纲18目45科139种，其中蛛形纲1目3科5种、昆虫纲3目5科29种、两栖纲1目2科3种、爬行纲1目3科3种、鸟纲12目32科99种。郝伟等（2007）在2000～2005年对黄河滩区东亚飞蝗天敌种类进行了普查，结果发现天敌104种，隶属于6纲23目43科，优势种9种。蔡建义和田方文（2005）对山东滨州市沿海蝗区调查表明，蝗虫天敌有81种，隶属于5纲14目34科，其中昆虫纲31种、蛛形纲15种、鸟纲26种、两栖纲8种、真菌1种，其优势类群为蜘蛛、蚂蚁、蛙类。

蝗虫天敌资源极为丰富，其种类和数量都比较多，它们对抑制蝗虫种群数量、维护草原生态平衡具有不可低估的作用。所以一定要严格禁止滥捕乱猎蝗虫的天敌，做好化学防治与自然控制的协调，实现天敌资源可持续利用。在宏观上强调自然调控，利用自然生态，将蝗虫种群数量控制在经济阈值以下。根据其天敌生物学及其发生消长规律，创造适宜于其生存繁衍的环境条件，在加强蝗区改造、稳定蝗情的基础上，以保护利用蜘蛛类、蚂蚁类、蛙类、鸟类及昆虫类天敌为重点，重视发挥天敌对蝗虫的综合控制作用。我们认为：蝗虫天敌是自然界宝贵的生物资源。当前蝗虫暴发与自然生态的破坏密切相关。天敌的保护利用工作不应仅着眼于天敌本身，而是必须加强对整个生态系统的保护。因为生态系统是由植物、动物、微生物和它们所在的无生命环境所组成的一个生态单位交互作用形成的动态复合体，而害虫综合治理正是凭借生态系统功能的一种整合作用。所以，必须加强对各种自然景观、森林植被、水域等环境的自然保护，维护自然界的生物多样性，这样才能更切实有效地保护蝗虫的天敌，降低蝗虫的危害。

1.4.3.1 捕食性天敌昆虫

蝗虫的鞘翅目天敌昆虫为捕食蝗虫的主要昆虫之一，主要取食蝗虫的卵，如皮金龟科（Trogidae）、步甲总科（Caraboidea）、拟步甲总科（Tenebrionoidea）等。步甲成虫是广谱性的捕食者，而步甲幼虫捕食蝗卵，有些地区显示其对蝗虫有重要的控制作用；还有郭公甲、拟步甲、皮金龟等。捕食蝗卵的主要还有芫菁科（Meloidae），在北美有26种芫菁幼虫被发现能够攻击蝗虫卵块，芫菁可吃完整个卵荚，如果吃完一个还没有发育成熟，再继续寻找第二个卵荚，一些种类需要两年才能完成一个生活史。

双翅目蜂虻科（Bombyliidae）幼虫也取食蝗卵，至少26个种类被记录，初孵化出的幼虫寻找蝗卵，然后钻进卵囊取食卵粒，一般只取食部分卵，连续破坏3个卵囊，完成发育后钻入土中化蛹。捕食蝗蝻的天敌昆虫，还包括双翅目花蝇科昆虫，其大小与家蝇类似，已有两个种被报道捕食蝗虫卵。食虫虻科（Asilidae）昆虫是典型的捕食者，已有近千种被报道，至少有26种被记录可以捕食蝗虫，其中有6种嗜好捕食蝗虫，在蝗区分布广泛，研究认为至少有3个种类（*Stenopogon coyote*、*S. neglectus*和*S. picticornis*）可以取食草原蝗虫，与其他种类一起控制蝗虫种群的数量。

膜翅目（Hymenoptera）天敌主要为蚁科（Formicidae）的蚂蚁，蚂蚁可以捕食正在孵化的蝗蝻等。有4种蚂蚁（*Formica rufaobscuripes*、*F. obtusopilosa*、*Myrmica sabuletti americana*和*Solenopsis molesta validiuscula*）被证明是草原蝗虫的常规捕食者。我国对蝗虫的捕食性天敌昆虫的研发起步较晚，报道较少。记录的飞蝗天敌20余种，记录的捕食性天敌昆虫主要包括芫菁、步甲、虎甲、皮金龟、虻类、马蜂、泥蜂等类别，但是没有详细应用的报道。利用捕食性天敌昆虫对蝗总科的防控研究是世界性课题，我国蝗虫天敌资源丰富，利用前景良好，应积极研究和推广天敌防控技术。

1.4.3.2 寄生性天敌昆虫

蝗虫的寄生性天敌昆虫主要来自双翅目和膜翅目等（图1-25），包括花蝇科（Anthomyiidae）、麻蝇科（Sarcophagidae）、寄蝇科（Tachinidae）和缘腹细蜂科（Scelionidae）等。寄生性天敌昆虫对蝗虫的自然种群寄生率很高，澳大利亚的*Kosciuscola tristis*在自然种群中的寄生率高达20%。

图1-25　寄生性天敌昆虫

a. 寄生蝇；b. 寄生蜂

寄生蝗卵的寄生蜂目前只记载了缘腹细蜂科（Scelionidae）的寄生蜂，其寄生于一粒蝗卵内完成发育，主要包括蝗黑卵蜂属（*Scelio*）和*Synoditella*，共记录了20余种。一般雌性寄生蜂的数量多于雄性，研究发现，雌性寄生蜂可能对特定蝗虫种类的卵囊挥发物有吸引作用，寄生蜂定位卵囊后咬破卵囊挖一个隧道直到接触到卵粒为止，然后退出将产卵器插入产卵，尽可能多产，卵孵化后取食卵内的营养物质，完成幼虫发育后化蛹，最后羽化，成虫寄生蜂飞出寻找合适寄主。

寄生蝗蝻或成蝗的天敌昆虫，主要包括双翅目花蝇科、丽蝇科、寄蝇科、网翅虻科和泥蜂科等的昆虫。花蝇科昆虫大小与家蝇类似，据报道有一个种可以寄生蝗虫，如*Acridomyia canadensis*，*A. canadensis*至少可以寄生蝗科中的16种蝗虫，如*Melanoplus bivittatus*和*M. packardii*是常被寄生的种类。寄生蝇用口器刺破蝗虫的体表并吸食其体液，然后通过伤口将卵产入蝗虫体内，卵很快就开始孵化，在蝗虫体内完成幼虫龄期的发育，成熟幼虫从蝗虫体内钻入土壤中化蛹，蝗虫往往在寄生蝇钻出来以前就死亡。丽蝇科（Calliphoridae），如红头丽蝇（*Calliphora vicina*），与麻蝇科类似，也是蝗虫的重要天敌寄生物。记载的麻蝇科有21～23种是蝗虫的寄生物，其产幼行为常常在寄生蝇和蝗虫飞行的时候发生，如*Opsophyto opifera*、*Protodexia hunteri*和*P. reversa*，抛出一头幼虫到蝗虫体表，幼虫通过节间膜迅速钻入蝗虫体内并开始取食体液和组织，而*Servaisia falciformis*用其较尖锐的产卵器插入蝗虫的后腿肌肉中，产入幼虫，幼虫取食后逐步转移到体腔中取食直到成熟。老熟幼虫钻出体外入土化蛹，这个种类是最有效的蝗虫寄生物，寄生率常常较高。寄蝇科有6种被报道是蝗虫的重要天敌，其中*Acemyia tibialis*是主要的天敌，在美国和加拿大对蝗虫*M. bivattatus*和*M. sanguinipes*的寄生率较高。网翅虻科（Nemestrinidae）有2种*Neorhynchocephalus sackenii*和*Trichopsidea clausa*寄生蝗虫，幼虫接触30min内即可刺破蝗虫躯体，进入体壁后，建立一个狭长的、旋卷的呼吸管通到蝗虫体壁上，呼吸管的小端连接到体外作为空气出口，大端连接幼虫，形成呼吸袖，幼虫在体内取食蝗虫的脂肪和繁殖组织，直到完成发育，幼虫在蝗虫死亡前钻出体外进入土壤中越冬。泥蜂科（Sphecidae）有29个种被记录可寄生蝗虫，有一个典型的物种*Prionyx parkeri*需要约1h来捕捉蝗虫，然后产卵在蝗虫成虫的体内，孵化后寄生蜂开始取食蝗虫的组织等，部分地区的蝗虫*Oedaleonotus enigma*被寄生蜂*Tachysphex* spp.寄生的概率较高。

1.4.3.3 鸟类

食虫的鸟类很多是蝗虫的重要天敌。取食蝗虫的鸟类不是仅仅对单一种类蝗虫有防治作用，而是通常可以同时防治多种蝗虫，符合部分地区和草原多种蝗虫混合发生特点。不仅如此，鸟类还是综合防治蝗虫及其他种类害虫的重要手段。在利用鸟类防治蝗虫的工作中，主要包括研究建立草原鸟类保护区和通过构筑人工巢穴或改善栖息地来吸引捕食蝗虫的鸟类或者释放人工饲养的鸡、鸭等手段。

美国在中西部草原建立了多个草原鸟类保护区，面积超过300万亩，对草原食蝗鸟类保护作用明显。近年的调查发现，与非保护区相比，保护区食蝗鸟类的丰富度增加明显，如美洲歌鸟增加了46%、蝗草鹀增加了52%、莎草鷦鹩增加了48%等，保护区蝗虫发生频率下降。

我国在西北地区的草原蝗区建立了多个粉红椋鸟（*Sturnus roseus*）的人工巢穴和栖息地，吸引了大量的粉红椋鸟等进入蝗区定居，通过建立人工巢穴和改善栖息地的办法可使捕食蝗虫的鸟类种群数量增加2～3倍，从而在一定区域起到长期控蝗效果。此外，在草原上大量释放散养鸡、鸭等家禽也是我国草原防治蝗虫的重要方法之一，如在祁连山的高山草原牧鸡治蝗，2周后可以有效降低蝗虫的密度，使其下降40%以上，2个月后可以使蝗虫密度降低60%。此方法不仅可以有效控蝗，还可以产生附带经济效益，一举两得，成为草原绿色防治蝗虫的重要措施。

1.4.3.4 蜘蛛和螨类

蜘蛛是蝗虫重要的天敌动物，蜘蛛纲（Arachnida）中有9种蜘蛛被报道是蝗虫的捕食者，如蛛形纲狼蛛科（Lycosidae）等，其防治蝗虫的研究也屡见报道。狼蛛（*Schizocosa minnesotensis*）和跳蛛（*Pellenes* sp.）在草原上数量较大，是蝗虫的重要捕食性天敌动物类群，是许多种类草原蝗虫的捕食者，黑寡妇蜘蛛（*Latrodectus mactans*）也是蝗虫的重要捕食者，大多数蜘蛛是广谱性而且是机会性的蝗虫捕食者。

螨类是蝗虫重要的寄生性天敌动物，如绒螨科（Trombidiidae）是蝗虫最重要的寄生物，螨类寄生在蝗虫的翅膀上，成螨在春季早期出现并开始搜寻蝗虫的卵荚，螨在卵荚里取食单个的卵直到性成熟，交配也在卵荚里发生，但是其在土室里产卵，幼螨常常附在成熟蝗虫的翅膀的基部，取食直到幼螨吃饱，然后离开寄主钻进土壤并且转化为若螨，若螨即离开蝗虫，一直到夏季末，当新鲜的卵荚可以利用时，更多的若螨取食蝗卵，若螨转化为成螨并且在土壤中越冬。这些寄生螨类对蝗虫种群数量动态的影响还需要进一步研究。

1.4.3.5 蝗虫病原线虫

蝗虫病原线虫在自然界中广泛存在。索科线虫（Mermithidae）有7种线虫被发现寄生于蝗虫，而*Hexamermis* sp.被发现寄生于绿纹蝗（*Chortophaga viridifasciata*）。蝗虫病原线虫是生活史较长的动物，很多需要2～4年完成一代，春雨和潮湿的土壤强迫抱卵的雌性线虫从土壤转移到植物上，将卵产在叶片上，蝗蝻吃带线虫卵的草时被感染，在消化过程中这些被感染的线虫幼虫刺破寄主的肠壁进入体腔，并保持4～10个星期，在夏末成熟的幼虫钻出寄主（常常杀死寄主）进入土壤越冬。铁线虫亚纲（Gordiacea）的蠕虫型线虫，成虫为水生且自由生活，幼虫寄生于甲壳纲、蝗虫、蟋蟀和甲虫，雌虫在水中产数千粒卵，孵化时，幼虫寻找成熟的水生昆虫作为初始寄主，随后幼虫发育为陆生的并且寻找第二寄主，常常是蝗虫、蟋蟀或甲虫等，取食蝗虫等并发育为成虫。蠕型线虫是蝗虫和蟋蟀等的偶然的寄主。Umbers

等（2015）通过高通量测序技术研究澳大利亚的自然蝗群*Kosciuscola tristis*的寄生性天敌时发现，病原线虫对自然蝗群的寄生率高达25%，蝗虫病原线虫应用前景广泛。

蝗虫的天敌动物种类繁多，很多并没有加以深入研究，如蜥蜴、青蛙等，但是其在自然生态系统中的作用是明显的，需要人们采取多种措施保护，以便充分发挥其在生态平衡中的作用，减轻蝗虫的为害。

1.4.4　牧禽治蝗防治技术

牧禽治蝗是一项生物防虫技术，与化学防治技术相比，具有明显的优点，能够有效地保护草地资源、控制草原退化，在发展草地畜牧业和维护生态平衡方面具有重要的实践意义。通过在草地上有规则地放牧鸡（鸭）群，既防治以草地蝗虫为主的害虫，又节省饲料、降低饲养成本，兼收灭虫、育禽双重效果。中国农业科学院草原研究所利用人工饲养家禽控制蝗虫已取得成功经验（图1-26）。自2008年开始，在国家公益性行业项目“以生物防治为主的草地虫害防控技术体系建立与示范”中积极推广牧鸡（鸭）治蝗技术，收到了良好效果，成为草地植保的一项有效途径。该技术可操控性强，防效明显，其方法是驯养家鸡、家鸭，在蝗虫发生的草场放牧鸡（鸭），采食草地上的蝗虫，不但达到治蝗的目的，而且鸡、鸭肉品质鲜美细嫩，风味独特，具有“三高两低”的特点，即高产量、高质量、高收益、低投入、低用药量，属于天然绿色富含营养的美食，市场前景很好。

图1-26　牧鸡治蝗

牧鸡（鸭）治蝗试验研究表明：一只鸭单日可捕蝗虫数量可达30～50头；鸡的最大日捕食蝗虫数量为10～30头。牧鸡（鸭）治蝗是目前比较实用的治蝗技术。蝗虫作为一种重要的动物性营养源，富含优质高蛋白，此外还含有多种微量元素及丰富维生素。蝗虫体壁主要由鞣化蛋白质组成，容易消化吸收，是鸡、鸭等家禽及其他一些动物的优质饲料。近年来，一些地方采用牧鸡（鸭）治蝗，在控制草地蝗虫的同时取得不错的经济效益、社会效益和生态效益。草地牧鸡（鸭）治蝗是一项环境友好型生物治蝗新技术，它利用鸡、鸭与蝗虫之间具有食物链关系的原理，把鸡、鸭群投放到发生虫害的草地上放牧，通过鸡、鸭取食蝗虫来有效控制蝗虫种群数量，使之保持在一定的种群密度之下，从而达到保护草地资源的目的。我国科研人员在内蒙古、青海、新疆等地先后成功开展了利用牧鸡防治草原蝗虫试验，并取得了显著的经济效益和生态效益。

1.4.5　生态调控技术

蝗虫的生态调控是以草原或农田生态系统或区域性生态系统的结构、功能（能量流动、物质流动、信息流动和价值流动）的研究为基础，根据蝗虫灾害生态调控所遵循的基本原则，在明确目标函数、约束条件和相应对策下，应用系统工程的原理和方法，进行整体层次分析、结构与措施综合、优化组装等，设计出蝗虫灾害生态调控的初步方案；结合土壤环境、作物布局、害虫和天敌发生的实际情况，再进行综合评价、优化和设计，决策出实施的行动方案。蝗虫的生态调控是保持蝗虫种群密度的有效措施之一，主要策略包含以下几个方面：第一，减少蝗虫的食物源，在飞蝗的发生地种植蝗虫不喜食的大豆、苜蓿、果树和其他林木，可以有效抑制蝗虫种群数量；第二，改造蝗虫的滋生地，有些蝗虫滋生地地势较低，把这样的地块改造成池塘，养鱼、养虾，可以使蝗虫的滋生地大大减少，可较好地防治蝗虫；第三，减少蝗虫的产卵地，有些种类的蝗虫，如飞蝗喜欢在干燥、裸露、向阳的地块产卵，可以加大植树造林的力度，增加植物的数量，使植物覆盖度达到70%以上，这样的地块就不适于蝗虫产卵了，也可以减轻蝗虫的为害；第四，种植可以招引蝗虫天敌的植物，例如，中华雏蜂虻和芫菁的幼虫捕食蝗虫的卵，成虫取食花蜜或花，因此可以在蝗虫发生地种植开花植物，为天敌成虫提供补充食物，提高天敌的数量，控制蝗虫；第五，采取在蝗虫的发生地搭鸟巢，招引鸟类等生态措施，应用于蝗虫的综合防治。恢复草原的生态系统可以显著降低蝗虫的发生频率和种群密度。在地中海荒漠草原牧区开展的近10年的生态恢复计划，已经显示出明显的控制蝗虫的效果，在357hm^{2}的草原恢复区域，蝗虫的丰富度显著低于非恢复区。生态治蝗是一项长期的可持续的防治蝗虫的方法，只有在不违背生态学原理的情况下开展生态调控，才能确保蝗虫的可持续治理。

生物多样性不仅可以反映群落或生境中物种的丰富度变化程度或均匀度，也可反映不同自然地理条件与群落的相互关系，可以用生物多样性来定量表征群落和生态系统的特征。蝗虫种群与生物多样性，特别是植物群落多样性有着密切的关系，并且多年来一直是生态学家研究的热点，不同类型的地带中草地植被群落的种类组成、种群特征及种群数量都影响了不同生态系统中的生物多样性，从而影响了蝗虫的生存种类及其地理分布规律。研究发现，蝗虫种类数与植物均匀度指数极显著相关，蝗虫个体数与植物物种多样性指数显著相关。明确植物多样性指数、营养生态位与蝗虫种群的关系，以及草原植物群落结构和组成的变化与蝗虫种群组成及丰富度等的数量关系，对于揭示草原环境因素对蝗虫种群的组成与演替的影响和持续治理蝗灾有很大意义。有关动物多样性与蝗虫之间的关系报道较少，最近报道认为黑尾草原犬鼠对北美草原生态系统的结构和功能影响很大，其他物种的多样性也受到其种群的影响，特别是对草原蝗虫多样性、丰富度及其种群结构的影响明显。研究报道，蝗虫天敌的捕食方式也影响以蝗虫为优势种群的草原生态系统的功能，蜘蛛对蝗虫的捕猎方式及蝗虫对抗蜘蛛的行为决定了蝗虫的种群密度。主动捕食蝗虫的蜘蛛可以减少植物种类的多样性，增加地上部分的净生产量和氮矿化速率，而坐等伏击蝗虫的蜘蛛则有相反的作用。生物多样性的保护和利用是蝗虫可持续控制的重要手段，蝗区生物多样性的提高有利于生态系统的平衡和健康发展，生态系统健康是确保蝗虫不暴发成灾的重要保障。

第 2 章　草原叶甲绿色防控

2.1　草原叶甲的种类及其发生规律

2.1.1　沙葱萤叶甲

1. 分布及为害

沙葱萤叶甲（*Galeruca daurica*）隶属于鞘翅目（Coleoptera）叶甲科（Chrysomelidae）萤叶甲亚科（Galerucinae），其形态见图2-1，是一种近年来在内蒙古草原上暴发成灾的害虫，为害沙葱、野韭、多根葱等百合科葱属植物。据历史资料，沙葱萤叶甲在国内外均有分布，在我国主要分布在内蒙古、新疆、甘肃等地，国外主要分布在俄罗斯、蒙古国、朝鲜、韩国。

图2-1　沙葱萤叶甲形态图

a. 卵；b. 幼虫；c. 蛹；d. 成虫

2. 发生规律

沙葱萤叶甲在内蒙古地区一年发生1代，以卵在石块、牛粪和草丛下越冬，翌年4月上中旬温湿度适宜时越冬卵开始孵化，主要以幼虫为害植物茎叶，严重时可将牧草地上部分啃食殆尽。幼虫期为17.8～46.4d，共分3龄，初孵化幼虫取食量较小，随着龄期的增长取食量逐渐增大，幼虫具有假死性和群集性，爬行能力较强，具有群体迁移现象。老熟幼虫于5月中旬开始建造土室化蛹，5月下旬成虫开始羽化，成虫羽化后大量取食、补充营养，随后蛰伏越夏。

成虫于8月下旬开始交配产卵，9月底基本消失，个别成虫在10月底仍可见于牛粪、石块和草丛下。

2.1.2 草原叶甲

1. 分布及为害

草原叶甲（*Geina invenusta*）隶属于鞘翅目（Coleoptera）叶甲科（Chrysomelidae）萤叶甲亚科（Galerucinae），是典型的高山草原害虫，主要为害莎草科、禾本科等牧草，目前已知仅分布在青海。

2. 发生规律

草原叶甲一年发生1代，在青海玉树地区7月下旬至8月成虫大量出现，成虫密度可达40～50头/m^2。成虫极耐狂风寒冷，连续数日气温下降到零度以下，白天风雪交加，成虫仍旧爬在牧草顶部取食、交尾。正常情况下，成虫在晴天无风时活动最盛。成虫爬至牧草顶部啃食叶片，使其呈缺刻状。它的食性很杂，啃食为害多种牧草，可以为害8科近30种植物。

2.1.3 沙蒿金叶甲

1. 分布及为害

沙蒿金叶甲（*Chrysolina aeruginosa*）隶属于鞘翅目（Coleoptera）叶甲科（Chrysomelidae），在我国主要分布在西藏、青海、甘肃、内蒙古、河北、吉林等省（区），国外分布于俄罗斯、朝鲜、蒙古国等地。食性单一，取食沙蒿属植物，成虫取食沙蒿生长点，使植株不能正常生长，形成“鸟巢”状丛生点。幼虫啃食新生和再生叶片，造成断叶、缺刻或整株枯干。

2. 发生规律

沙蒿金叶甲一年发生1代，主要以老熟幼虫在深层沙土中越冬，个别也以蛹或成虫越冬。越冬幼虫翌年4月化蛹，5月上旬羽化成虫。5月中旬平均气温达16.7℃时成虫大量出土，并爬到植株上为害。成虫6月中旬开始交配，7月下旬开始产卵，直到10月下旬，平均气温下降到7℃时产卵结束，8月上旬幼虫开始孵化，翌年1月中旬老熟幼虫陆续入土越冬。

2.1.4 阿尔泰叶甲

1. 分布及为害

阿尔泰叶甲（*Crosita altaica*）隶属于鞘翅目（Coleoptera）叶甲科（Chrysomelidae），在我国主要分布于新疆地区，国外分布于哈萨克斯坦、蒙古国等地。食性单一，仅取食蒿属植物，成虫取食蒿草的生长点，使植株不能正常生长，幼虫啃食新生叶片及嫩茎，造成断叶或整株枯干。

2. 发生规律

阿尔泰叶甲在阿勒泰地区两年完成1代，以卵和成虫越冬。以卵在5～7cm深的土层中越冬。翌年4月下旬，越冬卵开始孵化。6月中旬老熟幼虫在蒿草根茎部、牛粪或石块下化蛹。7月上旬见新羽化的成虫，10月底至翌年1月初成虫在牛粪、石片下或蒿草根部越冬。成虫越冬后翌年4月中旬成虫出蛰活动，5月中旬初见交尾，7月下旬开始产卵，产卵高峰期在8月中下旬，9月下旬为产卵末期，成虫死亡，以卵越冬。

2.1.5　脊萤叶甲

1. 分布及为害

脊萤叶甲（*Theone silphoides*）隶属于鞘翅目（Coleoptera）叶甲科（Chrysomelidae），在我国主要分布于新疆地区，国外分布于哈萨克斯坦、欧洲东南部。成虫和幼虫吞食蒿草的叶片及残留茎秆，取食植物的生长点和叶片，受害植物很难恢复生长。

2. 发生规律

脊萤叶甲在北疆一年发生1代，以卵在表层土壤中越冬。卵期6～7个月，翌年4月中下旬越冬卵开始孵化，孵化的幼虫爬到蒿草上食害幼叶，幼虫期35～46d。6月中旬至7月上旬老熟幼虫爬入蒿草根部或石片下建造土室化蛹，蛹期13～15d。7月中下旬成虫出现，取食、交尾，9月上旬开始产卵，以卵在土中越冬。

2.1.6　愈纹萤叶甲

1. 分布及为害

愈纹萤叶甲（*Geleruca richardti*）隶属于鞘翅目（Coleoptera）叶甲科（Chrysomelidae），在我国分布于新疆、辽宁、山东、河北、甘肃、四川，国外分布于西伯利亚东部、朝鲜。该虫取食葱属植物，成虫与幼虫都取食野葱的茎叶和嫩芽，成虫还在根茎部将葱咬断，为害严重时地面绿叶全被咬倒。

2. 发生规律

愈纹萤叶甲在塔城地区一年发生1代，以卵在蒿草、野葱根部越冬。翌年4月中下旬开始孵化，5月中旬为孵化盛期，5月下旬开始化蛹，6月上中旬为化蛹盛期，6月下旬为末期，6月中旬开始羽化，7月上中旬羽化结束，8月下旬开始交尾、产卵，10月上旬为产卵末期。

2.2　草原叶甲的综合防控

2.2.1　高毒化学农药防治阶段

由于草原叶甲种类多、为害重，发生面积范围广，早期对草原叶甲的防治方法主要为化学农药防治，受到早期农药技术的限制，防治所用多为高毒性化学农药。田畴等（1988）在宁夏地区采用2.5%溴氯菊酯乳剂、20%杀灭菊酯乳油、50%马拉硫磷、40%氧化乐果乳油对沙蒿金叶甲进行田间防治及大面积防治示范，结果发现，上述农药对沙蒿金叶甲杀灭效果明显，灭效均在90%以上。张茂新等（1990）在新疆阿勒泰吉木乃县利用拟除虫菊酯和有机磷杀虫剂对阿尔泰叶甲进行了田间药效试验，证明用10%氯氰菊酯乳油和40%氧化乐果乳油进行防治，防效可达85%以上；1985年在新疆塔城和丰县用92%稻丰散乳油+80%敌敌畏对愈纹萤叶甲进行防治，施药后第3天调查发现，对愈纹萤叶甲的防效为71%～74%。之后在1994～1995年又利用2.5%敌杀死乳油、50%林丹胶悬剂、45%马拉硫磷乳油、92%稻丰散乳油、40%氧化乐果乳油、30%敌氧乳油、50%辛硫磷乳油、30%氯马乳油对脊萤叶甲进行田间防效试验，结果发现，5月下旬进行防治时2.5%敌杀死乳油和92%稻丰散乳油的防治效果最好，其次为50%林丹胶悬剂；当把防治时间提前到5月上旬时，50%林丹胶悬剂、50%辛硫磷乳油和2.5%敌杀死乳油的防治效果最好。结果证明，老龄幼虫的耐药性较强。

早期的化学农药防治，防治效果显著，为我国草原叶甲的防治做出了十分巨大的贡献，显著控制了草原重大害虫，保护了草原植被，稳定了我国畜牧业的发展。但是，由于化学农药的不合理施用，我国草原生态环境遭到不可逆转的破坏，草原退化、沙化严重，为之后的草原生态恢复和草地畜牧业发展埋下了隐患。

2.2.2 绿色防控发展阶段

随着农药技术的发展及生态环境保护的需求，高效低毒的化学农药、植物源农药、生防菌剂被逐渐开发并应用于草原叶甲的防治技术中，为草原叶甲的防治及草原生态环境的保护提供了保障。杜桂林等（2016）在内蒙古自治区锡林郭勒盟阿巴嘎旗利用0.3%印楝素、1.3%苦参碱、1.2%烟碱 · 苦参碱、4.5%高效氯氰菊酯对沙葱萤叶甲进行防治试验，通过比较3种植物源杀虫剂同化学药剂防治沙葱萤叶甲的效果，以期筛选出适宜使用的植物源农药。试验表明，药后3d，0.3%印楝素乳油、1.3%苦参碱水剂、1.2%烟碱 · 苦参碱乳油对沙葱萤叶甲表现出良好的防治效果，且持效性好，并且在试验过程中牧草未出现药害或其他不良现象，对参试作物安全。印楝素具有良好的杀虫、拒食、驱虫、昆虫生长调节作用等多种生物活性，在日化等领域有广泛应用。苦参碱高效低毒、无污染、无残留、可促进作物生长，且为一种传统的中药成分。因此，印楝素、苦参碱、烟碱 · 苦参碱3种植物源农药对沙葱萤叶甲有较好的防治效果，在沙葱萤叶甲绿色防控上具有很高的推广价值。在生产实际中，应在沙葱萤叶甲3龄幼虫始盛初期利用0.3%印楝素乳油、1.3%苦参碱水剂、1.2%烟碱 · 苦参碱乳油进行防治。常静等（2015）采用点滴法于室内测定了阿维菌素、茚虫威和鱼藤酮3种杀虫剂单独使用及与绿僵菌混用对沙葱萤叶甲3龄幼虫的协同致死作用。测定结果表明，3种杀虫剂单独使用时，阿维菌素对沙葱萤叶甲3龄幼虫的毒力最强，其次是茚虫威和鱼藤酮；将3种杀虫剂分别与绿僵菌孢子悬浮液混配使用，对防治沙葱萤叶甲3龄幼虫均具有协同增效作用，其中茚虫威与绿僵菌混用增效作用最强。

高效低毒的化学农药、植物源农药及生防菌剂的单独、复配使用，必将成为今后草原叶甲防治的主要手段，其具有环境友好、防治高效、持续性强、不易产生抗药性等优点，是草原害虫防治工作的重要主推技术。在现在生物农药快速发展的基础上，应该更加注重草原生物药剂的开发，保护脆弱的草原生态系统。

第 3 章 草原毛虫绿色防控

3.1 草原毛虫的种类及其发生规律

3.1.1 草原毛虫概况

草原毛虫是隶属于昆虫纲（Insecta）鳞翅目（Lepidoptera）毒蛾科（Lymantriidae）草原毛虫属（*Gynaephora*）的昆虫。目前全世界报道的草原毛虫属昆虫共有15种，主要分布于北半球的高山和北极地区，尤其以高原地区较多，主要是在海拔3000～5000m的高山草原，其中亚洲分布13种、欧洲分布3种、北美洲分布1种、北极分布2种。草原毛虫在国外没有为害和防治的报道，仅将其作为一种对极端生态环境适应的模式物种进行研究。在我国，由于其发生严重，草原毛虫是我国青藏高原牧区的重要害虫，因此国内对草原毛虫的研究早在20世纪60年代就开始了。草原毛虫在我国主要分布在青海、甘肃、西藏、四川等地区，共发现有8种，分别为黄斑草原毛虫（*Gynaephora alpherakii*）、青海草原毛虫（*G. qinghaiensis*）、金黄草原毛虫（*G. aureata*）、若尔盖草原毛虫（*G. ruoergensis*）、小草原毛虫（*G. minorav*）、门源草原毛虫（*G. menyuanensis*）、曲麻莱草原毛虫（*G. qumalaiensis*）、久治草原毛虫（*G. jiuzhiensis*）。草原毛虫主要摄食莎草科、禾本科、豆科、蓼科、蔷薇科等优良牧草，降低牧草的产量，减少草地载畜量，发生严重地区的植物群落结构遭到破坏，使毒害草成为草原优势植物，造成草地退化。草原毛虫属毒蛾科昆虫，本身具有一定毒性，牲畜采食后易引起口腔部位溃烂而影响健康。因此，草原毛虫为害成为限制青藏高原草原畜牧业及民族地区稳定发展的重要因素之一。

3.1.2 草原毛虫属的形态特征

卵：散生，藏于雌虫茧内，表面光滑，乳白色，直径约1.3mm，上端中央凹陷，呈浅褐色，接近孵化时，颜色逐渐变暗。

幼虫：雄性幼虫6龄，雌性幼虫7龄，初孵幼虫体长约2.5mm，体乳黄色，12h后变成灰黑色，48h为黑色，背中线两侧明显可见毛瘤8排，毛瘤上丛生黄褐色长毛。老熟幼虫体长约22mm，体黑色，密生黑色长毛，头部红色，腹部第六、七节的中背腺突起，呈鲜黄色或火红色。

蛹：蛹雌雄异型。雄蛹椭圆形，长7.6～10.2mm，宽3.8～5.1mm。背部密生灰黑色细长毛。腹部背面有3条淡黄色结晶状腺体，腹部末端尖细。蛹外被茧包裹，茧长12.0～15.7mm，宽6.8～8.3mm，椭圆形，灰黑色。雌蛹纺锤形，较雄蛹肥大，长9.5～14.1mm，宽4.6～7.1mm。全身比较光滑，深黑色。背部具有稀疏的灰黑色毛。翅芽很小，仅见痕迹。蛹体也被茧包裹，茧长14.5～19.5mm，宽7.5～11.3mm。

成虫：成虫雌雄异型，雄蛾体长7～9mm，体黑色，背部黄色细毛。头部较小，口器退化，仅留痕迹，被污黄色绒毛包被，不吃东西，触角发达，羽毛状。复眼卵圆形，黑色。前后翅均发达。后翅基室矛状，三对足均发达，具有污黄色长毛，跗节5节，各节端部黄色。雌蛾体长圆形，较扁，体长8～14mm，宽5～9mm，头部甚小，黑色。复眼、口器退化，触角短小，棍棒状。三对足较短小，黑色，不能行走，仅能用身体蠕动。前后翅均退化，仅留痕迹，呈肉瘤状小突起，不能飞行。腹部肥大，全身被黄色绒毛。翅、足等均看不到。腹部末端黑色。由于雌蛾不能行走和飞行，在茧中不外出，一般在地面上见不到。草原毛虫各时期形态见图3-1。

图3-1　草原毛虫各形态图

a. 卵；b. 幼虫；c. 虫茧；d. 蛹；e. 雄成虫；f. 雌成虫

3.1.3　发生规律

草原毛虫一年发生1代，1龄幼虫于雌茧内在草根下、土中越冬。翌年4月中下旬或5月上旬开始活动。幼虫第二个龄期长达7个月左右，其余各龄一般是15d。5月下旬至6月上旬为3龄幼虫盛期。7月上旬雄性幼虫开始结茧化蛹，7月下旬雌性幼虫开始结茧化蛹，7月底至8月上中旬为化蛹盛期。8月初成虫开始羽化、交配、产卵。9月初，卵开始孵化，9月底至10月中旬为孵化盛期。孵化新的1龄幼虫仅取食卵壳，不食害牧草，不久逐渐开始进入越冬阶段。

3.1.4　发生与环境的关系

青藏高原昼夜温差大，无霜期短，气候变化异常，冬季寒冷，草原毛虫适应这样严酷的条件，一年仅发生1代，而且1龄幼虫有滞育特性，必须经越冬阶段的冷冻刺激，到翌年4～5月才开始生长发育。温度影响卵期的长短，卵期温度高，有利于卵的孵化。温度也影响幼虫出土和牧草返青的迟早。4～5月温度高，幼虫出土早，温度低则出土晚。羽化期温度低于15℃时，雄蛾不能起飞，雌蛾不能适时交配，产的卵不能孵化，影响第二代发生数量。毛虫发生地区年降雨量约为400mm，植被生长较好，为其生长发育提供了有利条件。毛虫喜湿，充沛的降雨有利于其发生。4～5月降雨多，幼虫出土整齐，牧草返青早，有利于毛虫生长发育。毛虫化蛹、羽化、产卵及卵的胚胎发育均需要一定的温度和湿度。7～8月气温较高，为翌年大发生提供了条件。但雨量过多，连续阴雨，雄蛾不能借助飞翔寻找雌虫交配；湿度过大，也容易使卵发霉腐烂，均不利于其发生。

3.2　草原毛虫的综合防控

3.2.1　预测预报技术

预测预报技术是草原毛虫精准防控的基础，是绿色防控技术体系中重要的一个环节。草原毛虫为害具有区域性，且迁移能力有限，因而对草原毛虫的预测预报，主要针对本地虫源进行估计，通常不考虑迁入和迁出量。草原毛虫的预测预报最早开展于20世纪80年代，但已有的研究报道比较少，主要是根据上一年草原毛虫的基数、虫口密度、性比、死亡率、气候因素和死亡原因等来对翌年毛虫的数量进行预测。其中，性比和个体数量主要调查的是上一年草原毛虫的雌成虫数量和繁殖的后代数目，而虫口密度可根据Nachman模型预测。对最终发生数量的预测，可以用虫体基数、性比、繁殖后代数和成活率乘积来表示。针对某个特定地区进行虫害预测预报时，要首先明确草原毛虫的种类、发生区域，发生地区的气候因素，以便准确有效地开展后续工作。科学地估计草原毛虫发生、蔓延和为害，为精准治理草原毛虫提供支撑，可为职能部门做出害虫管理科学决策提供根本依据。

3.2.2　病原微生物防治技术

我国从20世纪80年代就开始了对草原毛虫病原微生物的研究，并进行了应用。据报道，草原毛虫病原微生物主要有病原细菌、病原真菌、病原病毒，其中病原细菌种类较多，有苏云金芽孢杆菌（*Bacillus thuringiensis*）、蜡状芽孢杆菌（*Bacillus cereus*）、金黄色葡萄球菌（*Staphylococcus aureus*）、沙门氏菌（*Salmonella* sp.）、短杆菌（*Brevibacterium* sp.）、产碱菌（*Alcaligens* sp.）、微球菌（*Micrococcus* sp.）、链球菌（*Streptococcus* sp.）8种，其中研究应用最广的是苏云金芽孢杆菌。1982年，四川省草原研究院和林业部洛阳人造板厂杆菌分厂在四川红原县利用苏云金芽孢杆菌对草原毛虫进行防治，通过室内及野外试验发现，苏云金芽孢杆菌对草原毛虫防效较好，但是温度和强紫外线对其效果有一定的影响。类产碱假单胞菌主要用于草原蝗虫防治，虽然对草原毛虫也有一定致死效果，但是防效较低。

病原病毒为核型多角体病毒（nuclear polyhedrosis virus），刘世贵等（1984）首次在草原毛虫自然死亡标本中采集到一种核型多角体病毒，将其命名为草原毛虫核型多角体病毒（*Gynaephora ruoergensis* Chou et Ying nuclear polyhedrosis virus，GrNPV），并对其进行了感染试验，结果发现GrNPV对草原毛虫具有较强的毒力。安全性研究表明，该病毒对人、家畜无致病性和致突变性。刘世贵等（1988）根据草原特殊的自然环境条件，研制了一种以草原毛虫自身分离的GrNPV和芽孢杆菌为主体成分，外加Ca^{2+}、微量化学农药和光保护剂等辅助成分的草原毛虫病毒杀虫剂，并在青藏高原20多万公顷草原上进行应用，发现对草原毛虫防治效果明显。刁治民和何长芳（1993）在自然罹病死亡的青海草原毛虫体内分离筛选得到青海草原毛虫核型多角体病毒（*Gynaephora qinghaiensis* Chou et Ying nuclear polyhedrosis virus，GqNPV）并对其致病力进行了测定，发现其对草原毛虫的杀虫效果可以达到85%，并有一定的后效作用，幼虫死亡率随着多角体（PIB）剂量的增加而提高，而感染剂量和时间呈负相关，幼虫饲毒后，LT_{50}随病毒剂量的提高而缩短，随饲毒虫龄的增大而延长。病毒感染寄生幼虫的最适温度范围为20～25℃，在此温度范围内，LT_{50}明显缩短。于红妍等（2019）使用松毛虫质型多角体病毒·苏云金芽孢杆菌、白僵菌制剂对草原毛虫进行防治，发现害虫能够被反复侵染，真菌在草原毛虫种群间扩散，具有持效性，具有很好的应用推广前景。

3.2.3　天敌保护利用技术

天敌资源是生态系统得以维持平衡的一个重要因素，由于高毒化学农药对本地天敌资源的灭杀和迫迁，天敌保护利用必须基于对草原害虫的绿色防控。草原毛虫的天敌主要有鸟类、天敌昆虫等，其中鸟类主要有百灵、长嘴百灵、小云雀、棕颈雪雀和大杜鹃等，鸟类个体大、数量多，在育雏及雏鸟群飞觅食时期大量捕食草原毛虫，对草原毛虫有一定的抑制作用。天敌昆虫是害虫种群控制的重要因素之一，在对草原毛虫的寄生性天敌昆虫的研究中发现，在青海草原毛虫、曲麻莱草原毛虫、黄斑草原毛虫、门源草原毛虫上，共发现8种寄生性天敌昆虫：草毒蛾鬃堤寄蝇（*Chetogena gynaephorae*）、草原毛虫金小蜂（*Pteromalus quinghaiensis*）、草原毛虫姬小蜂（*Symiesis quinghaiensis*）、毛虫孔寄蝇（*Spoggosia* sp.）、多刺孔寄蝇（*Spoggosia echinura*）、古毒蛾追寄蝇（*Exorista larvarum*）、三江源草原毛虫金小蜂（*Pteromalus sanjiangyuanicus*），以及姬蜂科（Ichneumonidae）中的一种（尚未鉴定到种）。其中，草原毛虫金小蜂、多刺孔寄蝇的寄生率较高，分别可以达到32.5%和23.5%，是草原毛虫优势种天敌昆虫。

3.2.4　植物源农药防治技术

植物源农药属生物农药范畴内的一个分支。它指利用植物所含的稳定的有效成分，按一定的方法对受体植物进行施用后，使其免遭或减轻病、虫、杂草等有害生物为害的植物源制剂。各种植物源农药通常不是单一的一种化合物，而是植物有机体的全部或一部分有机物质，成分复杂多变，但一般都包含在生物碱、糖苷、有毒蛋白质、挥发性香精油、单宁、树脂、有机酸、酯、酮、萜等各类物质中。植物源农药具有环境相容性好、作用方式多样性强、对高等动物及害虫天敌安全、不易产生抗药性、对农作物安全等特点。但是大多数植物源农药具有药效发挥慢、喷药次数多、持效期短等缺点。早在1987年张建琛就介绍了四川阿坝州常见的几种草本治虫植物，并介绍了其对草原毛虫的防治作用及配制方法。近几年，针对草原毛虫施用的植物源农药多为苦参碱。余慧芩等（2016）使用2%苦参碱液剂对草原毛虫进行防治，得出2%苦参碱液剂150mL/hm^2、225mL/hm^2、300mL/hm^2，防治草原毛虫平均防效分别为89.54%、94.19%、96.59%，防治效果较理想，可作为域内草原毛虫生防用药。白重庆等（2019）利用0.5%虫菊·苦参碱进行防治草原毛虫药效试验，结果发现0.5%虫菊·苦参碱225mL/hm^2、300mL/hm^2、375mL/hm^2，施药后第5天平均防效分别为92.87%、93.49%、94.69%，防治效果较好，可以作为青藏高原生物防治的储备用药。

第二篇
人工草地害虫绿色防控技术

第4章 人工草地主要害虫及其发生规律

根据2016年全国草原监测报告数据，全国人工草地种植面积为2308.6万hm^2。随着人工草地种植面积的不断扩大，人工草地害虫不断发生和严重为害日益成为阻碍草原畜牧业持续发展的重要原因之一。牧草害虫不仅导致牧草产量下降，更为重要的是造成其品质降低。由于牧草害虫分布广泛，为害持续，不仅给畜牧业生产造成巨大的经济损失，同时还严重威胁着草地生态环境。

人工草地害虫种类繁多，根据栽培牧草的种类不同可分为豆科植物害虫及禾本科植物害虫，但是由于有的害虫食性较广，在豆科和禾本科植物上都能造成危害。在人工栽培草地造成严重危害的主要害虫有螟蛾类、夜蛾类、金针虫、蛴螬、蝼蛄、蚜虫、蓟马、盲蝽等。

4.1 螟 蛾 类

4.1.1 草地螟

1. 分布及为害

草地螟（*Loxostege sticticalis*，图4-1）属于鳞翅目（Lepidoptera）螟蛾科（Pyralidae），是草原的重要害虫之一。草地螟分布区域广、数量大。在我国的东北、华北、西北地区，以及朝鲜、日本、东欧和北美均有分布。草地螟可为害30多个科近90种植物，几乎各种牧草均可取食，草地螟主要偏好取食为害苜蓿、草木犀等豆科牧草及藜科、苋科、菊科等植物。初孵幼虫取食叶肉组织，残留表皮或叶脉。3龄后可食尽叶片，是我国一种间歇性大发生的重要农业害虫，大发生时能使牧草地绝产。

图4-1 草地螟形态及为害状

a. 成虫；b. 幼虫

2. 发生规律

草地螟每年发生1～4代，以老熟幼虫在土中作茧越冬。在东北、华北和内蒙古的草原，主要为害区一般每年发生2代，以第一代为害最为严重。越冬代成虫始见于5月中下旬，6月为盛发期。6月下旬至7月上旬是第一代幼虫严重为害期。第二代幼虫发生于8月上中旬，一般危害不大。成虫白天在草丛里潜伏，在天气晴朗的傍晚，成群随气流远距离迁飞。卵多产于野生寄主植物的叶、茎上。幼虫有吐丝结网习性。3龄前多群栖网内，3龄后分散栖息，在虫口密度大时，常大批从草滩向农田爬迁为害。

4.1.2　亚洲玉米螟

1. 分布及为害

亚洲玉米螟（*Ostrinia furnacalis*）又称玉米钻心虫，属于鳞翅目（Lepidoptera）螟蛾科（Pyralidae），主要为害玉米、高粱、谷子等，也为害棉花、甘蔗、向日葵、水稻、甜菜、豆类等作物，属于世界性害虫。

2. 发生规律

亚洲玉米螟在我国的年发生代数随纬度的变化而变化，一年可发生1～7代。各个世代及每个虫态的发生期因地而异（图4-2）。在同一发生区也因年度间的气温变化而略有差别。成虫昼伏夜出，有趋光性，飞翔和扩散能力强。成虫多在夜间羽化，羽化后不需要补充营养，羽化后当天即可交配。雄蛾有多次交配的习性，雌蛾多数一生只交配一次。雌蛾交配一至两天后开始产卵。每个雌蛾产卵10～20块，300～600粒。幼虫孵化后先群集在卵壳附近，约1h后开始分散。幼虫共5龄，有趋糖、趋触、趋湿和负趋光性，喜欢潜藏为害。幼虫老熟后多在其为害处化蛹，少数幼虫爬出茎秆化蛹。

图4-2　亚洲玉米螟

a. 成虫；b. 幼虫

4.2　夜　蛾　类

4.2.1　草地贪夜蛾

1. 分布及为害

草地贪夜蛾（*Spodoptera frugiperda*，图4-3）隶属于鳞翅目（Lepidoptera）夜蛾科（Noctuidae），又称行军虫、秋黏虫，是一种具有全球性、迁飞性的重大农业害虫。该物种原产于美洲热带地区，具有很强的迁徙能力，虽不能在零度以下的环境越冬，但仍可于每年气温转暖时迁徙至美国东部与加拿大南部各地，美国历史上即发生过数起草地贪夜蛾的虫灾。2016年起，草地贪夜蛾散播至非洲、亚洲各国，并于2019年初首次入侵我国，当年在全国的19个省份发生，已造成巨大的农业损失。

图4-3　草地贪夜蛾

a. 卵；b. 初孵幼虫；c. 老熟幼虫；d. 蛹；e. 成虫

草地贪夜蛾属于杂食性害虫，其寄主植物特别广泛，包括玉米、高粱、甘蔗、谷子、大麦、小麦、水稻、荞麦、棉花、燕麦、花生、大豆、豌豆、黑麦草、甜菜、苏丹草、烟草、番茄、洋葱等75科353种植物。幼虫直接取食玉米为害。草地贪夜蛾从玉米的苗期一直到穗期都可为害，且在心叶中和果穗上钻蛀为害，严重威胁玉米的产量和品质。

2. 发生规律

草地贪夜蛾在美洲有规律地一年迁飞1次，扩散至整个美国。每年夏天迁飞到加拿大南部。迁飞是该种生活史对策中一个主要因子，于产卵前期（性成熟发育）广泛扩散。在美国，成虫可借低空气流在30h内从密西西比州扩散到加拿大。夏末或秋初，幼虫常成群迁移，因而，成功的局部扩散有利于减少幼虫死亡率。草地贪夜蛾在下午开始活跃，进行寄主搜寻，以及求偶、交配和产卵。雌蛾释放性信息素吸引雄蛾，交配多于1次。成虫具有趋光性，因此高空灯诱集效果较好。寄主范围广，繁殖能力强，迁飞能力强，成虫具有远距离迁飞习性。

4.2.2　黏虫

1. 分布及为害

黏虫（*Mythimna separate*，图4-4）属于鳞翅目（Lepidoptera）夜蛾科（Noctuidae），是

重要的迁飞性害虫，在我国各省（区、市）均有分布。黏虫的幼虫食性很杂，可取食100多种植物，尤其喜食禾本科植物，如芦苇、谷莠子、稗、羊草、茅草等。

图4-4　黏虫

a. 幼虫；b. 蛹；c. 成虫

2. 发生规律

黏虫在我国从东北到华南，一年发生2～7代，在内蒙古地区一年发生2代，主要是第一代虫为害。在土默特平原，越冬代成虫5月下旬初发，6月上中旬盛期，6月下旬为末期。成虫白天隐蔽潜藏，夜晚飞出活动。产卵前需要补充营养，趋化性极强。产卵前期3～6d，一头雌蛾一生可产卵600粒左右，多者可达2000余粒。卵多产在禾本科植物枯叶叶缘、顶尖或茎部叶鞘上。产卵后植物叶片卷成棒状。

4.2.3　苜蓿夜蛾

1. 分布及为害

苜蓿夜蛾（*Heliothis viriplaca*，图4-5）属于鳞翅目（Lepidoptera）夜蛾科（Noctuidae），在全国各地均有分布，食性很杂，特别对苜蓿、三叶草、草木犀和其他豆科植物为害较重。

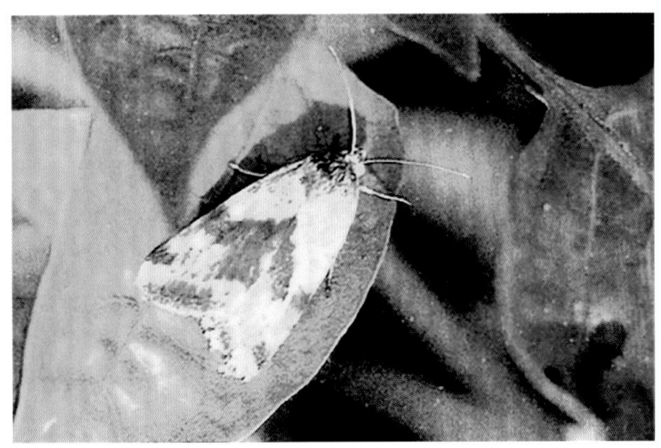
图4-5　苜蓿夜蛾

2. 发生规律

苜蓿夜蛾一年发生2代，其1或2龄幼虫多在叶面取食叶肉，2龄以后常从叶片边缘向内蚕食，形成不规则的缺刻。幼虫也常喜钻蛀寄主植物的花蕾、果实和种子。成虫喜白天在植株间飞翔，吸食花蜜作补充营养。对糖蜜和黑光灯均有趋性。低龄幼虫受惊后有向后退的习性。老熟幼虫具有假死性。

4.2.4　甜菜夜蛾

1. 分布及为害

甜菜夜蛾（*Spodoptera exigua*，图4-6）属于鳞翅目（Lepidoptera）夜蛾科（Noctuidae），分布极广，我国主要发生为害区是河北、河南、山东及陕西关中地区。东北及长江流域各省（区）也有分布，但为害不重。该虫食性很杂，对粮食作物及蔬菜、棉、麻、烟草、苜蓿等均可取食。野生寄主为藜科、蓼科、苋科、菊科等杂草。

图4-6　甜菜夜蛾

a. 卵；b. 幼虫；c. 蛹；d. 成虫

2. 发生规律

甜菜夜蛾随地区不同，年发生世代数不同，热带及亚热带地区可周年连续发生，无越冬现象。陕西关中4～5代，山东、北京一般为5代，各代常重叠发生。成虫白天隐藏在杂草、土缝等遮阴处，受惊后可作短距离飞行；20:00～23:00活动最盛，进行取食、交尾和产卵；对黑光灯有强趋性。卵多产在植物叶背面或叶柄部，平铺一层或多层重叠，喜在甜菜、灰藜等藜科植物上产卵。幼虫3龄以后分散取食为害，气温高、虫量大又缺乏食物时，可成群迁移。取食时期多在夜晚，白天常潜伏在土缝中植物基部或表土层内。18:00开始向植物上部迁移，4:00后向下部迁移，遇阴雨天或在茂密作物上不大活动。幼虫有假死性，受震扰即落地。幼虫老熟时，钻入4～9cm深土层，建造土室化蛹，蛹期7～11d。

4.2.5　麦穗夜蛾

1. 分布及为害

麦穗夜蛾（*Apamea sordens*）属于鳞翅目（Lepidoptera）夜蛾科（Noctuidae），分布于内蒙古、河北、黑龙江、甘肃、新疆、西藏、青海，在内蒙古西部主要为害小麦、莜麦等，严重发生年份可导致作物减产60%～70%，对多种禾本科牧草可造成严重危害（图4-7）。

图4-7　麦穗夜蛾成虫（a）及为害麦穗症状（b）

2. 发生规律

麦穗夜蛾一年发生1代，主要为害小麦、大麦、青稞和芨芨草、冰草等杂草，以幼虫为害。初孵幼虫在麦穗的花器及子房内为害，致使小麦不能正常生长和结实。成虫趋化性强于趋光性。初孵幼虫喜在穗部上半部栖息为害。3龄以后开始扩散转株。1～3龄幼虫食量小，4龄以后食量增大。5～7龄虫大部分在麦穗内取食籽粒。幼虫在10月中旬越冬休眠，越冬幼虫在麦茬根际松土内越冬。

4.3　地下害虫类

4.3.1　金针虫

4.3.1.1　沟金针虫

1. 分布及为害

沟金针虫（*Pleonomus canaliculatus*，图4-8）属于鞘翅目（Coleoptera）叩头甲科（Elateridae），分布于内蒙古、辽宁、甘肃、青海、河北、山西、山东、陕西、江苏、河南。主要为害的牧草有禾本科的猫尾草、羊草、看麦娘、无芒雀麦、鸡脚草，以及豆科的苜蓿、三叶草等，对一些饲料作物和农作物也可造成严重危害。

2. 发生规律

沟金针虫至少需要3年才能完成1代。世代重叠，以幼虫和成虫在30cm左右深的土中越冬。沟金针虫在10cm深的土中活动，适温是12～20℃，而以15～16℃最适，因此比细胸金针

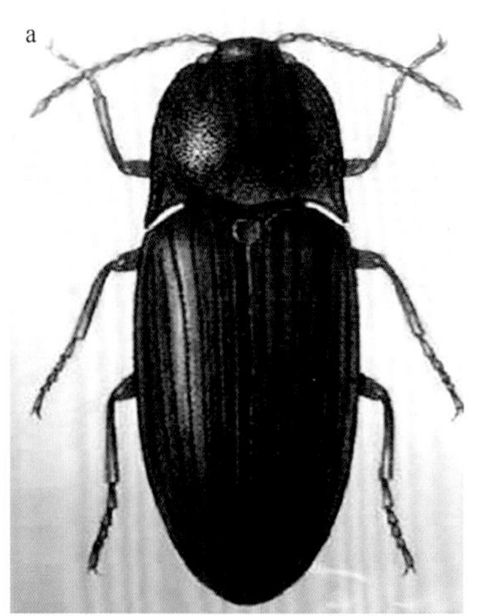

图4-8　沟金针虫

a. 成虫；b. 幼虫

虫活动和为害的时间晚。越冬幼虫在4月中旬开始为害，夏季土温升高到28℃以上时，幼虫潜入深土层越夏，秋季土壤温度合适后再度为害。越冬幼虫多在10～15cm深的土壤中建造土室化蛹。蛹经过20d羽化，羽化后的成虫当年在土中越冬不再出土，翌年5月以后成虫开始出土，出土后3d开始交尾，卵多产在3～6cm深的表土中。成虫每天潜伏在30cm深的表土内，夜晚出土活动，卵经过1个月左右孵化，初孵幼虫即能为害农作物，10月中旬以后成虫钻入土壤深处开始越冬。翌年当10cm深的土壤温度达8℃时又开始为害。

4.3.1.2　细胸金针虫

1. 分布及为害

细胸金针虫（*Agriotes fuscicollis*，图4-9）属于鞘翅目（Coleoptera）叩头甲科（Elateridae），分布于内蒙古、黑龙江、宁夏、甘肃、陕西、河北、山西、山东、河南。主要为害禾本科的猫尾草、看麦娘、羊草、鸡脚草、无芒雀麦，以及豆科的苜蓿、三叶草等牧草，对一些饲料作物与农作物也可造成严重危害。

图4-9　细胸金针虫

a. 成虫；b. 幼虫

2. 发生规律

细胸金针虫要2～3年才能完成1代。一年内世代重叠，幼虫在15～100cm深的土中越冬，而以30～60cm处最多，可占全部越冬幼虫数量的60%以上，有时130cm深的土层中也有越冬幼虫。越冬幼虫于翌年3月下旬开始活动并取食，100cm深的土壤温度达0℃左右时就有活动，适宜温度是7～11℃。在一年内呈现两季为害，即春夏两季，以春季最为猖獗，而秋季作物接近收割，故影响不显著。幼虫大量集中为害种子及其根、芽等。为害特点是先吃胚部，后蛀食其他部位。在幼苗期可为害分蘖节、茎基部和地下茎，内部蛀空或蛀成小孔，使作物黄萎枯死，为害期可延续到6月。6月中旬至7月上旬在田间的谷草叶鞘或小叶内，可以发现大量成虫，成虫有趋光性，对禾本科作物腐烂产生的发酵气味有趋性。7月下旬成虫数量显著减少。成虫交尾后在3～10cm深的土壤中产卵，产卵盛期在6月下旬至7月上旬。卵期约为半个月。幼虫孵化后不久即可为害作物，并随土壤湿度的变化有不同的活动范围。

4.3.2　蛴螬

4.3.2.1　华北大黑鳃金龟

1. 分布及为害

华北大黑鳃金龟（*Holotrichia oblita*）属于鞘翅目（Coleoptera）鳃金龟科（Melolonthidae），分布于内蒙古、黑龙江、吉林、辽宁、甘肃、山西、河北、河南、山东等省（区）。主要为害的植物有苜蓿、草木犀、红豆草、三叶草、沙打旺、饲用甜菜、饲用胡萝卜、苏丹草、羊草、披碱草、燕麦、大麦等。成虫、幼虫均可为害，以幼虫为害较重。咬食苗根，造成幼苗枯黄而死（图4-10）。取食萌发的种子，造成缺苗断垄，影响饲料作物和牧草生长，降低产量。

图4-10　华北大黑鳃金龟

a. 成虫；b. 幼虫

2. 发生规律

华北大黑鳃金龟两年发生1代，以成虫、幼虫隔年交替越冬。越冬成虫于4月下旬开始出土，5月为出土活动盛期，6月中旬见当年孵化的幼虫，8月上旬进入2龄，少数达3龄，秋后继续为害。

4.3.2.2　东北大黑鳃金龟

1. 分布及为害

东北大黑鳃金龟（*Holotrichia diomphalia*，图4-11）属于鞘翅目（Coleoptera）鳃金龟科

（Melolonthidae），主要分布区域、寄主范围及为害特征同华北大黑鳃金龟。

图4-11　东北大黑鳃金龟

2. 发生规律

东北大黑鳃金龟两年发生1代，以成虫、幼虫隔年交替越冬。越冬成虫于4月下旬开始出土，5月为出土活动盛期，成虫9月中旬绝见。成虫夜出活动、取食和交尾，食性杂而多。

4.3.2.3　暗黑鳃金龟

1. 分布及为害

暗黑鳃金龟（*Holotrichia parallela*，图4-12）属于鞘翅目（Coleoptera）鳃金龟科（Melolonthidae），分布于我国长江中下游及长江以北，直至内蒙古和黑龙江南部的广大地区，是常发性害虫。寄主范围及为害特征同华北大黑鳃金龟。

图4-12　暗黑鳃金龟

2. 发生规律

暗黑鳃金龟一年发生1代，以老熟幼虫和少数当年羽化的成虫越冬。越冬幼虫于翌年春天不再上升为害，直接在越冬处化蛹。成虫食性杂，嗜食乔木、灌木叶子，有暴食性。成虫有隔日出土习性，风雨对它无多大影响，飞翔能力强，有趋光性。幼虫食性极杂，主要为害饲料作物、栽培牧草，常使受害植物遭到毁灭性伤害。

4.3.2.4　黑皱鳃金龟

1. 分布及为害

黑皱鳃金龟（*Trematodes tenebrioides*，图4-13）属于鞘翅目（Coleoptera）鳃金龟科（Melolonthidae），分布于东北及内蒙古、河北、山西、河南、山东、安徽、江西、湖南、台湾等省（区）。主要为害小麦、玉米、豆类、瓜类、马铃薯、甜菜及多种牧草。

图4-13　黑皱鳃金龟成虫

2. 发生规律

黑皱鳃金龟两年完成1代，以成虫或2龄、3龄幼虫越冬。越冬成虫于翌年4月开始出土活动。幼虫2龄、3龄食量大增，造成减产。由于后翅十分退化，成虫不能飞翔，只能蹒跚爬行。成虫食性甚杂，取食饲料作物幼苗及牧草嫩芽、嫩叶。

4.3.3　蝼蛄

4.3.3.1　华北蝼蛄

1. 分布及为害

华北蝼蛄（*Gryllotalpa unispina*，图4-14）属于直翅目（Orthoptera）蝼蛄科（Gryllotalpidae），主要分布于长江以北各地，主要为害区域是华北、内蒙古及黄河流域，国外分布于蒙古国、土耳其、俄罗斯等地。成虫、若虫均在土中咬食刚播下特别是刚发芽的种子。也咬食作物的根部及嫩茎，使幼苗枯死，大苗青枯。在土表层穿掘隧道并切断作物根，造成幼苗干枯而死。

图4-14　华北蝼蛄

2. 发生规律

华北蝼蛄生活史较长，3年完成1代。以第一年、第二年若虫及第三年发生的成虫在土内越冬，越冬深度达1～1.5m。在4月中旬气温回升时，越冬若虫及成虫上升至表层活动。土默川、河套地区5月下旬到6月中下旬为蝼蛄为害盛期，此时地面出现大量隧道，当部分隧道上有一个孔眼时即表明蝼蛄已为害。成虫6月上旬开始产卵，卵期延至8月中旬。7月为产卵盛期。蝼蛄对产卵地有选择性，在轻盐碱地产卵较多，而黏土、壤土及重盐碱地较少。在轻盐碱地内，卵大部分集中产在缺苗断垄、干燥向阳、靠近地埂、畦堰和松软状的土壤里。7月初卵开始孵化，初孵若虫聚集一处，3龄后分散为害。低龄多以嫩茎为食，第一年越冬虫8～9龄，第二年越冬虫达12～13龄。第三年秋季蜕最后一次皮，羽化为成虫但不交配产卵。第四年春夏季开始交配产卵，成虫期可达9个月以上，为害最重。

4.3.3.2　东方蝼蛄

1. 分布及为害

东方蝼蛄（*Gryllotalpa orientalis*，图4-15）属于直翅目（Orthoptera）蝼蛄科（Gryllotalpidae），分布于亚洲和俄罗斯部分地区。在我国大部分地区均有分布，以南方地区受害较重。主要为害禾谷类作物及禾本科牧草。

图4-15　东方蝼蛄

2. 发生规律

东方蝼蛄生活史较短，华中及南方一年发生1代，华北、西北和东北地区两年左右发生1代，以成虫及若虫在土穴内越冬。翌年4～5月越冬成虫开始为害早春作物并交配产卵。此时越冬若虫也渐长大变为成虫。卵产于地下25～30cm深的土室中，1头雌虫能产数巢，共产卵250～330粒。若虫先取食穴内腐殖质，1～2d后爬出，分散活动，为害作物。

4.4　蚜　虫　类

4.4.1　苜蓿蚜

1. 分布及为害

苜蓿蚜（*Aphis medicaginis*，图4-16），异名*Aphis laburni*、*Aphis craccivora*，又名豆蚜、槐蚜、花生蚜，属于半翅目（Hemiptera）蚜科（Aphididae）。分布于内蒙古、宁夏、新疆、山东、河北、福建、广东、湖南、湖北、四川等省（区）。为害的豆科植物有苜蓿、红豆草、三叶草、紫云英、豌豆、紫穗槐等。多群集于植株的嫩茎、幼芽、花器各部上，吸食其汁液，造成植株生长矮小，叶子卷缩、变黄、落蕾，豆荚停滞发育，发生严重时使植株成片死亡。

图4-16　苜蓿蚜若蚜（a）及成蚜（b）

2. 发生规律

苜蓿蚜一年发生数代至20余代。温度是影响蚜虫繁殖和活动的重要因素。苜蓿蚜繁殖的适宜温度为16～23℃，最适温度为19～22℃，低于15℃和高于25℃时繁殖受到抑制。耐低温能力较强，越冬无翅若蚜在-12～14℃条件下持续12h后停止活动，当日均温回升到-4℃时，又复活动。无翅成蚜在日均温-2.6℃时，少数个体仍能繁殖。大气湿度和降雨是决定蚜虫种群数量变动的主导因素。在适宜的温度范围内，相对湿度在60%～70%时，有利于大量繁殖，高于80%或低于50%时，对繁殖有明显抑制作用。

4.4.2　苜蓿斑蚜

1. 分布及为害

苜蓿斑蚜（*Therioaphis trifolii*），异名（*Therioaphis maculate*），属于半翅目（Hemiptera）蚜科（Aphididae）。在我国分布于甘肃、北京、吉林、辽宁、山西、河北、云南等地，国外已知分布于北美洲、大洋洲等地。多聚集在苜蓿的嫩茎、叶、幼芽和花器等部分上，以刺吸式口器吸取汁液，还能分泌有毒物质，被害植株叶子卷缩，蕾和花变黄脱落。

2. 发生规律

苜蓿斑蚜在北方一年发生数代，以卵越冬。在甘肃地区，苜蓿斑蚜在4月上旬苜蓿返青时卵开始孵化，若虫开始活动，5月上旬苜蓿分枝期蚜量猛增，6月上旬为害最盛。7月上旬苜蓿进入结荚期，叶渐枯老，田间出现大量有翅蚜向外迁飞，苜蓿地蚜虫数量逐渐减少。苜蓿斑蚜喜欢在叶片背面取食，一般在植株下部的种群数量最大。

4.4.3　豌豆蚜

1. 分布及为害

豌豆蚜（*Acyrthosiphon pisum*，图4-17）属于半翅目（Hemiptera）蚜科（Aphididae）。在全国各地均有分布。主要为害苜蓿和三叶草，并传播30多种病毒。

图4-17　豌豆蚜

2. 发生规律

豌豆蚜同样具有复杂的生命周期，并且其受到纬度的影响，在靠近热带的地方，豌豆蚜一年中只进行孤雌生殖；而在北方，又可在有性生殖和孤雌生殖之间进行季节性交替。夏天光周期长时，豌豆蚜营孤雌生殖，进行胎生生殖；秋天温度降低并且光周期变短，出现营孤雌生殖的性母蚜，性母蚜产下有性生殖的性蚜，此时性雌蚜进行卵生生殖，与雄蚜交配，产下卵，越冬；翌年春天，卵孵化干母，属于全周期生活史。豌豆蚜不发生转主寄生，全年生活在同一寄主植物上。

4.5　盲　蝽　类

4.5.1　三点盲蝽

1. 分布及为害

三点盲蝽（*Adelphocoris fasiaticollis*，图4-18）属于半翅目（Hemiptera）盲蝽科（Miridae）。主要分布于内蒙古、北京、天津、黑龙江、吉林、河北、山西、陕西、山东等地。主要为害棉花、苜蓿等经济作物及牧草，也为害马铃薯、豌豆、扁豆、大豆、菜豆、草木犀、向日葵、芝麻、蓖麻、洋麻、番茄、胡萝卜、荞麦、玉米、高粱、小麦、灰菜、芦苇、杨、柳、榆等多种植物。

图4-18　三点盲蝽

2. 发生规律

三点盲蝽一年约发生3代，陕西关中2～3代，以卵在杨、柳、槐等树木的茎皮组织及疤痕处越冬。越冬卵4月下旬至5月初（平均气温一般在18℃以上）开始孵化，但如相对湿度低于55%时，孵化即受到抑制。刚孵若虫借风力迁入棉田及豌豆、苜蓿地为害幼苗。第一代成虫5月下旬开始羽化，6月上旬为羽化盛期。6月中旬第二代若虫孵化，7月上旬成虫羽化，并交配产卵。第三代若虫7月中旬开始孵化，8月初为孵化盛期。8月中下旬成虫羽化后陆续产卵越冬。因成虫产卵期较长而又不整齐，故有世代重叠现象。

4.5.2　苜蓿盲蝽

1. 分布及为害

苜蓿盲蝽（*Adelphocoris lineolatus*，图4-19）属于半翅目（Hemiptera）盲蝽科（Miridae）。分布于内蒙古、北京、天津、河北、山西、辽宁、吉林、黑龙江、江苏、浙江、安徽、江西、山东、河南、湖北、陕西、甘肃、青海、宁夏、新疆。为害棉花、苜蓿、草木犀、马铃薯、豌豆、菜豆、洋麻、玉米、南瓜等植物。

图4-19　苜蓿盲蝽

2. 发生规律

苜蓿盲蝽在我国北方一年发生3～4代，内蒙古地区一年发生3代。主要以卵在苜蓿茬地茎秆或干草茎秆中越冬，在没有苜蓿的地区，凡枯朽草秆及黄花苦豆子、甘草、蒿草等的茎秆内均有卵粒越冬。山西、陕西、河南一年3～4代，以4代为主，南京4～5代。越冬卵4月上旬孵出第一代若虫，成虫于5月上旬开始羽化。第二代若虫6月上旬出现，成虫6月下旬开始羽化。第三代若虫7月下旬孵出，若虫于10月中旬全部结束，第三代成虫8月中下旬羽化，9月中旬成虫在越冬寄主上产卵越冬，多在夜间产卵。

4.5.3　牧草盲蝽

1. 分布及为害

牧草盲蝽（*Lygus pratenszs*，图4-20）属于半翅目（Hemiptera）盲蝽科（Miridae）。分布于内蒙古、宁夏、安徽、湖北、四川等地。主要为害棉花、苜蓿、胡麻、向日葵等。

图4-20 牧草盲蝽

a. 越冬成虫；b. 夏季成虫；c. 若虫

2. 发生规律

牧草盲蝽北方一年发生3～4代，以成虫在杂草、枯枝落叶、土石块下越冬。翌春寄主发芽后出蛰活动，喜欢在嫩叶、嫩茎、花蕾上刺吸汁液，取食一段时间后开始交尾、产卵，卵多产在嫩茎、叶柄、叶脉或芽内，卵期约10d。若虫共5龄，经30多天羽化为成虫。成虫、若虫喜白天活动，早、晚取食最盛，活动迅速，善于隐蔽。

4.6 蓟 马 类

4.6.1 牛角花齿蓟马

1. 分布及为害

牛角花齿蓟马（*Odontothrips loti*）属于缨翅目（Thysanoptera）蓟马科（Thripidae）。主要分布于宁夏（罗山）、河北、山西、内蒙古、山东、河南、陕西、甘肃；国外分布于蒙古国、日本、美国、欧洲等地。为害苜蓿、苦豆子、黄花草木犀、甘草、三叶草、车轴草属等。成虫和若虫取食植物幼嫩组织，在苜蓿整个生育期都可为害，2～3茬苜蓿受害严重，使苜蓿叶片扭曲变小、生长缓慢，对苜蓿的产量和经济价值造成了较大影响。

2. 发生规律

牛角花齿蓟马于5月中旬开始为害严重，为害期从6月上旬持续到9月上旬。以蛹的虫态在5～10cm的土层中越冬，很少到达15cm以下的土层中。4月中旬平均气温在8℃以上时，羽化为成虫向返青植株迁移，4月底迁移完毕。10月中旬平均气温降至7℃以下时，化蛹进入土层中越冬。呼和浩特市地区牛角花齿蓟马一年发生5代，由于繁殖快且繁殖力强，世代重叠严重。6月上旬前及8月下旬后，是蓟马发育繁殖的最适时期。7月中下旬室温一直持续在25～26℃，此时第四代若虫向成虫转化所需的时间明显延长，成虫羽化到产卵最短时间也延长至4d。牛角花齿蓟马发育繁殖的最适平均温度为20～25℃，相对湿度为60%～70%。

4.6.2　花蓟马

1. 分布及为害

花蓟马（*Frankliniella intonsa*，图4-21）又名台湾蓟马，属于缨翅目（Thysanoptera）蓟马科（Thripidae）。分布在浙江、江苏、湖北、湖南等省份。成虫、若虫多群集于花内取食为害，花器受害后呈白化，经日晒后变为黑褐色，为害严重的花朵萎蔫。叶受害后呈现银白色条斑，严重的枯焦萎缩。

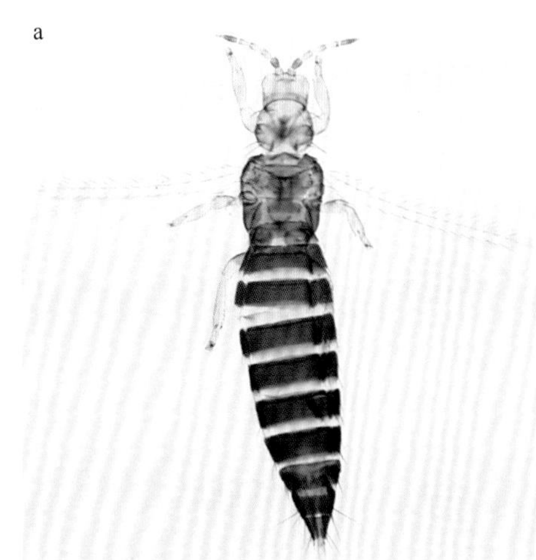

图4-21　花蓟马

2. 发生规律

花蓟马在南方一年发生11～14代，在华北、西北地区一年发生6～8代。在20℃恒温条件下完成一代需20～25d。以成虫在枯枝落叶层、土壤表皮层中越冬。翌年4月中下旬出现第一代。10月下旬、11月上旬进入越冬代。10月中旬成虫数量明显减少。花蓟马世代重叠严重。成虫寿命春季为35d左右，夏季为20～28d，秋季为40～73d。雄成虫寿命较雌成虫短。雌雄比为1：0.3～0.5。成虫羽化后2～3d开始交配、产卵，全天均进行。卵单产于花组织表皮下，每只雌虫可产卵77～248粒，产卵历期长达20～50d。每年6～7月、8月至9月下旬是花蓟马的为害高峰期。

4.6.3　烟蓟马

1. 分布及为害

烟蓟马（*Thrips tabaci*，图4-22）属于缨翅目（Thysanoptera）蓟马科（Thripidae）。国内除西藏无报道外，各省区都有分布。除了棉花、烟草、葱等，寄主植物普遍分布于种植苜蓿的地区。以成虫和若虫为害上述寄主的心叶、嫩芽及幼叶，植物的整个生长期都有其各虫态虫体活动、取食，致植物受害后在叶面上形成连片的银白色条斑，严重时叶部扭曲变黄、枯萎。

图4-22　烟蓟马

2. 发生规律

烟蓟马在东北一年发生3～4代，山东6～10代。一般发生一代需要9～23d，夏季一代约需15d。卵期和若虫期各5d，蛹期4d，成虫产卵前期1.5d，成虫寿命6.2d。越冬虫态各地不同，河北、湖北、江西等地区主要以成虫在土缝、枯枝落叶间、葱蒜叶鞘内越冬，少数伪蛹在土表层内越冬，在新疆以伪蛹为主越冬，在东北以成虫越冬。翌年春季开始活动，在越冬寄主上繁殖一段时间后，迁移到早春作物及豆科牧草地。一般为害盛期在6～7月。成虫飞翔能力强，怕阳光，白天潜伏于叶背面，多在花器中或叶表皮下、叶脉内产卵。

第 5 章　草地螟绿色防控

草地螟是世界性农牧业害虫，其发生与为害具有杂食性、突发性、暴发性、迁飞性等特点，给农牧业生产造成了严重损失。近年来，在人为活动频繁、气候环境复杂多变的影响下，草地螟的发生与为害呈现出不确定性因素，如何有效抑制草地螟的发生、为害，避免过去因化学农药过度滥施滥用状况产生的突出问题，成为摆在植保工作者面前的新课题。通过大力研发草地螟生物防治技术，发展草地螟寄生性天敌昆虫饲养扩繁及保护利用技术、草地螟菌剂防治技术和性诱剂防治技术，构建了以生物防治手段为主打型核心技术的草地螟可持续治理技术体系。

5.1　草地螟为害及其发生规律

5.1.1　草地螟为害特征

草地螟（*Loxostege sticticalis*）属于鳞翅目（Lepidoptera）螟蛾科（Pyralidae），又称黄绿条螟、甜菜网螟，俗称罗网虫、吊吊虫等，是一种世界性农牧业害虫，主要分布在欧亚大陆和北美洲，发生范围包括北纬37°以北，由东经108°至东经118°斜向东北至北纬50°的广阔地带。在我国草地螟主要分布在华北和东北地区，可取食为害30多科200余种植物，喜食藜科、菊科、蓼科及豆科等双子叶作物和杂草，草地螟在植物上的发生为害情况见图5-1。草地螟是我国华北、东北、西北地区农作物和牧草的重要害虫，对农牧业生产造成了很大的威胁。草地螟具有间歇暴发、集中迁移为害的特点，它的发生来得凶猛、密度大、危害非常严重，如不及时防治，即可造成毁灭性的灾害。我国近年来实施的“退耕还林，退耕还草”生态策略，增加了草地螟杂草寄主的丰富度，在为幼虫提供了丰富食物的同时，也为幼虫从杂草转移到作物上为害提供了有利的条件。

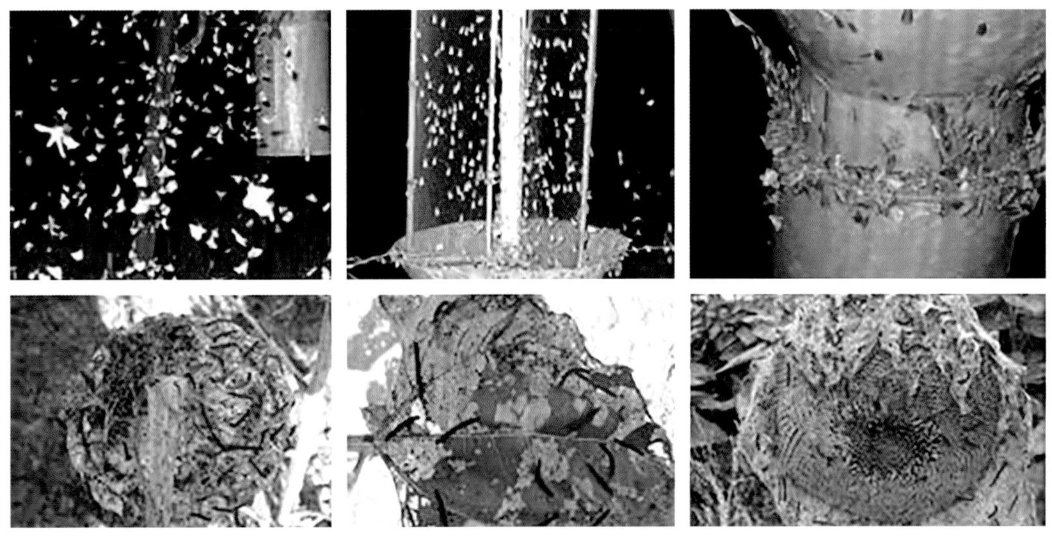

图5-1　草地螟在植物上的发生为害情况（刘家骧供图）

草地螟发生及为害表现为具有较长周期的间歇性、远距离迁移性和毁灭性等特点。我国自新中国成立以来草地螟有四次大暴发，每次暴发都给我国经济造成了严重损失。第一次是在20世纪50年代中期曾连续几年猖獗，经过20余年的轻微间歇期后，在1978～1984年又连续数年猖獗，特别是在1982年为害面积达707万hm^2，之后又进入间歇期。至1996年开始进入第三个猖獗为害周期，猖獗年间种群数量巨大，年均超过400万hm^2，累计发生为害面积达2125万hm^2，在2002年发生面积高达853万hm^2，仅在宁夏，就造成苜蓿干草产量损失3.6亿kg，直接经济损失2亿元，2003年二代幼虫在山西、内蒙古、陕西、河北和黑龙江部分地区为害面积达130万hm^2以上，是新中国成立以来末代幼虫成灾最严重的一次，为农牧业生产带来了严重损失，对畜牧业可持续发展也造成严重威胁。2008～2009年又是我国草地螟严重发生的年份，为第四个暴发周期。全国越冬成虫发生面积1630.2万hm^2，其中一代幼虫发生面积418.5万hm^2，主要发生范围包括华北、东北和西北11个省（自治区、直辖市）48个市（地、州、盟）261个县（市、区）。2008年二代草地螟幼虫是我国在新中国成立以来发生面积最大、危害程度最重的一个世代，不仅给农牧业生产造成了严重的经济损失，而且对北京奥运会的举办产生了一定影响。2010年全国草地螟成虫共发生118.5万hm^2，幼虫发生面积为31.0万hm^2，是发生程度最轻、发生面积及发生范围都最小的年份，仅在山西和新疆局部地区造成严重危害，在山西二代幼虫为害农田8.7万hm^2，其中严重的田块面积为1.8万hm^2，在新疆阿勒泰及和田地区，6月中下旬苜蓿田间一代幼虫平均密度为23头/m^2，严重田块高达485头/m^2。

5.1.2　草地螟发生规律

草地螟主要发生在我国北方农牧交错区，以幼虫为害多种作物，一年发生2～3代。各地区的发生世代数受当地气温及海拔影响而不同，但对农牧区的危害主要是由第一代造成的。幼虫具有栖息性、迁移性、多食性、间歇暴发性和滞育性。草地螟是以老熟幼虫在地表下2～5cm处结茧越冬，其越冬地区主要在山西及内蒙古乌兰察布、河北张家口的坝上地区。越冬代草地螟始见于翌年5月中旬，越冬代成虫发生盛期为6月上旬，6月中旬为其成虫产卵高峰期；卵经4～5d孵化为第一代幼虫，于6月中旬始见幼虫，6月下旬至7月上旬为幼虫高峰期，这一时期为害也最严重。

草地螟寄主范围广，幼虫较嗜好在灰菜、苋菜等藜科、苋科植物上取食和产卵，其高龄幼虫有转主为害的习性，可从嗜好寄主转到牧草及其他农作物上为害，从而提高了对不同寄主植物和不利环境的适应能力，使其危害性加重，潮湿的气候条件有利于该虫的发生。成虫昼伏夜出，有远距离迁飞习性，喜在潮湿低凹地活动。成虫产卵有很强的选择性，喜在藜科、蓼科、十字花科等花蜜较多的植物叶片上产卵，有时也将卵产在叶柄、茎秆、枯枝落叶上。幼虫一般分5龄，2龄前幼虫食量很小，仅在叶背取食叶肉，残留表皮；3龄以后幼虫食量逐渐增大，可将叶肉全部食光，仅留叶脉和表皮，且具有吐丝结苞为害的习性。4～5龄为暴食期，也是田间为害盛期，其取食量占总量的60%～90%，因此防治应早在2～3龄的低龄幼虫期进行为宜。

5.1.3　草地螟防控策略

国外在草地螟防治方面采用物理、化学和生物等方法对草地螟进行综合防治。我国目前对草地螟的防治，倡导以“预防为主、综合防治”的植保方针为指导，采用农业措施（中耕除草、早秋深耕灭虫灭蛹）和杀虫灯诱杀、生物防治技术与其他措施相结合的综合防治方针。诸多措施中主要采取的是化学防治，大量有机杀虫剂的使用起到了及时消灭害虫的作用，但大多数杀虫剂同时会伤害天敌昆虫，影响自然控制和生态控制的作用，特别是广谱性杀虫剂对天敌种群的影响尤为显著。此时，害虫天敌的优势就显而易见了。因此，我们要充分利用天敌，以虫治虫来改变当前以化学防治为主带来的负面作用，进而改善环境条件，提高农畜产品质量，增加生态环境稳定性。

5.2　寄生性天敌防治技术

草地螟在适应我国北方地区的生态环境特征并经常猖獗成灾的同时，孕育了大量的天敌种类。草地螟天敌资源丰富，包括寄生蝇、寄生蜂、病原微生物等，其中，天敌昆虫对寄主种群起到重要调控作用。在草地螟发生为害盛期，天敌在调节害虫的种群数量中发挥着很大的作用，第三个暴发周期一代幼虫天敌寄生率最高达38.90%。特别是在地广人稀、耕种粗放的北方农牧区，当草地螟进入暴发周期后，尤其是在大面积猖獗发生期，寄生天敌种群数量迅速上升，可使草地螟种群迅速下降，在较短时期内抑制草地螟的严重为害。本课题组通过采集野外草地螟越冬虫茧，进行室内培养，明确了草地螟寄生性天敌昆虫的种类，解决了草地螟寄生性天敌昆虫本底不清的问题，并对优势天敌昆虫展开筛选、扩繁、生物学特性分析、控害机制分析等研究工作，为利用天敌昆虫防治草地螟提供技术支撑。

5.2.1　草地螟的寄生性天敌

5.2.1.1　草地螟寄生蝇

寄生蝇是草地螟幼虫为害期中重要的寄生性天敌昆虫之一，寄生蝇对草地螟幼虫的寄生率要高于寄生蜂，对寄主种群起到主要控制作用。在草地螟暴发周期内，草地螟寄生蝇的种群数量及其寄生率随着草地螟种群数量的增加而迅速上升，进而将其危害控制在经济阈值以下，草地螟寄生蝇种类丰富，在草地螟的主要发生为害区都有分布，其寄生方式多样，寄主范围广，很多种类为多主寄生。根据文献记载，目前已报道的有22个种，2006年以来新增加了5种草地螟寄生蝇种类：黑条帕寄蝇（*Palesisa nudioculla*）、芒声寄蝇（*Phonomyia aristata*）、短芒扁寄蝇（*Platymya antennate*）、林荫扁寄蝇（*Platymya fimbriata*）、扁寄蝇属一种（*Platymya* sp.）。

已知的27种草地螟寄生蝇种类中大部分分布在我国的东北、华北地区，这与草地螟大发生的区域相吻合，但各个地方的优势种群都大不相同。在上述众多草地螟寄生蝇中，对草地螟种群起主要调控作用的寄生蝇种类主要包括伞裙追寄蝇（*Exorista civilis*）、双斑截尾寄蝇（*Nemorilla maculosa*）、黑袍卷须寄蝇（*Clemelis pullata*）和草地追寄蝇（*E. pratensis*）等。其中以伞裙追寄蝇为优势种，占寄生蝇的62.46%，其群居、外寄生，广泛寄生鳞翅目害虫，包括螟蛾科的草地螟、玉米螟，以及夜蛾科的黏虫、地老虎、美国白蛾，毒蛾科的舞毒蛾等。草地螟寄生蝇是调控草地螟的重要天敌之一，营造有利于寄生蝇生存的环境可促进其种群繁衍，进而实现对草地螟等害虫种群的有效调控。Mikhal'tsov和Khitsova（1985）发现横带截尾寄蝇（*Nemorilla floralis*）在潮湿的环境条件下，如树木密度高、植被旺盛和蜜源植物多的地方，对草地螟的寄生率较高，将使用过杀虫剂区域和未使用区域的草地螟寄生蝇寄生率进行对比发现，使用过杀虫剂的区域寄生率明显低于未使用的区域。因此提高寄生蝇的寄生率及其对周围生境和寄主幼虫的广泛适应性，对控制草地螟种群动态有重要的保护利用价值。

目前，国内外关于草地螟寄生蝇的保护利用方面研究成果较少，但可以根据寄生蝇对草地螟的寄生规律及影响寄生率的相关因素，提出一些具有针对性的保护利用措施。例如，化学杀虫剂和广谱性生物杀虫剂比较容易对寄生性天敌昆虫种群数量造成威胁，在药剂防治时建议，当草地螟3龄幼虫的密度低于10～15头/m^{2}时，不需要使用杀虫剂。在草地螟农业防治方法中，春耕或秋翻被广为推荐以消灭入土的草地螟幼虫，虽然此方法对降低幼虫数量有一定的作用，但是对草地螟寄生蝇的保护不利。Swailes（1960）报道了草地螟寄生性天敌昆虫的存活率与其所在的土壤深度有一定关系。因此，为了能降低对草地螟寄生蝇的杀伤作用而又能抑制草地螟幼虫数量，研究适宜的耕翻深度是必要的。此外，还可优化草地螟大发生区域的环境条件，在农田周围种植一些保护林、牧草或绿肥等，在降低环境温度、提高湿度的同时提供草地螟寄生蝇所需的补充营养及其栖息和庇护场所，这对提高寄生蝇的寄生率有重要的作用。因此，为提高草地螟寄生蝇的保护利用价值，应该对草地螟寄生蝇寄生规律及其如何调控寄主幼虫的种群进行深入的研究。目前利用寄生蝇来防治草地螟尚未见到报道，但是在其他寄主害虫的人工繁殖和应用上已见报道，如利用伞裙追寄蝇、双斑截尾寄蝇、常怯寄蝇（*Phryxe vulgaris*）、松毛虫狭颊寄蝇（*Carcelia rasella*）和玉米螟厉寄蝇（*Lydella grisecens*）。

国外有关草地螟寄生蝇优势种的文献报道很少，有记载的优势种主要是伞裙追寄蝇和黑袍卷须寄蝇。黑袍卷须寄蝇的寄生率最高的可达74.6%，伞裙追寄蝇的寄生率可达67.8%，对控制草地螟的种群有重要作用。在国内，康爱国等（2006）在河北康保地区的调查研究发现，伞裙追寄蝇和双斑截尾寄蝇为草地螟优势种。陈海霞等（2007）进行室内试验时发现，在草地螟、甜菜夜蛾和黏虫3种幼虫同时存在的条件下，双斑截尾寄蝇对草地螟的寄生率显著高于甜菜夜蛾和黏虫。在山西大同市、内蒙古乌兰察布市等地调查到寄生蝇种类10余种，起主导作用的是伞裙追寄蝇和双斑截尾寄蝇，而在内蒙古兴安盟优势种类为黑袍卷须寄蝇、双斑截尾寄蝇。根据已有研究报道，已发现的草地螟寄生蝇的优势种主要是伞裙追寄蝇、双斑截尾寄蝇、黑袍卷须寄蝇和草地追寄蝇等。不同地域草地螟寄生蝇优势种会有变化，对东北和西北草地螟大发生区寄生蝇优势种还有待调查研究。

寄生蝇寄生方式按寄生蝇幼虫侵入寄主体腔的特点分为4个类型，即卵胎生型、大卵生型、微卵生型和蛹生型。在草地螟的寄生蝇中，这4种寄生方式都存在。草地螟寄生蝇寄生方式的多样性，保证了寄生蝇对草地螟较高水平的寄生率。其寄生方式的明确也为今后草地螟寄生蝇的人工繁殖技术提供了参考。

伞裙追寄蝇、双斑截尾寄蝇和草地追寄蝇都属于大卵生型，这类寄生蝇大都选择末龄幼虫进行寄生（一般在5龄），被寄生后的草地螟幼虫通常还会继续取食为害，并完成幼虫的发育。由于在草地螟5龄幼虫被寄生时为害已经产生，寄生蝇对减轻当代草地螟为害的作用较小，其控制作用只是体现在对下一代草地螟发生为害的减轻上。黑袍卷须寄蝇将卵产在草地螟幼虫取食的植物上，靠寄主的取食完成寄生过程。草地螟5龄幼虫的取食量占整个幼虫期的80%以上，此时，取食寄生蝇卵的概率增加。草地螟5龄幼虫被黑袍卷须寄蝇寄生的概率最高，寄生时草地螟的为害也已经产生，而且被寄生的寄主能继续取食直到化蛹，因此，该寄生蝇也主要对下一代草地螟的为害起控制作用。伞裙追寄蝇、双斑截尾寄蝇和黑袍卷须寄蝇等都能随草地螟幼虫一起越冬，并在草地螟羽化的前后开始羽化。这种生活史上的同步性，也保证了寄生蝇对草地螟的可持续调控作用。

影响草地螟寄生蝇寄生率的主要环境因素：①草地螟幼虫的密度，寄生蝇的寄生率通常随草地螟幼虫密度的增加而升高，随幼虫密度的下降而降低；②环境湿度和植被，如横带截尾寄蝇喜欢潮湿的环境，一般在森林或防护林附近、果园、绿肥地、植被旺盛和开花植物多的地方被寄生的草地螟比例较高。雌蝇将大型卵产在寄主体表，幼虫孵化后即进入寄主体腔内发育，最终杀死寄主。

5.2.1.2　草地螟寄生蜂

寄生蜂是除寄生蝇外草地螟另一大寄生性天敌昆虫类群，其种类繁多。据报道，草地螟寄生蜂共包括3科67种，其中小蜂总科（Chalcidoidea）9种、茧蜂科（Braconidae）24种、姬蜂科（Ichneumonidae）34种，包括卵寄生蜂、幼虫寄生蜂、蛹寄生蜂、重寄生蜂。其中，*Melanichneumon rubicundus*（姬蜂科）和*Cryptus albitarsis*（姬蜂科）为草地螟蛹寄生蜂；小蜂总科的*Pteromalus crassinervis*、草地螟巨胸小蜂（*Perilampus nola*）和姬蜂科的*Mesochorus stigmator*、*Mesochorus tuberculiger*、菱室姬蜂（*Mesochorus* sp.）为草地螟重寄生蜂；草地螟卵寄生蜂1种，为赤眼蜂（*Trichogramma* sp.）；其余均为草地螟幼虫寄生蜂。在我国已有报道的草地螟寄生蜂有20种，主要分布在黑龙江、辽宁、山西、内蒙古、河北。

国外利用草地螟卵寄生蜂进行生物防治的时间较早，主要是利用赤眼蜂防治草地螟，应用最广的当属暗黑赤眼蜂（*Trichogramma euproctidis*）和广赤眼蜂（*Trichogramma evanescens*）。1936年，Lebedyanskaya等报道了利用广赤眼蜂在草地螟卵期进行防治，寄生率高达80%，这种防治效果使得利用赤眼蜂进行生物防治成为草地螟卵期防治的重要措施。Pushkarev和Mikhal'tsov（1983）在苏联部分地区的甜菜田间也得到了相同的试验结果，赤眼蜂平均寄生率可达72%。1975年在乌克兰基辅地区不需要使用其他防治方法，仅释放了夜蛾型和螟蛾型两种暗黑赤眼蜂，对草地螟的寄生率就达62%～91%，将其危害控制在经济阈值以下。Mikhal'tsov和Khitsova（1985）报道塞尔维亚贝尔格莱德地区单纯释放暗黑赤眼蜂防治草地螟就取得了很好的效果，寄生率达到45%～72%，完全不需要使用杀虫剂。Rubets和Voitsekhovskii（1989）在乌克兰大范围释放广赤眼蜂防治草地螟，调查发现，该蜂对草地螟一代、二代卵的控制非常成功。

我国直到20世纪80年代才开始对草地螟寄生蜂开展相关研究，到目前为止对草地螟寄生蜂的研究也仅限于对其幼虫期寄生蜂的发育特征，以及对寄主的寄生特征等方面的基本描述，深入研究寄生蜂对草地螟的控制作用显得十分必要。

5.2.2　伞裙追寄蝇防治草地螟技术

5.2.2.1　伞裙追寄蝇的生物学特性及发生规律

伞裙追寄蝇在内蒙古地区一年一般发生2代，幼虫随草地螟幼虫在土茧内越冬，但在有些环境条件不适宜的年份，其成虫因草地螟迁飞仅发生1代。越冬成虫在翌年6月上旬气温适宜时开始羽化，一直持续到6月下旬，羽化高峰一般出现在6月10日前后，持续3～5d。在6月下旬时出现第一代幼虫，7月中旬开始出现蝇蛹，直至8月上旬开始羽化，羽化可一直持续到8月下旬。8月下旬第二代幼虫开始出现，至9月中旬第二代幼虫开始化蛹越冬，越冬蛹期长达7～8个月。在实验室条件下完成1代需20～25d。

伞裙追寄蝇羽化时间通常滞后于草地螟成虫4～5d，初羽化的成虫体色较浅，随后体色加深，大约半小时后翅完全展开，并开始活动。在一天中，伞裙追寄蝇雌雄虫羽化均出现两个高峰，分别为8:00～10:00、14:00～16:00；羽化的雌雄虫性比平均为1.26：1，而性比的高峰出现在一天中的6:00～8:00，高达1.45：1。伞裙追寄蝇种群数量一般在第5天达到高峰，其羽化量占总羽化量的26.76%。通常雄蝇先羽化，前5d的性比均小于1，之后雌蝇羽化的数量增加，出现明显偏雌性。

伞裙追寄蝇的雄蝇一般羽化后就能交尾，而雌蝇要在羽化后第2天才交尾，但雌雄个体均要先补充营养，之后才会有交尾。雌蝇一生只交尾一次，而雄蝇一生可多次交尾，但一般交尾两次后就死亡。

伞裙追寄蝇是一种大卵生型寄生蝇，卵主要产于寄主幼虫头部侧面。在实验室内观察到伞裙追寄蝇雌性个体的产卵量为97～212粒，平均产卵量为159.8粒，平均产卵历期为16.7d。

1. 伞裙追寄蝇形态特征

成虫（图5-2）：体长6～12mm。额宽度相当于复眼宽度的5/6，复眼裸，头部覆浓厚的灰白色粉被，有时在侧额部分的粉被呈黄灰色；颊及额前方被白毛，有时被黄褐色与黑色杂毛（♂）；触角黑色；第3节内侧基部橙黄色，第3节较第2节长1～1.5倍；下颚须黄色，末端略加粗；单眼鬃固着的位置与前单眼大致处于同一水平。胸部黑色，覆黄灰色粉被，背面具4条黑色纵条，毛的颜色雌雄个体之间变化很大；一般雄性整个胸部被黑毛，而雌性胸部侧板被黄白色毛；足黑色，中足胫节上半部具2根前背鬃。腹部黑色，第3背板两侧具不明显的黄褐色斑，第3～5背板基部1/2～3/5覆黄灰色粉被，后缘黑色光亮，第3、第4两背板的粉被沿背中线向后突出，各形成一三角形尖齿。

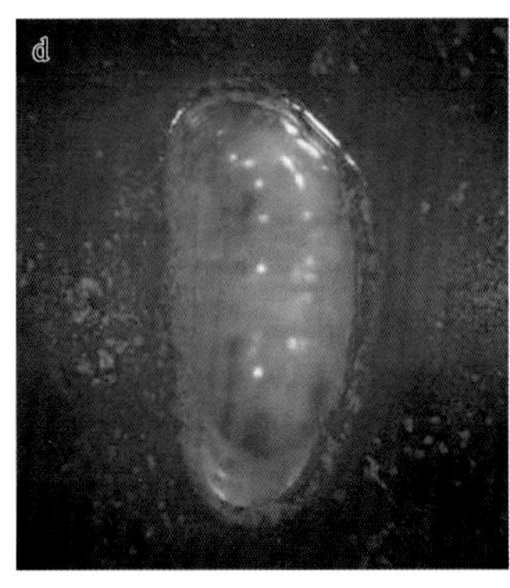

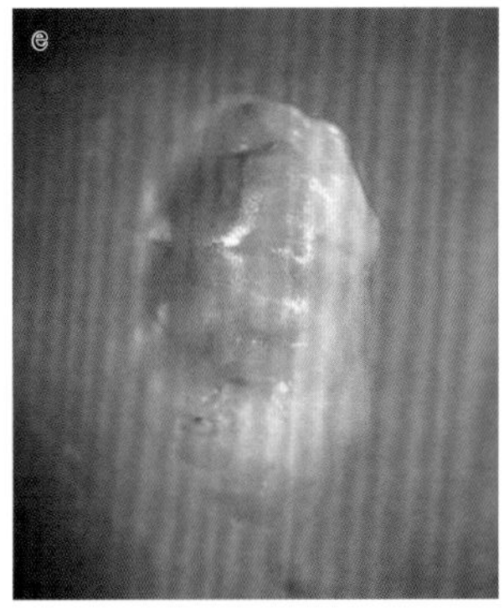

图5-2　伞裙追寄蝇各虫态形态特征

a. 雄蝇；b. 雌蝇；c. 卵（虫体上的白色卵粒）；d. 低龄幼虫；e. 末龄幼虫；f. 羽化中的蛹

卵：乳白色。椭圆形，长0.4～0.5mm，宽约0.2mm。前端稍尖，卵面隆起，贴于虫体的一面扁平。

幼虫：老熟幼虫黄白色。蛆形，长10～13mm，宽4～5mm。头部有1对尖锐的黑色口钩。第2体节的后缘有黄褐色的前气门，由4个小气门组成。第12体节向内凹，有1对黑褐色的后气门，气门钮为棕褐色，气门裂3条，淡棕色，呈弯曲状。

蛹：赤黑色。长椭圆形，前端稍细，背面稍隆起，长5～7mm，宽2～3mm。

2. 营养对伞裙追寄蝇成虫寿命的影响

补充20%蜂蜜水、10%葡萄糖、10%蔗糖及5%奶粉+5%蔗糖+100mL水混合液中的种群存活曲线均接近Deevey提出的凸型曲线，大多数伞裙追寄蝇是在老年时生存率才急剧下降，在幼期及中期时死亡率较低（图5-3）；而5%酵母粉+5%蔗糖+100mL水溶液及清水中的存活率曲线接近Deevey提出的直线型曲线，每单位时间内死亡的虫体数大致相等，死亡率随时间的增加急剧增加。由此可见，补充含糖物质有利于其存活。但相对而言，补充20%蜂蜜水的伞裙追寄蝇存活时间最长，各个时间段的存活率都最高。

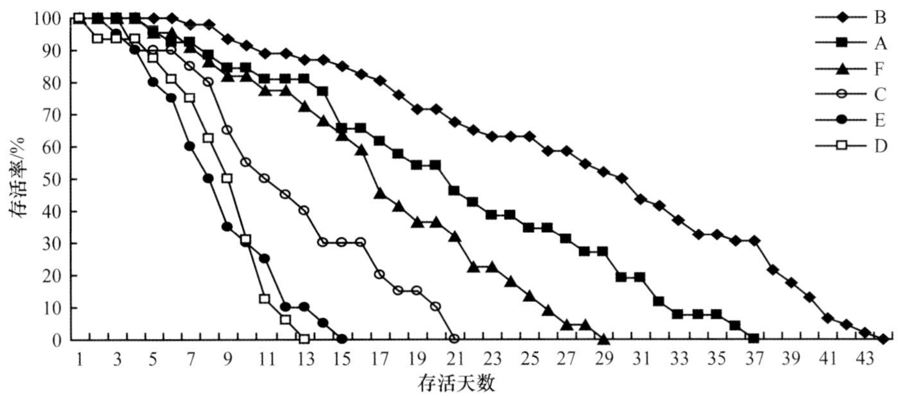

图5-3　（23±1）℃下补充不同营养伞裙追寄蝇成虫的存活曲线

A. 10%葡萄糖；B. 20%蜂蜜水；C. 5%奶粉+5%蔗糖+100mL水混合液；D. 5%酵母粉+5%蔗糖+100mL水溶液；E. 清水；F. 10%蔗糖

3. 温度对伞裙追寄蝇成虫寿命的影响

在23℃时，伞裙追寄蝇成虫存活时间最长，可达44d，平均寿命为20.5d，但与18℃的17.5d

和28℃的16.0d寿命间无显著差异；23℃、18℃、28℃的寿命与33℃的7.4d寿命间存在极显著差异（$P<0.01$）。因此，伞裙追寄蝇适宜生存的温度条件为18～28℃，但最适宜的温度条件为23℃。

温度条件为23℃、18℃、28℃时，伞裙追寄蝇的存活曲线均接近Deevey提出的凸型曲线，成虫前期存活率高，个体死亡大都集中在老年个体，大多数能达到平均寿命；温度条件为33℃时的存活曲线接近Deevey提出的凹型曲线，在成虫前期死亡率高，存活率随时间的推移呈急剧下降趋势。因此，伞裙追寄蝇的最适生存温度条件为23℃（图5-4）。

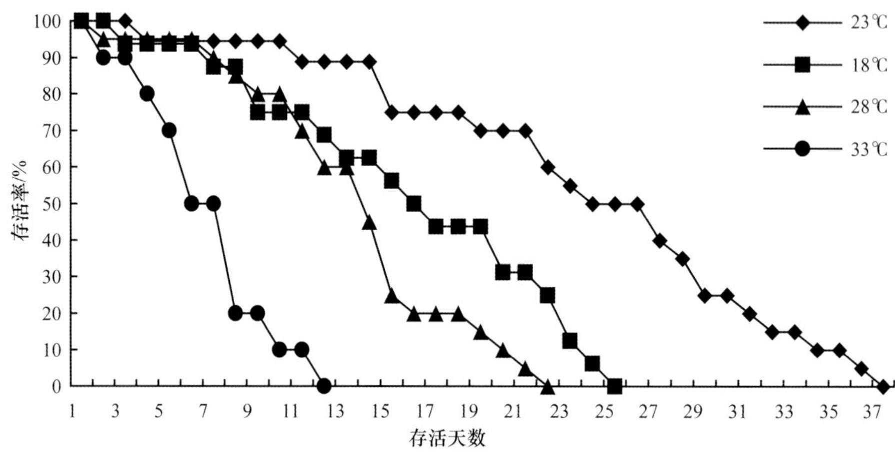

图5-4　不同温度下伞裙追寄蝇成虫的存活曲线

5.2.2.2　伞裙追寄蝇的低温储藏技术

将田间采集到的草地螟越冬虫茧栽种在盒装灭菌土中，储存在4℃保鲜冷藏箱内，定期喷水，防止因水分过低造成草地螟及伞裙追寄蝇的死亡。研究发现，延长储存时间可显著降低伞裙追寄蝇的羽化率（表5-1）。伞裙追寄蝇2010年越冬羽化率为8.78%，随着储存时间的增加，伞裙追寄蝇的羽化率明显降低。伞裙追寄蝇的相对羽化率由最初未经储存的100.0%，降低到储存至20d的95.5%、35d的77.3%、48d的57.4%、58d的43.8%、70d的27.4%、80d的15.1%、100d的11.8%、110d的8.6%、150d的7.6%，相对羽化率随储存时间的延长而降低。因此，储存时间对伞裙追寄蝇蝇种的保存有一定的影响，长时间储存，其羽化率显著降低。

表5-1　储存时间对伞裙追寄蝇羽化的影响

储存时间/d	调查虫茧数/头	伞裙追寄蝇出蝇数/头	羽化率/%	相对羽化率/%
0	12 456	1 094	8.78±0.07aA	100.0
20	2 660	223	8.38±0.07bB	95.5
35	1 989	135	6.79±0.06cC	77.3
48	2 105	106	5.04±0.06dD	57.4
58	4 781	184	3.85±0.03eE	43.8
70	4 532	109	2.41±0.02fF	27.4
80	6 199	82	1.32±0.02gG	15.1
100	5 717	59	1.03±0.01hH	11.8
110	5 718	43	0.75±0.02iI	8.6
150	5 957	40	0.67±0.01iI	7.6

注：表中数据为平均值±标准误；数据后不同大写、小写字母分别表示在0.01、0.05水平差异显著。后同

5.2.2.3　伞裙追寄蝇的寄生行为能力

草地螟在2龄幼虫期即可被寄生蝇寄生，但在田间，寄生蝇主要选择5龄幼虫寄生，且寄生率随着寄主幼虫龄期的增加而增加，对5龄寄主幼虫的寄生率最高，特别是像伞裙追寄蝇这类大卵生型寄生蝇大都选择末龄幼虫进行寄生。在草地螟幼虫5龄时寄生，由于严重危害已经产生，在这种情况下，寄生蝇较高的寄生率对当代草地螟为害的调控作用非常有限，主要是对下一代草地螟种群数量及发生为害起着重要的调控作用。

1. 草地螟幼虫密度对伞裙追寄蝇寄生的影响

寄主幼虫的密度是影响伞裙追寄蝇寄生的一个重要因素，寄主幼虫的被寄生率随其密度的增加而降低（表5-2）。综合寄生率和羽化率两个方面衡量，经48h处理草地螟幼虫被寄生率随密度的增加而降低，羽化率随寄主幼虫密度的增加而增大，当伞裙追寄蝇与寄主幼虫比例增加到1∶15时羽化率达到最大值，随后开始降低。当益害比为1∶15时，伞裙追寄蝇对草地螟有良好的控制作用。

表5-2　草地螟幼虫不同密度对伞裙追寄蝇寄生的影响

处理	供试寄主数/头	寄生率	处理	供试寄主数/头	羽化率
1∶5	50	0.82±0.09aA	1∶5	50	0.28±0.05bB
1∶10	100	0.59±0.05bAB	1∶10	100	0.46±0.03aAB
1∶15	150	0.52±0.05bcB	1∶15	150	0.62±0.09aA
1∶20	200	0.48±0.12bcB	1∶20	200	0.33±0.07bAB
1∶25	250	0.33±0.01cB	1∶25	250	0.38±0.05bAB

2. 不同益害比处理对伞裙追寄蝇寄生的影响

不同数量的伞裙追寄蝇对寄主的寄生率之间没有显著差异，而羽化率间存在一定的差异（表5-3）。从寄生率方面来看，伞裙追寄蝇与寄主的寄生比例为2∶20、1∶10、3∶30、4∶40的寄生率之间无显著差异，但在寄生比例为2∶20时的寄生率最高（为56%），4∶40的寄生率最低（为31%）。从羽化率方面来看，寄生比例为2∶20时的羽化率最高（为52%），与寄生比例为3∶30、1∶10的羽化率之间无显著差异，但与4∶40的羽化率之间存在极显著差异。

表5-3　寄生比例相同而密度不同的寄生情况

处理	供试寄主数/头	寄生率	处理	供试寄主数/头	羽化率
2∶20	200	0.56±0.15aA	2∶20	200	0.52±0.08aA
1∶10	100	0.46±0.02aA	3∶30	300	0.37±0.03abAB
3∶30	300	0.33±0.02aA	1∶10	100	0.36±0.07abAB
4∶40	400	0.31±0.06aA	4∶40	400	0.20±0.08bB

5.2.2.4　伞裙追寄蝇的寄主选择性

1. 伞裙追寄蝇对不同寄主的寄生选择

以寄生率来衡量伞裙追寄蝇对不同寄主的选择性效果，黏虫的寄生率最高，为55%；其次为草地螟，为51%（表5-4）。如果以羽化率来衡量伞裙追寄蝇对不同寄主的选择性效果，黏虫的羽化率最高，为70%；其次为甜菜夜蛾，为52%；草地螟的羽化率为44%。因此，综合这两种因素来看，伞裙追寄蝇对黏虫、草地螟的选择性较强，且二者间差异不显著。

表5-4　伞裙追寄蝇在供试寄主上的寄生情况

供试寄主	供试寄主数/头	寄生率	羽化率
黏虫	90	0.55±0.16aA	0.70±0.12aA
草地螟	90	0.51±0.04aA	0.44±0.11abcAB
甜菜夜蛾	90	0.35±0.06abAB	0.52±0.13abAB
斜纹夜蛾	90	0.24±0.15abcAB	0.14±0.11cdB
玉米螟	90	0.17±0.04bcAB	0.17±0.17bcdAB
苜蓿夜蛾	90	0	0

2. 伞裙追寄蝇对不同寄主的行为反应

在草地螟、玉米螟、甜菜夜蛾、斜纹夜蛾、黏虫、苜蓿夜蛾分别与空白（空气）的组合中，伞裙追寄蝇对这几种幼虫的选择率分别为84.0%、69.2%、77.3%、87.5%、80.0%、40.91%，明显对苜蓿夜蛾趋性低，除苜蓿夜蛾与空白组合的选择率无显著差异外，其他幼虫与空白组合的选择率均有极显著差异（$P<0.01$）；在草地螟与玉米螟、甜菜夜蛾、斜纹夜蛾、黏虫、苜蓿夜蛾的组合中，伞裙追寄蝇明显趋向于草地螟，选择率均在60.0%以上，除草地螟与黏虫组合的选择率无显著差异外，草地螟与其他幼虫组合的选择率均有极显著差异（$P<0.01$）；在黏虫与玉米螟、甜菜夜蛾、斜纹夜蛾、苜蓿夜蛾的组合中，伞裙追寄蝇明显趋向于黏虫，选择率均在56.5%以上，黏虫与苜蓿夜蛾组合的选择率有极显著差异（$P<0.01$），与甜菜夜蛾组合的选择率有显著差异（$P<0.05$），与其他两种幼虫组合的选择率无显著差异；在玉米螟与甜菜夜蛾、苜蓿夜蛾的组合中，选择率均在62.1%以上，伞裙追寄蝇趋向于甜菜夜蛾，与苜蓿夜蛾组合的选择率存在极显著差异（$P<0.01$），与甜菜夜蛾组合的选择率无显著差异，而在与斜纹夜蛾的组合中，选择率低于50%，伞裙追寄蝇趋向于斜纹夜蛾，但不存在显著差异；在甜菜夜蛾与斜纹夜蛾、苜蓿夜蛾的组合中，选择率均在55.2%以上，伞裙追寄蝇趋向于甜菜夜蛾，但与斜纹夜蛾组合的选择率无显著差异，与苜蓿夜蛾组合的选择率存在极显著差异（$P<0.01$）。在斜纹夜蛾与苜蓿夜蛾的组合中，选择率为77.8%，明显趋向于斜纹夜蛾，且该组合的选择率存在极显著差异（$P<0.01$）。

因此，伞裙追寄蝇对不同供试幼虫的趋性顺序依次为草地螟＞黏虫＞甜菜夜蛾＞斜纹夜蛾＞玉米螟＞苜蓿夜蛾。

5.2.2.5　伞裙追寄蝇的饲养繁殖技术

研究表明，伞裙追寄蝇对黏虫的选择性与草地螟相当，且以黏虫为寄主的伞裙追寄蝇在生殖力、适应性方面都强于以草地螟为寄主的伞裙追寄蝇。黏虫较草地螟易于饲养繁殖，利用其作为替代寄主更易于实现伞裙追寄蝇的规模化饲养繁殖。经过两年多的饲养试验，摸索出了一套较简单易行的人工利用黏虫扩繁伞裙追寄蝇技术（图5-5、图5-6）。

图5-5　伞裙追寄蝇扩繁技术

图5-6　黏虫的大量饲养繁殖技术

（1）寄主及伞裙追寄蝇的饲养技术

将羽化后的伞裙追寄蝇成虫在一次性透明水杯中雌雄分开饲养，杯口用纱网覆盖，纱网上缝有脱脂棉球，并且用15%蜂蜜水浸湿。将草地螟卵置于铺有滤纸的玻璃培养皿中，保持滤纸湿润。待草地螟孵化后，用新鲜灰菜叶或苜蓿叶饲喂草地螟，至草地螟幼虫为3龄时，将幼虫转于养虫盒中饲养，相对湿度控制在60%。每天饲喂1～2次，及时更换饲料并筛除虫粪。

将带有黏虫卵的聚丙烯捆扎带置于铺有滤纸的玻璃培养皿中，保持滤纸湿润。黏虫孵化后，用新鲜的小麦叶或玉米叶饲养，待黏虫幼虫为3龄时，将幼虫移至半径为12cm的保鲜盒中饲养，相对湿度控制在50%～60%。每天饲喂2～3次，及时筛除虫粪。

饲养发现：用草地螟繁蝇费时费工，而且繁蝇量小，不能满足防治生产的大量需求。而用黏虫繁蝇，因其发育速率较快，种群可以快速增长，饲养方便，繁育出的伞裙追寄蝇量大而经济。

（2）人工繁蝇替代寄主的选择和保存技术

测定了两种寄主对伞裙追寄蝇寄生行为的影响，以寄生率衡量，伞裙追寄蝇对草地螟和黏虫的选择差异不显著。而被寄生后，以黏虫为寄主的伞裙追寄蝇羽化率达到70.20%，以草地螟为寄主的伞裙追寄蝇羽化率为51.70%。

因黏虫较草地螟更易于饲养，以黏虫为寄主的伞裙追寄蝇羽化率较高，故选择黏虫幼虫扩繁伞裙追寄蝇。

（3）接蝇的时间和方式

伞裙追寄蝇适宜的生长温度为23℃，适宜的相对湿度为40%～60%，交尾一般在晴天8:00～10:00较多，因此，接蝇的时间最好选在早上。

伞裙追寄蝇对黏虫幼虫的寄生率随密度的增大而增加，当幼虫数量增加到一定水平时，寄生量趋于稳定。经选择，伞裙追寄蝇与黏虫的最佳比例为1∶50。

5.2.2.6　伞裙追寄蝇的滞育调控技术

伞裙追寄蝇在室内能进行周年性累积繁育，但采用传统连代繁殖的方法，蝇源容易退化，且不易长期保存，给田间释放带来很大的困难。通过改进繁殖技术，人为诱导伞裙追寄蝇进入滞育状态，可延长保存期。因此，利用低温储藏滞育虫茧技术，控制天敌发育时间，对于周年扩繁天敌昆虫极其重要。通过把握各世代的繁育进程、准确预测目标害虫的发生时间和发生数量，在害虫发生时及时地释放天敌昆虫，从而达到最佳的害虫防治效果（图5-7）。

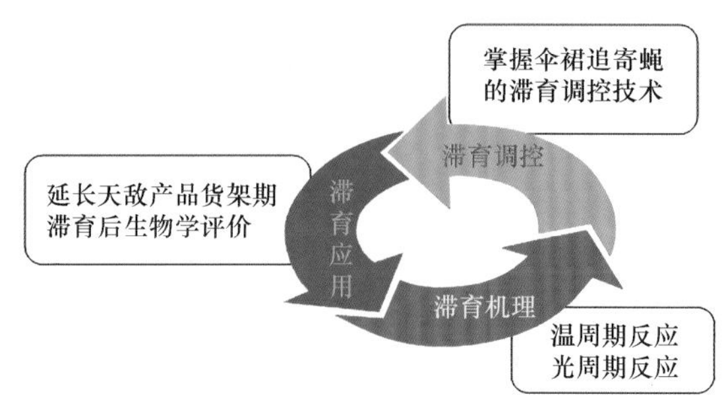

天敌昆虫滞育储存

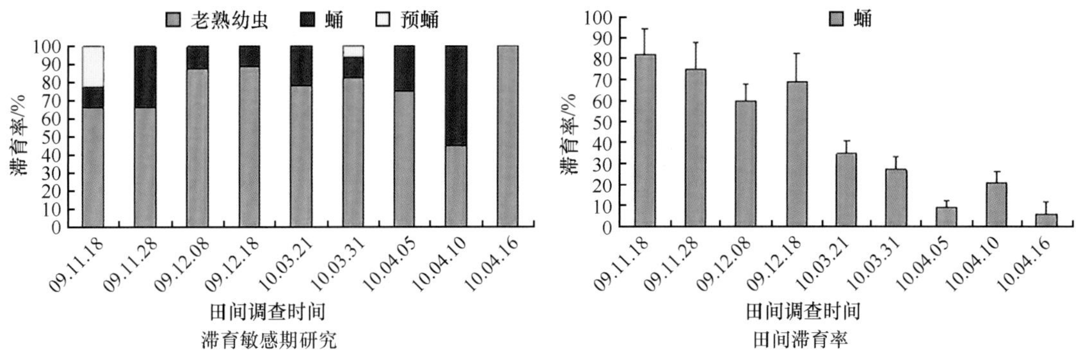

图5-7　寄生性天敌昆虫滞育调控技术

5.2.2.7　伞裙追寄蝇的营养动力学复壮技术

在室内条件下用黏虫扩繁伞裙追寄蝇，由于其营养单一，通过累代培养，伞裙追寄蝇的生活力出现不同程度的下降，主要表现为寿命下降、产卵量减少、发育历期变长、雌雄比下降、发育整齐度下降，等等。通过测定不同世代的行为能力，可了解种群的退化规律，明确退化最严重的世代。从基因表达调控的角度分析退化的机制。通过复壮技术提高伞裙追寄蝇的生活力，筛选出寿命长、产卵量高、发育历期短的个体，为室内扩繁伞裙追寄蝇提供理论依据，为今后天敌释放方案的制定提供参考。

5.2.3　草地螟阿格姬蜂防治草地螟技术

5.2.3.1　草地螟阿格姬蜂的发生规律

1. 草地螟阿格姬蜂生活史

草地螟阿格姬蜂经卵、幼虫、蛹发育到成虫。在平均温度为23℃、未滞育的情况下，一个世代历期为30～37d。根据田间调查和室内饲养观察，草地螟阿格姬蜂在呼和浩特地区一年发生2代，以蛹在草地螟越冬土茧内越冬，越冬蛹在翌年6月上旬气温适宜时开始羽化，羽化高峰出现在6月18日前后，直到7月上旬仍有少数羽化。成虫羽化后在草地螟寄主植物附近寻找蜜源补充营养，3d后即可交尾、产卵，6月中下旬到7月上旬为产卵期。解剖发现，一代草地螟阿格姬蜂幼虫于6月27日出现，8月初开始羽化，一直持续到9月上旬。8月14日二代草地螟阿格姬蜂幼虫开始出现，9月中旬幼虫开始化蛹，之后不再发育，越冬蛹期为7～8个月。室内条件为（23+1）℃、L16h∶D8h、RH 60%～70%时，完成一代需25～30d。

2. 草地螟阿格姬蜂形态特征

成虫：雌蜂体长10.80～14.20mm，触角褐色、线形，几与身体等长；颜面额区和颊区、唇基、上颚均为黄色；胸部黑色；三对足除后足转节有深褐色斑块外，其余均为浅褐色，腹部除第6节背板带有黑褐色外，其余均为黄色或黄褐色；翅透明，翅痣、翅脉褐色。并胸腹节末端延长，未抵达后足基节的端部，头部颜面、胸部具粗糙的刻点，被白色细密的软毛，或仅在并胸腹节末端带有黄褐色；腹部第1节、第2节明显长于第3～6节，产卵管鞘长约为腹部第2节长的0.5倍（图5-8）。雄蜂形态与雌蜂相似，但体长略小于雌蜂，为10.60～11.10mm。

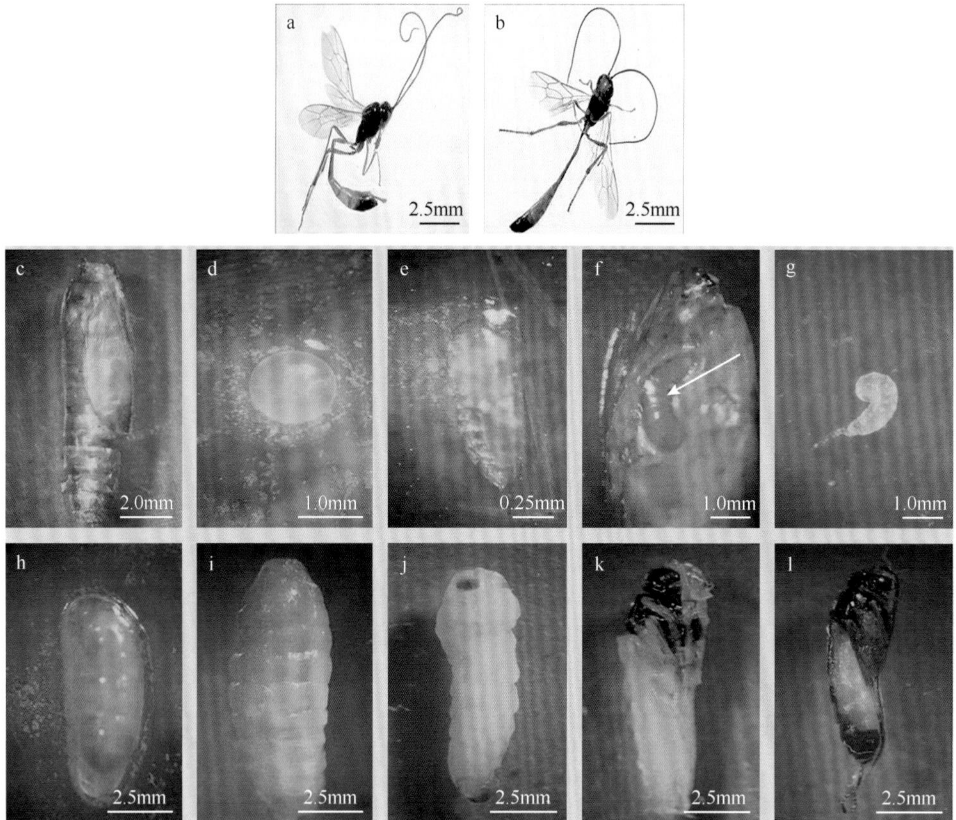

图5-8　草地螟阿格姬蜂不同发育阶段的形态

a. 雌蜂；b. 雄蜂；c. 被寄生的草地螟蛹；d. 卵；e. 1龄幼虫；f、g. 2龄幼虫（箭头指示其在草地螟体内的位置）；h. 3龄幼虫；i. 4龄幼虫；j. 蛹；k. 羽化中的蛹；l. 刚羽化出的成虫

卵：圆形，表面略带丝纹，淡黄色，半透明。

幼虫：1龄幼虫虫体细长，头部圆钝，末端十分尖细，体节不明显，体表皮薄而透明，淡黄色；2龄幼虫体蛴螬状，末端弯曲，体节凸显，体色渐深，身体明显变长，体内有类似乳白色的内含物，头部的褐色口器伸出；3龄幼虫虫体长宽比逐渐变小，体内内含物颜色加深，呈乳黄色或黄色；4龄幼虫蛆状，体呈纺锤体状，无足，体节上气门不明显，呈深黄色。

蛹：在寄主体内化蛹，离蛹。初期体色为深黄色，后期蛹头部、胸部及腹部末端变为深褐色。

3. 草地螟阿格姬蜂自然性比及田间寄生率

越冬代草地螟从5月下旬开始羽化，草地螟阿格姬蜂羽化略滞后于草地螟，有明显的跟随现象，此时的寄生率较低。到8月中旬，二代草地螟幼虫发生量较大时，草地螟阿格姬蜂的寄生率明显增大，在二代草地螟上的寄生率明显高于在一代草地螟上的寄生率。在呼和浩特市近郊采集到草地螟阿格姬蜂，自然平均性比为9.48 : 1。

5.2.3.2　草地螟阿格姬蜂的生物学特性

1. 交尾、产卵和羽化行为

室内虫茧草地螟阿格姬蜂雄蜂比雌蜂羽化早3～4d，雌雄蜂羽化后24h才开始交尾，室内观察发现雌雄蜂一生均可多次交尾。交尾后1d开始产卵，产卵时间较短，一般为1～2min，卵多产在草地螟头部、胸部两侧内部，实际解剖发现幼虫多在腹部摄取营养。

草地螟阿格姬蜂大多进行两性生殖，少数雌蜂也进行孤雌生殖，孤雌生殖子代蜂均为雄蜂。由表5-5可见，孤雌生殖的寄生成功率仅为12.10%，出蜂数为4.20头，说明孤雌生殖可能是草地螟阿格姬蜂在没有雄峰条件下的一种被迫繁殖行为。

表5-5　交配过的雌蜂与未交配雌蜂生殖力比较

处理	接蜂数/头	寄生数/头	寄生成功率/%	每盒出蜂数/头	雌蜂比例/%
未交配	10	1.21±0.25bB	12.10±2.53bB	4.20±0.41bB	0bB
交配	10	10.00±0.00aA	100.00±0.00aA	11.70±0.26aA	32.00±4.43aA

草地螟阿格姬蜂的羽化滞后于草地螟羽化一周左右，寄生蜂在开始羽化后的日羽化量不断增加，但第3天羽化量略有下降，之后随时间的延长，羽化量呈直线上升，第5天达到高峰，占总羽化量的16.05%，之后显著下降，持续5d左右。观察发现，草地螟阿格姬蜂羽化前3d雄蜂居多，雌雄性比小于1。随着羽化天数的增加，雌雄性比增大，羽化第3～8天的雌雄性比大于等于1，呈现出明显的偏雌性。

2. 营养及环境条件对草地螟阿格姬蜂寿命的影响

（1）营养、温度条件对成虫寿命的影响

营养和温度条件对草地螟阿格姬蜂成虫寿命有显著影响。在16～34℃，以20%蜂蜜水、10%蔗糖溶液、清水、不喂食作为营养源时，草地螟阿格姬蜂成虫寿命随温度的升高逐渐缩短，补充各种营养的成虫寿命均在17℃时最长；在相同温度条件下补充蔗糖时草地螟阿格姬蜂成虫的寿命最长，不补充营养寿命最短。在22℃条件下，补充蔗糖，成虫寿命平均为17.11d，不补充营养，成虫寿命仅为4.21d。在16℃条件下，饲喂10%蔗糖水时的平均寿命最长。

（2）营养条件对阿格姬蜂繁殖力的影响

营养条件对草地螟阿格姬蜂的繁殖有显著影响。喂食20%蜂蜜水时其繁殖力最高，各指标分别为：雌蜂寿命4.27d、雄蜂寿命2.67d，产卵期为4.42d，羽化子蜂数为10.00头。其次为10%蔗糖溶液。补充清水时只可延长草地螟阿格姬蜂寿命，而不能提高其繁殖力。

在提供寄主条件下，20%蜂蜜水最适合繁殖，草地螟阿格姬蜂寿命长，羽化率高，羽化子蜂数为10.00头，与其他营养条件比差异显著；其次为蔗糖溶液，羽化子蜂数为6.86头；羽化子蜂数最少的是清水和不喂食，且二者羽化子蜂数差异不显著。

（3）草地螟阿格姬蜂对寄主的选择性及趋性

草地螟阿格姬蜂在4龄草地螟幼虫的寄生率最高，平均为40.23%，选择系数为0.47；其次为5龄和3龄，寄生率分别为23.71%和20.02%，选择系数分别为0.29和0.25。草地螟阿格姬蜂成虫具强趋光性。将室内培养的成虫放置在指形管中，只要把管的一端朝向窗口，则所有的个体就很快向管内朝向窗口的一端集中，在室外强光下或热光源影响下，表现得非常活跃；草地螟阿格姬蜂成虫同时具较强的向上性，指形管中的成虫会沿管壁向上爬动，如果再将管倒置，成虫又会沿管壁向上爬动。

5.2.3.3　草地螟阿格姬蜂的人工饲养繁殖技术

草地螟阿格姬蜂是草地螟老龄幼虫的优势寄生蜂，该寄生蜂专一性强，主要寄生草地螟

3～4龄幼虫，控制效果好，能快速、有效地控制害虫的种群数量。目前基于草地螟人工饲料已经建立起草地螟的室内大量扩繁种群，用于繁殖草地螟阿格姬蜂（图5-9）。

图5-9　草地螟阿格姬蜂扩繁技术

接蜂的时间和方式：草地螟阿格姬蜂适宜的生长温度为22～25℃，适宜的相对湿度为40%～60%，交尾一般在晴天8:00～10:00较多，草地螟阿格姬蜂对草地螟幼虫的寄生数量随草地螟幼虫密度的增大而增加，当数量增加到一定水平时，寄生量趋向稳定。草地螟阿格姬蜂与草地螟的最佳比例为1∶15。

5.2.3.4　草地螟阿格姬蜂的滞育调控技术

草地螟阿格姬蜂为草地螟高龄幼虫寄生性天敌，其种群数量和优势度指数都比较高，种群变动趋势跟草地螟的种群变动趋势也相似，具有明显的跟随现象，是当地寄生草地螟的优势蜂，对控制草地螟暴发有重要作用。为了开发利用这一宝贵的天敌资源，必须采用人工繁殖释放的途径。但采用传统连代繁殖的方法，蜂源容易退化，而且不易长期保存，给田间释放带来了很大的困难；通过改进繁殖技术，人为诱导该蜂进入滞育状态，可使保存期大大延长，如果没有滞育调控技术，往往造成天敌昆虫在害虫发生前就已死亡，或害虫发生时天敌昆虫产品还没生产出来，这恰恰是目前生物防治领域中严重制约天敌昆虫产业化生产和大面积应用的瓶颈因素。因此，利用人工诱导天敌昆虫滞育技术，延长天敌产品货架期，对于天敌大规模田间应用具有重要意义。

5.3　性诱剂防治技术

许多昆虫发育成熟以后能向体外释放具有特殊气味的微量化学物质，以引诱同种异性昆虫交配。这种在昆虫交配过程中起通信联络作用的化学物质为昆虫性信息素，或性外激素。利用性信息素防治害虫具有高效、无毒、不伤害益虫、不污染环境等优点，国内外对该技术的研究和应用都很重视。用于防治害虫的人工合成的性信息素或类似物，通常称为昆虫性引诱剂，简称性诱剂。性诱剂在害虫防治上的主要用途是监测虫情，进行虫情测报。其具有灵敏度高、准确性好、使用简便、不受时间和昆虫昼夜节律的限制、费用低廉等优点，正在获得越来越广泛的应用。

利用性信息素防治草地螟具有不污染环境、不杀伤天敌、对害虫不产生抗性的特点。利用昆虫性信息素诱杀成虫或设法使雌雄成虫无法聚集交配和繁殖后代是一种比较理想而有效的方法。因此，昆虫性信息素的应用能够减少大量使用化学农药所造成的环境污染、害虫产生抗性及杀伤天敌、次要害虫暴发和害虫再猖獗等问题，从而维护了草地生态系统的平衡，保持了草地可持续发展。

5.3.1　草地螟性诱剂产品的制备及测定

5.3.1.1　粗提物的提取分析合成

课题组与内蒙古大学化学化工学院合作提取合成草地螟性诱剂化合物（图5-10）。

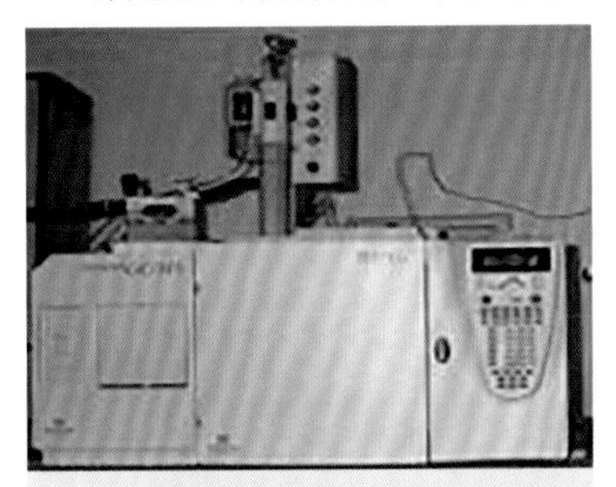
性信息素组分的GC-MS分析

解剖观察

性信息素的提取及生物测定

图5-10　草地螟性诱剂化合物提取合成

反-11-十四碳烯乙酸酯：购自Sigma-Aldrich公司，产品目录号为T-2143。正十四醇：购自Sigma-Aldrich公司，产品目录号为185388。反-11-十四烯醛的合成路线如下。

第一步：由反-11-十四碳烯乙酸酯合成反-11-十四烯醇。

$$\text{反-11-十四碳烯乙酸酯} \xrightarrow{OH^-} \text{反-11-十四烯醇 (OH)}$$

在50mL圆底瓶中加入0.436g（0.011mol）氢氧化钠、4mL水及4mL甲醇，用磁力搅拌器充分搅拌，溶解后再加入0.288g（0.0011mol）反-11-十四碳烯乙酸酯，室温搅拌2.5h。反应结束后以5%稀盐酸中和，用25mL乙醚萃取三次，合并乙醚层，依次用25mL水、25mL饱和食盐水洗涤，用无水硫酸钠干燥。蒸馏除去乙醚，剩余物经硅胶柱层析分离。红外光谱图表明产物为反-11-十四烯醇。得到0.223g反-11-十四烯醇，无色液体，产率为92.9%。

第二步：由反-11-十四烯醇合成反-11-十四烯醛。

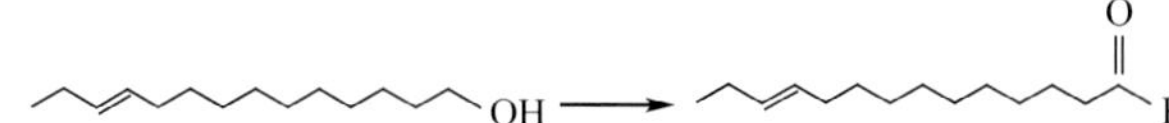

在装有磁力搅拌器、温度计、无水氯化钙干燥管的100mL三口瓶中加入25mL二氯甲烷（磁力搅拌器、温度计、干燥管、三角瓶使用前依次用浓硫酸、饱和碳酸氢钠溶液洗涤，用无水氯化钙干燥后蒸馏）、0.8g（0.01mol）吡啶。搅拌，用冰水浴冷却至5℃，一次加入0.477g（0.0048mol）三氧化铬。继续在冷却下搅拌10min，然后在1h内将温度升至20℃，迅速加入0.169g（0.0008mol）反-11-十四烯醇的二氯甲烷溶液1mL。搅拌15min后倾出二氯甲烷溶液，反应瓶内固体剩余物每次以20mL乙醚洗涤3次。合并二氯甲烷、乙醚溶液，依次用50mL冰冷的5%氢氧化钠溶液、50mL冰冷的5%盐酸、50mL冰冷的5%碳酸氢钠溶液和50mL饱和食盐水洗涤。用无水硫酸镁干燥，解压除去溶剂，剩余物经硅胶柱层析分离。红外光谱图表明产物是反-11-十四烯醛。得到0.145g反-11-十四烯醛，无色液体，产率为86.3%。

由正十四醇合成正十四乙酸酯的合成路线如下：

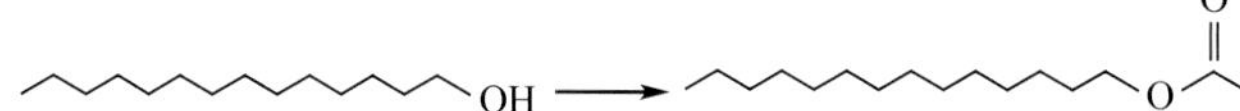

在装有磁力搅拌器、回馏冷凝管、滴液漏斗的100mL三口瓶中加入16.1g（0.075mol）正十四醇（购自Sigma-Aldrich公司，产品目录号：185388）、6.5g（0.0825mol）无水吡啶、60mL无水乙醚。水浴加热至微沸，移走热源。开动搅拌，通过滴液漏斗缓慢加入7.6g（0.09mol）乙酰氯，控制滴加速度，使反应混合物保持微沸。加完之后继续用水浴加热回流1h，冷至室温。加入60mL水，搅拌至反应产生的吡啶盐酸盐完全溶解。分出水相，乙醚层以15mL稀硫酸（10%）洗涤，再以饱和碳酸氢钠溶液洗至中性，用无水硫酸钠干燥。蒸馏除去乙醚，剩余物经硅胶柱层析纯化。红外光谱图表明产物为正十四乙酸酯。得到18.3g正十四乙酸酯，无色液体，产率为94.7%。

5.3.1.2　诱芯制备

1. 性信息素合成药品

E11-14:AC（反-11-十四碳烯乙酸酯），以下用A表示。

E11-14:AL（反-11-十四烯醛），以下用B表示。

E11-14:OH（反-11-十四烯醇），以下用C表示。

14:OH（正十四醇），以下用D表示。

14:AC（正十四乙酸酯），以下用E表示。

12:OH（正十二醇），以下用F表示。

将上述化合物制成诱芯，分别用字母A、B、C、D、E、F表示。其中E11-14:AL和E11-14:OH由实验室合成，纯度均大于96%。配制溶液时，先以重蒸正己烷配成1mg/mL的母液，然后以同一溶剂稀释成所需的浓度和比例。

2. 诱芯制作

先配成1mg/mL的母液（取原药品100mg+溶剂丙酮100mL）。剂量为100μg/个橡皮头。性信息素腺体粗提物是取1～2日龄的处女雌蛾，在其交尾高峰期用手术剪从腹部末端8～9节节间膜处剪下，将提取物转移到装有二次重蒸正己烷的冷冻管内浸泡2h，然后保存在-20℃低温冰箱内备用。诱芯载体为天然橡胶塞（15mm×10mm），经过脱硫清洗备用。每次实验前将相应剂量及比例的溶液滴加到橡胶塞载体上，干燥后密封于塑料袋内，低温保存备用。

5.3.1.3　性诱剂的室内嗅觉行为反应和电生理反应（EAG）测定

1. 雄蛾对可能的性信息素单组分的行为反应

在单一组分对雄蛾的行为反应测定中，只有E11-14:AC组分能够引起雄蛾产生兴奋、起飞等反应，但不能产生预交尾行为。雄蛾对其他组分不呈现任何行为反应。此外，雄蛾对4种不同试剂提取的性信息素的行为反应以重蒸正己烷提取性腺体诱蛾效果为最佳，其他试剂均有不同反应，但均低于重蒸正己烷。

2. 雄蛾对性信息素二元组分的不同比例组合物的行为反应

雄蛾对供测试的粗提物及人工合成二元组分的5种比例均有不同的行为反应，从反应率来看，各比例均有较高的行为反应百分率，其中A：C=1：9、A：B=1：1、A：E=1：1时引起的雄蛾行为反应的百分率最高，分别和各自相同组分不同比例之间存在显著差异。

3. 雄蛾对性信息素三元组分的不同比例组合物的行为反应

采用性信息素粗提物及三元组分（A+B+D）、（A+C+D）、（A+B+F）、（A+C+F），将不同比例混合物配制成诱芯进行实验（剂量为100μg/诱芯），可以得出雄蛾对供测试的粗提物及人工合成三元组分的12种比例均有不同的行为反应，从反应率来看，各比例百分率不同，均有较高的行为反应百分率，其中A：B：D=5：3：12、A：C：D=5：1：10、A：B：F=7：1：9、A：C：F=3：5：15时引起的雄蛾行为反应百分率都较高，效果较好，分别和各自相同组分不同比例之间存在显著差异。

5.3.1.4　性信息素成分的风洞行为测试

制作不同性信息素组分的诱芯，先以重蒸正己烷配成1mg/mL的母液，然后以同一溶剂稀释成所需的浓度和比例。将相应剂量及比例的溶液滴加到橡胶塞载体上，干燥后密封于塑料袋内，现用现配。诱芯载体为天然橡胶塞，经过脱硫清洗备用。采用自制的小型风洞（长×宽×高=45cm×15cm×15cm）进行测试，用鼓风机提供速度为0.4m/s的气流，室温为22～24℃，相对湿度为50%～60%。测定指标：①兴奋。雄蛾频繁摆动触角，振翅，用前足梳理触角。②起飞。雄蛾沿性信息素气迹做逆向飞行。③搜索或达到释放源。雄蛾在释放源附近降落或绕释放源飞行或爬行。④预交尾。雄蛾腹部翘起，甚至撒开味刷。

测试结果表明，单一组分中，E11-14:AC能引起雄蛾产生兴奋、起飞等行为反应，只有个别搜索或达到释放源，但没有雄蛾产生预交尾行为。雄蛾对其他组分不呈现任何行为反应。

1. 雄蛾对性信息素二元组分的不同比例组合物的行为反应

可以得出，雄蛾对供测试的粗提物及人工合成二元组分的5种比例均有不同的行为反应，从反应率来看，各比例均有较高的行为反应百分率，其中A：C=1：9、A：B=1：1、A：E=1：1时引起的雄蛾行为反应百分率最高，分别和各自相同组分不同比例之间存在显著差异。

2. 雄蛾对性信息素三元组分的不同比例组合物的行为反应

可以得出，雄蛾对供测试的粗提物及人工合成三元组分的12种比例均有不同的行为反应，从反应率来看，各比例百分率不同，均有较高的行为反应百分率，其中A∶B∶D=5∶3∶12、A∶C∶D=5∶1∶10、A∶B∶F=7∶1∶9、A∶C∶F=3∶5∶15时引起的雄蛾行为反应的百分率最高，效果最佳，分别和各自相同组分不同比例之间存在显著差异。

对二元和三元组分的筛选结果进行进一步分析，得出二元和三元组分中各自最佳的组分，A∶B=1∶1、A∶B∶D=5∶3∶12这两个配比的4项指标都明显高于其他配比，它们之间存在显著差异，因此得出这两种合成的性信息素比例效果最佳。

5.3.2　草地螟性诱剂的应用

性诱剂防治技术是从昆虫化学生态学角度出发对草地螟进行安全有效、简便经济、环境友好、可持续的防控技术，是草地螟绿色防控技术体系的重要手段。

草地螟性诱剂防治技术应用主要分为早期监测预警和发生期的雄蛾防控。监测预警：监测第一代草地螟成虫的发生量，掌握草地螟分布区域，预测草地螟为害情况，设置防控预案，降低草地螟为害造成的农牧业损失。发生期的雄蛾防控：在草地螟羽化初期对雄蛾进行诱杀，干扰成虫交尾，减少草地螟产卵量，降低草地螟种群密度，达到减轻草地螟危害的目的。

性诱剂提取及田间应用见图5-11。

图5-11　草地螟性诱剂提取及田间应用

5.4　白僵菌防治技术

白僵菌是发展历史较早、普及面积大、应用最广的一种真菌杀虫剂，属半知菌类丛梗孢目丛梗孢科白僵菌属，主要用于防治玉米螟和松毛虫，其寄主昆虫种类达15目149科521属707种，还有13种螨类也受其寄生。白僵菌的杀虫机制：孢子接触到虫体后遇到适宜的温度和湿度萌发，形成菌丝，菌丝可穿透虫体壁伸入体内进行繁殖，由菌丝的繁殖引起害虫的死亡。白僵菌不仅田间残效长，而且在越冬期仍有36%～55%的幼虫被寄生，以致翌年不能化蛹或羽化。这样，连年使用可大大降低虫量，这是其他药剂所不能比拟的。

5.4.1　白僵菌的研究概况

白僵菌隶属于半知菌亚门（Deuteromycotina）丝孢纲（Hyphomycetes）丛梗孢目（Moniliales）丛梗孢科（Moniliaceae）白僵菌属（*Beauveria*），可以寄生15目149科700多种昆虫和蜱螨类。在我国曾经报道的白僵菌有3种，分别是球孢白僵菌（*Beauveria bassiana*，又称白僵菌）、小球孢白僵菌（*Beauveria globulifera*）和卵孢白僵菌（*Beauveria tenella*）。常见的有两种，为球孢白僵菌和卵孢白僵菌。球孢白僵菌的寄主范围广，有鳞翅目、鞘翅目、同翅目、膜翅目、直翅目及螨目等，而卵孢白僵菌则仅为地下害虫的病原菌，如金龟子的幼虫等。早在1835年，意大利人Bassidelod经过多次实验，发现家蚕的白僵病是由一种真菌在昆虫体内外增殖的结果；同年Balsamo-Crivelli研究出那些形成白僵病的病原体是一种真菌，命名为*Botrytis bassiana*，并研究清楚了它的寄生性，找到了预防和控制家蚕白僵病流行的办法，为后人进一步研究奠定了基础。1887～1898年，Forbes和Snow在美国较大规模地试用白僵菌防治麦长蝽（*Blilssus leucopterus*）。1910年，Vuillemin建立*Beauveria*属，*Botrytis bassiana*一名被订正为*Beauveria bassiana*，沿用至今。20世纪50年代初期，D. M. MacLeod、R. W. Benham和J. L. Miranda发表了有关白僵菌属分类的著作。D. M. MacLeod还制定出了白僵菌属的种的重要标准，并对白僵菌属和假白僵菌属的分类进行了研究。

白僵菌在我国被发现有很悠久的历史，要早于西方国家。早在公元2世纪“白僵菌”的记载就出现在《神农本草经》一书中，同时“白僵菌”这个名称也在《淮南万毕术》中被提到。20世纪50年代我国用白僵菌防治大豆食心虫（*Grapholitha glycinivorella*）和甘薯象鼻虫（*Cyla formicarius*），取得了良好效果。在近几十年来，人们用白僵菌防治杨干象虫（*Cryptorrhynchus lapathi*）、蝙蝠蛾（*Wiseana cervinata*）、球果花蝇（*Strobilomyia laricicola*）、松毛虫类及天牛类等森林主要害虫，取得了显著成就。

5.4.2　白僵菌的生物学特性

5.4.2.1　形态特征

从野外采集到的草地螟幼虫虫尸，体表白色，尸体僵硬（图5-12、图5-13）。接种致死的草地螟幼虫，初期虫体变软变黑，从气孔长出白色菌丝，逐渐遍及全身，使尸体表面出现一层白色菌丝和分生孢子，体表由乳白色变为淡黄色，最终尸体僵硬。对从接种致死的虫尸内分离得到的菌株与初次分离得到的菌株进行菌落特征、菌丝形态、产孢形状、孢子大小和形态等镜检对比观察，结果一致。

图5-12　田间感染白僵菌的草地螟僵死幼虫

图5-13　感染白僵菌的草地螟僵死幼虫

球孢白僵菌在PDA平板培养基上呈棉絮茸毛状或匍匐状，或形成梗状菌丝体结构（图5-14），或菌丝塌陷形成粉层状，产生大量的分生孢子后，出现大量粉末。菌落初期为白色，后期慢慢变为淡黄色。菌丝有隔、分枝、透明，宽1.60～2.43μm，隔膜长7.62～16.70μm，分生孢子梗多不分枝，呈筒形或瓶形，着生于营养菌丝上。产孢细胞浓密簇生于菌丝、分生孢子梗或孢囊上，呈球形或瓶形，颈部延长形成产孢轴，轴上具有小齿突，呈膝状弯曲（"之"字形弯曲）。分生孢子球形或近球形，单孢、无色、透明、光滑，（1.31～2.20）μm×（1.40～2.5）μm。经镜检并查阅检索表，鉴定为半知菌亚门（Deuteromycotina）丝孢纲（Hyphomycetes）丛梗孢目（Moniliales）丛梗孢科（Moniliaceae）白僵菌属（*Beauveria*）球孢白僵菌（*Beauveria bassiana*）。

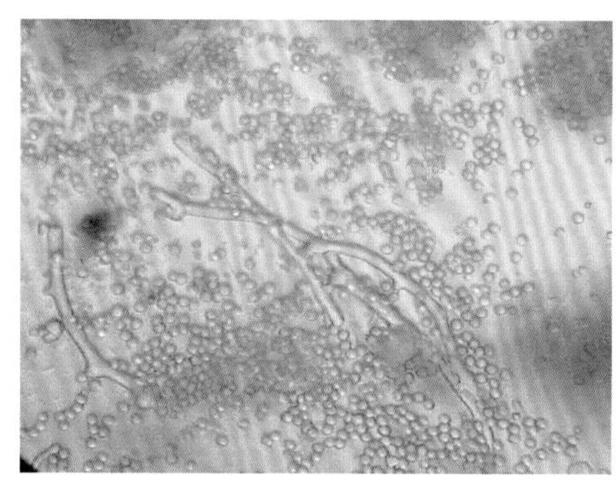
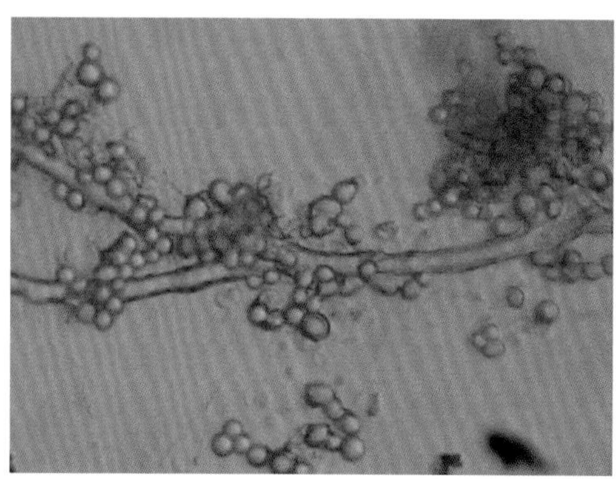

图5-14　球孢白僵菌分生孢子和分生孢子梗（左图为600×，右图为800×）

5.4.2.2　病原菌的活性检测

选取1×10^8个孢子/mL的浓度作为标准，选取13株菌株，对其对草地螟幼虫的生物活性进行检测，其结果见图5-15和图5-16。图5-15为乌兰察布市的7株白僵菌菌株，其编号为Bb-Y01～Bb-Y07；图5-16为鄂尔多斯市的6株白僵菌菌株，其编号为Bb-S01～Bb-S06。13株白僵菌菌株处理草地螟幼虫后导致的累计死亡率均大于60%，表现出较高的生物活性。

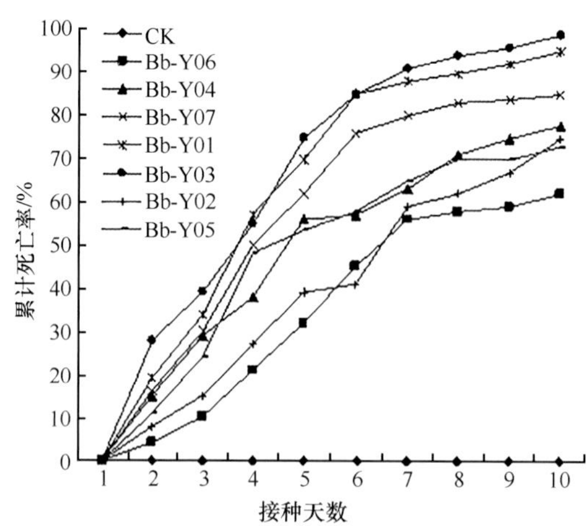

图5-15　乌兰察布市不同菌株对草地螟幼虫的生物活性测定

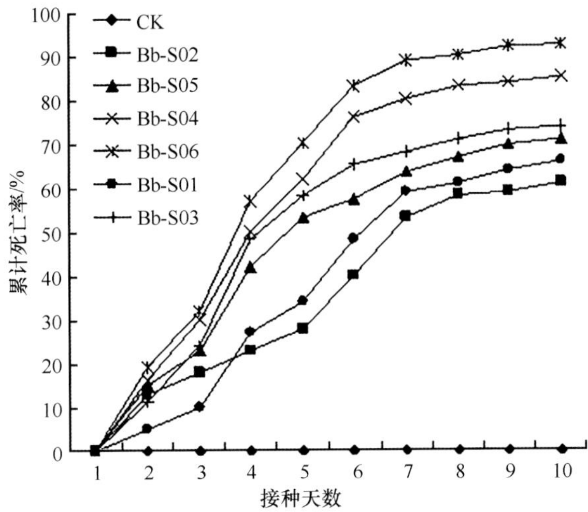

图5-16　鄂尔多斯市不同菌株对草地螟幼虫的生物活性测定

5.4.2.3　营养条件对白僵菌生物学特性的影响

1. 不同碳源对各菌株生长指标的测定

实验所选的有机碳源比无机碳源更适合内蒙古地区草地螟白僵菌的生长。从形态特征上分析，接种在葡萄糖上的菌株，一般菌落颜色较深，且菌落厚于其他碳源。从生长指标上分析，有机碳源葡萄糖的萌发率高（图5-17）、菌丝生长快、产孢量高（图5-18），生长指标明显高于其他碳源。综合分析17株菌株的形态特征和生长指标，有机碳源葡萄糖是该地区白僵菌生长的最佳碳源，蔗糖次之，相反，无机碳源碳酸钠则不适合。

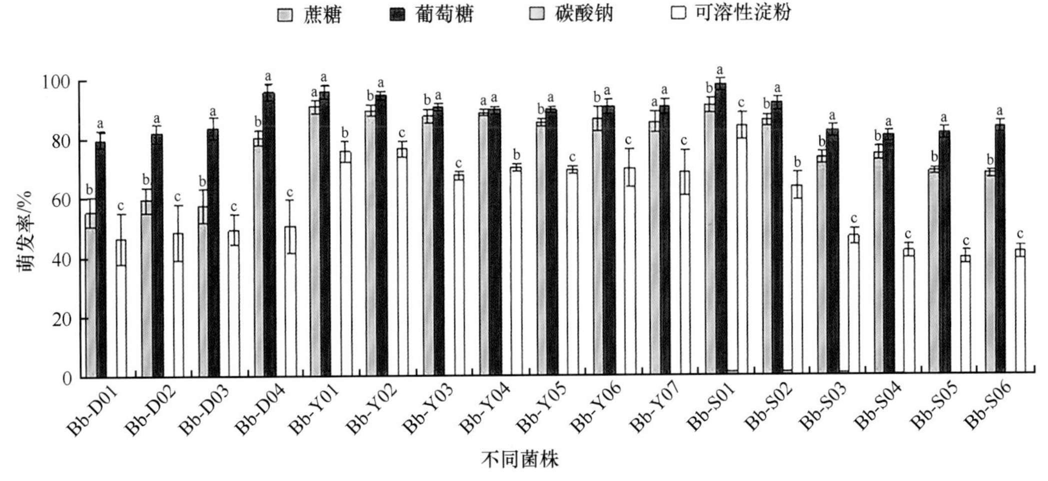

图5-17　不同碳源对17株菌株萌发率的影响

Bb-D01～Bb-D04为兴安盟4个菌株；Bb-Y01～Bb-Y07为乌兰察布市7个菌株；Bb-S01～Bb-S06为鄂尔多斯市6个菌株。下同

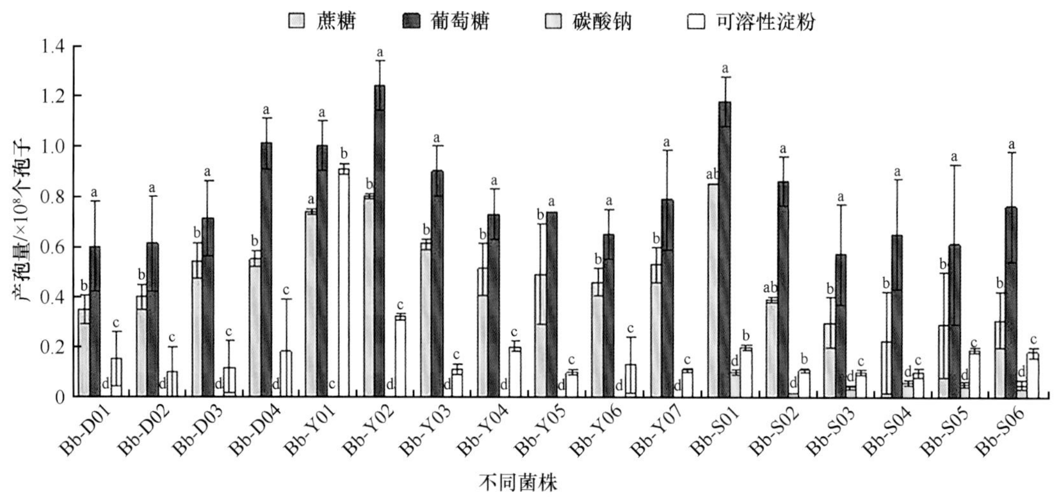

图5-18　不同碳源对17株菌株产孢量的影响

2. 不同氮源对各菌株生长指标的测定

所选的有机氮源和无机氮源适合内蒙古地区草地螟白僵菌的生长。从形态特征上分析，接种有机氮源的菌株，一般菌落颜色较深且较厚，多呈现乳黄色。接种无机氮源的菌落多呈现白色粉状或绒毛状，菌落厚度小于有机氮源。从生长指标上分析，由于菌株之间存在差异，可能出现菌丝生长快但产孢量却不一定高的现象。总体来看，有机氮源远比无机氮源的萌发率高、菌丝生长快、产孢量高，其中以酵母浸粉的利用最为充分。综合分析各个菌株的形态特征和生长指标可以得出：有机氮源酵母浸粉是该地区白僵菌生长的最佳氮源，牛肉膏和蛋白胨次之。其形态特征具体表现为：有机氮源菌落呈现乳黄色，菌落较厚，同心环、放射沟明显，褶皱强烈。无机氮源菌落呈现白色粉状或者白色绒毛状伞形，菌落较薄，有同心环和放射沟，无褶皱。

5.5　综合防控技术

在草地螟的防治中应坚持综防统治防控策略，坚持“灭效与环保并重、治标与治本并举和持续控制”原则，树立和加强“绿色植保”“生态植保”“公共植保”“和谐植保”的新理念。以生物防治为主，结合生态建设治理，进行综合防治，实现对草地螟的可持续控制。充分发挥天敌的自然控制作用，集成已有防治技术和产品，以生物、物理和生态调控等为主，化学防治为辅；以药剂防治幼虫为重点，推广使用高效、低毒、低残留农药，设灯诱杀成虫为补充；狠治一代，抑制二代，通过示范、推广综合防治技术，以点带面推动草地螟控害减灾工作，从而为持续控制草地螟猖獗为害提供技术支撑和保障。

5.5.1　草地螟天敌保护利用技术

通过多年调查研究，初步明确草地螟天敌主要有寄生性天敌昆虫、病原微生物和捕食性天敌三大类。寄生性天敌有寄生蝇27种，优势种为寄蝇科种类；寄生蜂20余种，优势种为茧蜂和姬蜂；其中寄生蝇的寄生率最高，对寄主种群的控制作用较大。病原微生物主要有球孢白僵菌、红僵菌和细菌等。捕食性天敌有步甲、蚂蚁等。研究明确了上述天敌的分布区、寄主范围、寄生方式和控害效能。摸索出了基于替代寄主——黏虫的伞裙追寄蝇人工饲养扩繁技术，为今后规模化生产和利用打下了良好基础。

在明确草地螟天敌种类、寄生方式和控制作用基础上，充分发挥和合理利用天敌控制作用，尽力创造有利于天敌种群增长的田间环境条件。李红等（2008）提出了一些措施，如创造有利于天敌种群增长的环境条件，在草地螟幼虫密度低时不使用化学农药，不推荐春耕或秋耕，以减少或避免杀伤天敌。另外，在农田边种植一些保护林、绿肥或牧草等，创造降低温度、提高湿度的小生态环境，提供寄生蝇所需的补充营养或庇护场所，有助于提高寄生蝇对草地螟的寄生率。人工制作竹筒鸟巢，悬挂在田间周围的树上林间，以招引草地螟的鸟类天敌，充分发挥自然控制作用。

5.5.2　农业防控技术

秋耕春耙压低越冬虫口基数。田间试验和大量调查表明，在华北干旱区域实施秋耕春耙、蓄水保墒的农业措施，草地螟越冬场所会受到严重破坏，越冬虫茧存活率降低70%以上，对有效压低当地草地螟虫源基数、减轻翌年发生程度的效果显著。如河北省康保县调查，秋耕后暴露于地表的虫茧，大多被鸟类、鼠类等取食，剩余的也干瘪而死，15d死亡率达86%，40d达100%。进一步试验，秋（春）耕砂壤或栗钙土的农田，能正常羽化出土的草地螟成虫仅占14%，深耕灭虫、灭茧（蛹）防效为86%左右，降雨偏多、土壤湿度高的年份和黏土耕地，死亡率更高。山西省阳高县实施秋耕春耙，越冬虫茧平均死亡率达70%以上。在农田周边种植保护林或牧草，达到降温、增湿的目的，并为寄生性天敌昆虫提供补充营养及庇护场所，以提高对田间草地螟种群的控制效果。

5.5.3　生态调控技术

5.5.3.1　掌握适当农业措施可有效降低田间草地螟数量

康爱国等（2007）在亚麻、豌豆、大豆、胡萝卜田中进行试验，产卵前和产卵高峰（末）期中耕除草结果表明，同一种作物、同一块地，产卵前及早中耕除草，单位样点内着卵量明显减少；产卵高峰（末）期迟中耕除草，单位样点内着卵量明显偏高，即早中耕除草比迟中耕除草单位样点内着卵量减少83.9%～89.8%，及早中耕除草有明显的避卵作用。张跃进等（2008）对东北、华北各示范区38科126种植物受害情况进行比较，结果表明，在农作物中，明确了水稻、荞麦是草地螟不取食作物，裸燕麦、燕麦、玉米是草地螟的非喜食作物，向日葵、豆类、甜菜、胡萝卜、油菜和胡麻等是草地螟喜食作物，苹果、杏树和葡萄（果实）也是草地螟喜食寄主。草地螟还取食为害榆树、柳树、杨树和沙棘等林木。因此，在发生区可结合种植业结构调整，有针对性地推广种植小杂粮和荞麦等非喜食作物，或种植（预留）草地螟喜食寄主作为诱集带，诱集草地螟产卵和取食，集中统一处理，可有效保护作物，起到事半功倍的作用，生态控制效果明显。同时，根据草地螟成虫产卵对寄主种类、产卵部位有较强的选择性，明确了不同气候（主要是湿度）下的除草灭卵效果，完善了草地螟适期除草灭卵技术。

5.5.3.2　种（留）植诱集带诱控草地螟产卵

山西省植保站根据草地螟成虫有采集苜蓿花蜜补充营养，并在其上产卵的习性，在寄主作物田边种植苜蓿，在草地螟产卵后立即收割苜蓿，并集中处理，可减轻其周围作物上草地螟的发生和为害。黑龙江省植保站试验，在已除草的玉米田中种植其喜食作物如大豆或向日葵，或在作物田四周留出不除草区域，引诱草地螟在其上产卵，并在卵孵化期或低龄幼虫期集中处理虫卵，也收到较好的防除效果。

5.5.4　物理防控技术

利用草地螟成虫的趋光性，采用黑光灯诱杀成虫，以压低草地螟的种群数量。从防效、经济效益和生态安全等因素综合评价，对比了3种杀虫灯（频振式杀虫灯、太阳能杀虫灯和高压汞灯）对草地螟的诱杀效果，发现频振式杀虫灯是最适合对草地螟成虫进行诱杀的产品，在放置杀虫灯时，每盏灯适宜控制作物的面积为高秆作物3.0hm^2、矮秆作物4.0hm^2。山西省植保站于2006年试验了普通频振式杀虫灯（220V、15W）的防治效果和效益，灯控区基本不需要进行防治，而化学防治区需用药2～3次，灯控区比化学防治区的防治成本降低30%。黑龙江省植保站2006年和2007年在富裕县试验了普通频振式杀虫灯（220V、15W）和高压汞灯（220V、400W）的诱杀效果，其防效分别为74.1%和65.6%。

第 6 章　苜蓿蚜绿色防控

6.1　苜蓿蚜为害及其发生规律

苜蓿蚜（*Aphis medicaginis*）是蚜科蚜属的一种昆虫，为害豆科牧草，分布于甘肃、新疆、宁夏、内蒙古、河北、山东、四川、湖南、湖北、广西、广东。苜蓿蚜是一种暴发性害虫，为害的植物有苜蓿、红豆草、三叶草、紫云英、紫穗槐、豆类作物等，多群集于植株的嫩茎、幼芽、花器各部上，吸食其汁液，造成植株矮小，叶子卷缩、变黄，落蕾，豆荚停滞发育。发生严重时，植株成片死亡。

6.1.1　苜蓿蚜发生规律与防控现状

在内蒙古中西部地区，越冬苜蓿蚜在翌年4月下旬到5月上旬气温回升时开始孵化。5月下旬到6月中旬是苜蓿蚜发生为害的高峰期，在此期间气温适宜（平均气温为20℃左右），干燥少雨，适合苜蓿蚜的发生。7月下旬气温升高，降雨增多，天敌种类及数量增加，苜蓿蚜的发生量大大下降，且产生有翅胎生蚜。10月上旬或中旬，苜蓿蚜产生性蚜，交尾、产卵，以卵越冬。

苜蓿蚜的发生、繁殖、虫口密度及为害程度与气温、湿度和降雨有一定关系。气温回升的早晚和高低是影响苜蓿蚜活动早晚和发生数量的主要因素。苜蓿蚜的越冬卵在旬均温10℃以上时开始孵化繁殖。旬均温在15～25℃时均可发生为害，其最适温度范围为18～23℃。气温高于28℃时蚜虫数量下降，最高气温高于35℃并连续出现高温天气时苜蓿蚜不发生或很少发生。湿度决定苜蓿蚜种群数量的变动。在适宜温度（18～23℃）下，相对湿度为25%～65%时苜蓿蚜均能发生为害，只是发生程度不同。湿度大，发生数量少，为害轻；湿度小，发生数量多，为害严重。

降雨也是影响苜蓿蚜发生数量的主要因子，它不仅影响大气湿度，从而影响苜蓿蚜的种群动态，而且可以起到冲刷蚜虫的作用。降雨对苜蓿蚜数量变化的影响与降雨强度和历时有关。降雨历时长、强度大，可明显减少蚜虫数量；降雨历时短、强度小，对蚜虫数量变化影响较小。

目前，防治苜蓿蚜仍然以化学防治为主，但由于苜蓿蚜个体微小，繁殖力强，世代重叠严重，并已对有机磷和合成菊酯类农药产生抗药性，因此利用化学杀虫剂防治极其困难。此外，化学农药的使用也给环境和人畜造成很大的污染及毒害作用。鉴于苜蓿蚜为害日趋严重，探索如何进行有效的治理和控制已引起了广泛的重视，研究探寻减少化学农药的使用、保护生态环境、长效防治苜蓿蚜的方法和措施有着重要的现实意义。

蚜茧蜂作为害虫天敌在害虫生物防治发展历史中具有重要地位。目前随着温室栽培、设施园艺的兴起，蚜茧蜂同样也是这些温室蔬菜、观赏园艺植物上很好的生物防治资源。应用蚜茧蜂，首先要解决的问题是进行保种，然后室内繁殖，在田间释放前，则需要人工大量扩繁，以保证天敌种群的数量。因此，开展蚜茧蜂的人工规模化饲养是蚜茧蜂利用研究的前提。目前最有效的方法是通过饲养蚜茧蜂的天然寄主来繁殖蚜茧蜂。由于饲养天然寄主易受到季节、成本等因素的影响，国内外学者进行了大量关于人工饲料的研究，试图用人工饲料替代天然食物来繁殖蚜茧蜂。用人工饲料饲养昆虫是昆虫学研究的基本技术之一，此法不受寄主、季节的限制，可以繁育一定种类的目标昆虫，直接用于昆虫营养生理、昆虫生物学及害虫防治的研究。

利用蚜茧蜂防治蚜虫，克服了天敌的跟随效应，能够取得显著效果，已有许多利用蚜茧蜂控制蚜虫为害的成功事例。在20世纪50年代中期，豌豆蚜（*Acyrthosiphon pisum*）直接为害和传播病毒使美国的重要牧草——苜蓿受害，严重减产。美国从国外引进多种蚜茧蜂，其中从印度引进史密斯蚜茧蜂（*Aphidius smithi*）获得成功。后来，这一成功事例促使许多国家和地区进行了应用蚜茧蜂进行生物防治、控制其他蚜虫的试验。20世纪60年代，在多年采用化学防治无法控制加利福尼亚州的核桃黑斑蚜（*Chromaphis juglandicola*）为害的情况下，相关部门从生态条件相似的伊朗内陆地区引进榆三叉蚜茧蜂（*Trioxys pallidus*），经过4年的释放、定殖而建立了自然种群，也获得了显著的经济效益和生态效益。20世纪70年代后期，南美洲的智利利用天敌防治小麦及玉米等禾本科作物上的蚜虫，并取得了一定的效果。同时大量繁殖、释放菜蚜茧蜂（*Diaeretiella rapae*）防治菜缢管蚜（*Rhopalosiphum pseudobrassicae*）也获得成功。在田间用塑料薄膜简易温室连续繁殖烟蚜茧蜂（*Aphidius gifuensis*）并释放于烟田，防治效果可达93.3%。用萝卜作为饲养繁殖烟蚜（*Myzus persicae*）的室内寄主植物，再以此大量繁殖烟蚜茧蜂，释放到塑料大棚内，用以防治辣椒和黄瓜上的蚜虫，获得显著效果。培育清洁萝卜苗，繁殖大量蚜虫，再合理安排接蜂，能够大批量生产烟蚜茧蜂，从而防治大棚内棉蚜（*Aphis gossypii*），取得了显著的成效。邓建华等（2006）采用“两代繁蜂法”，得出了蜂蚜比1∶100、蚜量2000～3000头/株时，利用田间小棚种植烟株饲养烟蚜繁殖烟蚜茧蜂，获得的僵蚜数量可达到8000个/株以上。在温室进行烟蚜茧蜂的规模化繁殖，能够获得大量的僵蚜，将其在烟田释放，可减少烟蚜数量。

6.1.2 苜蓿蚜天敌资源

调查发现，苜蓿蚜的天敌种类繁多，有20多种（苜蓿蚜的优势天敌见图6-1），主要包括寄生性天敌和捕食性天敌两类。苜蓿蚜的寄生性天敌主要是膜翅目的寄生蜂，如茶足柄瘤蚜茧蜂（*Lysiphlebus testaceipes*）等。苜蓿蚜的捕食性天敌种类丰富，主要包括瓢虫、食蚜蝇、草蛉等。有关资料及近年的调查显示，茶足柄瘤蚜茧蜂是苜蓿蚜若虫期的重要寄生性天敌，属膜翅目蚜茧蜂科，是营内寄生的寄生蜂，野外寄生率较高，对控制苜蓿蚜有重要作用，是苜蓿蚜最有潜力的天敌。但上述这些天敌在自然情况下，常是在蚜量的高峰之后才大量出现，故对当年蚜害常起不到较好的控制作用，而对后期和越夏蚜量则有一定控制作用。

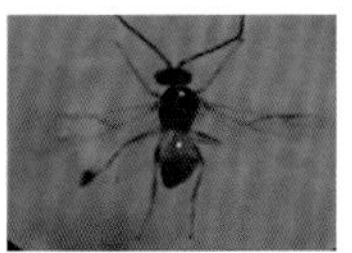

茶足柄瘤蚜茧蜂
Lysiphlebus testaceipes

黑带食蚜蝇
Episyrphus balteataus

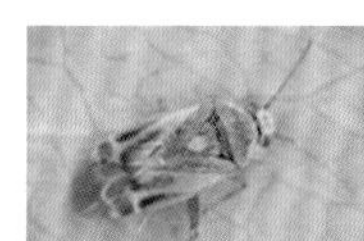

食虫齿爪盲蝽
Deraeocoris punctulatus

中华通草蛉
Chrysoperla sinica

多异瓢虫
Adonia variegata

异色瓢虫
Harmonia axyridis

七星瓢虫
Coccinella septempunctata

龟纹瓢虫
Propylaea japonica

图6-1 苜蓿蚜的优势天敌

6.2 茶足柄瘤蚜茧蜂防治技术

6.2.1 茶足柄瘤蚜茧蜂的生物学特性及发生规律

6.2.1.1 茶足柄瘤蚜茧蜂的发生规律

茶足柄瘤蚜茧蜂属于膜翅目（Hymenoptera）蚜茧蜂科（Aphidiidea）蚜茧蜂属（*Aphidius*），是苜蓿蚜的优势内寄生蜂，在田间主要寄生苜蓿蚜低龄若虫。寄主范围广，包括经济作物谷类上的重要害虫——麦二叉蚜（*Schizaphis graminum*）。这种寄生蜂最初于1970年从古巴引进法国南部，在地中海沿岸的法国、意大利和西班牙迅速传播蔓延。茶足柄瘤蚜茧蜂是一种极具生物防治潜力的天敌昆虫，对控制苜蓿蚜的种群数量起着重要作用。

茶足柄瘤蚜茧蜂的成虫将卵产于蚜虫体内，其幼虫孵出后在蚜虫体内取食寄生，并使蚜虫失去活动能力，形成僵蚜。茶足柄瘤蚜茧蜂在僵蚜体内成熟后，结茧、化蛹直到羽化，在自然交配后又寻找新的蚜虫产卵，周而复始。茶足柄瘤蚜茧蜂发育过程见图6-2。生物防治工作道理很简单，但技术上却难以控制。黄海广等（2012）对茶足柄瘤蚜茧蜂寄主、种群动态、形态、交配与产卵、发育、寿命、性比等方面开展了大量研究工作。

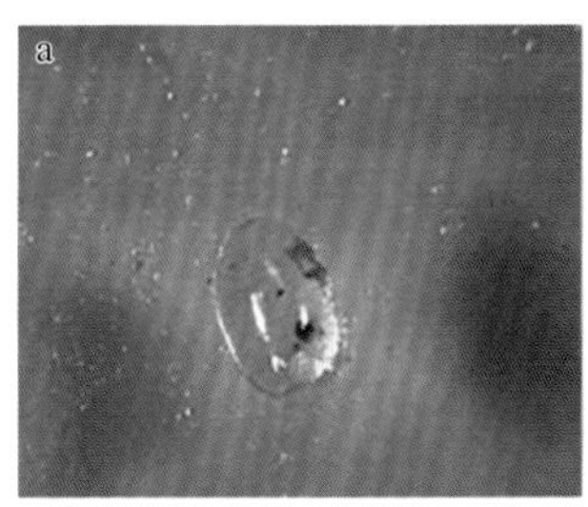

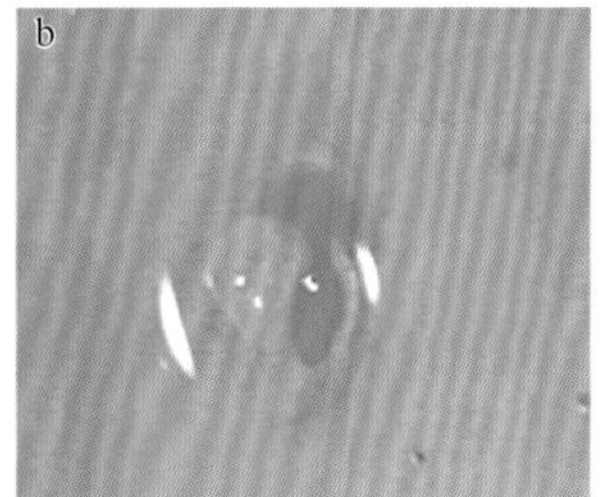

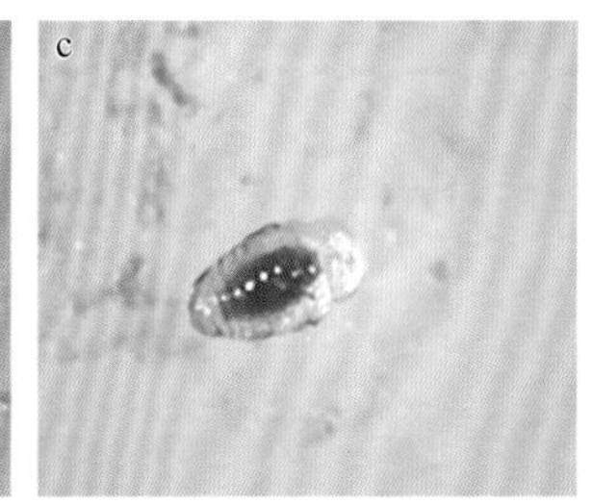

图6-2　茶足柄瘤蚜茧蜂发育过程

a. 卵（初产）；b. 卵（即将孵化）；c. Ⅰ龄；d. Ⅱ龄；e. Ⅲ龄；f. Ⅳ龄；g. 幼虫织茧；h. 蛹（初期）；i. 蛹（成熟期）；j. 羽化；k. 羽化孔；l. 成虫；m、n. 成虫产卵；o. 成虫

茶足柄瘤蚜茧蜂化蛹后，僵蚜的体色逐渐变为黄褐色，在成虫羽化时，体色加深，此时僵蚜体内成虫已经发育完全，并且用口器从内部在苜蓿蚜的两腹管间咬一圆形的孔洞，即羽化孔。成虫从僵蚜中缓慢爬出，在僵蚜上停留50s至2min，同时不断振翅，直至双翅完全展开，便飞离僵蚜。茶足柄瘤蚜茧蜂在交尾开始时，雄蜂主动追逐雌蜂，待其爬上雌蜂身体后，用两触角快速交替撞击雌蜂触角，两翅竖立于体背方频频振动，表现出十分兴奋的状态。交尾开始后，雄蜂两触角自上而下有节奏地摆动，雌蜂多静止不动。交尾完毕后，雄蜂离开雌蜂，雌蜂静待片刻后缓慢爬行，寻找寄主产卵。交尾过程可持续7～20s。

茶足柄瘤蚜茧蜂在产卵时，主要依靠嗅觉作用寻找寄主。雌蜂在爬行的同时，用触角不停敲击，当接近寄主蚜虫时，摆动触角，爬行速度明显变慢，直到触角发现蚜虫，停止爬行，表现出产卵行为。产卵时，雌蜂用两触角轻轻碰触蚜虫身体后，确认寄主。而后身体保持平衡，腹部向下向前弯曲，从足间伸过头部，对准蚜虫两腹管间猛烈一刺，把卵产入蚜虫体内，完成产卵。整个产卵过程持续2～3s。通常情况下，雌蜂连续产十几粒卵后，静止片刻，然后用足和口器清洁触角与产卵器，用后足整理翅的正反面，之后继续产卵。茶足柄瘤蚜茧蜂的昼夜羽化节律为：一天中有两个羽化高峰期，分别在6:00～8:00和18:00～20:00。在上午的羽化高峰期（6:00～8:00），雌蜂羽化数量相对较多；而在下午的羽化高峰期（18:00～20:00），雄蜂羽化数量相对较多。

6.2.1.2　茶足柄瘤蚜茧蜂对寄主的寄生选择性

在各个龄期苜蓿蚜中（表6-1），茶足柄瘤蚜茧蜂最喜好寄生2龄苜蓿若蚜，2龄若蚜相对被寄生率最高，达41.96%，选择系数最大，为0.15；其次是1龄若蚜；4龄若蚜的相对被寄生率最低，仅为14.95%，选择系数也最小，为0.05。结果表明，茶足柄瘤蚜茧蜂喜好寄生低龄若蚜，其中最喜好寄生2龄若蚜。

表6-1　茶足柄瘤蚜茧蜂对不同龄期苜蓿蚜寄生的选择性

苜蓿蚜龄期	寄生数/头	相对被寄生率/%	选择系数
1	4.83±0.5494bA	32.61±3.06bB	0.12±0.013bA
2	5.62±0.9222aA	41.96±6.14aA	0.15±0.011aA
3	2.82±0.6009cB	19.17±3.09cC	0.07±0.014cB
4	2.04±0.7099cB	14.95±4.16cC	0.05±0.018cB

注：表中数据为平均值±标准误；同列数据后不同大写字母表示在0.01水平差异极显著，不同小写字母表示在0.05水平差异显著；下同

6.2.1.3　寄主密度对茶足柄瘤蚜茧蜂寄生的影响

在温度（25±1）℃、相对湿度40%～60%的条件下，以2龄若蚜进行实验。按苜蓿蚜（寄主）密度设6个处理，各处理寄主密度（蚜虫数量：寄生蜂数量）分别为50：5、100：5、150：5、250：5、350：5和500：5（图6-3，处理组1～6）。各处理实验蚜虫分别饲喂在蚕豆苗上，定殖2h后接蜂。供试蜂为当日羽化的雌蜂，接蜂时间均为24h。实验重复5次，分别计算各寄主密度下的寄生率，探讨寄主密度对寄生的影响。

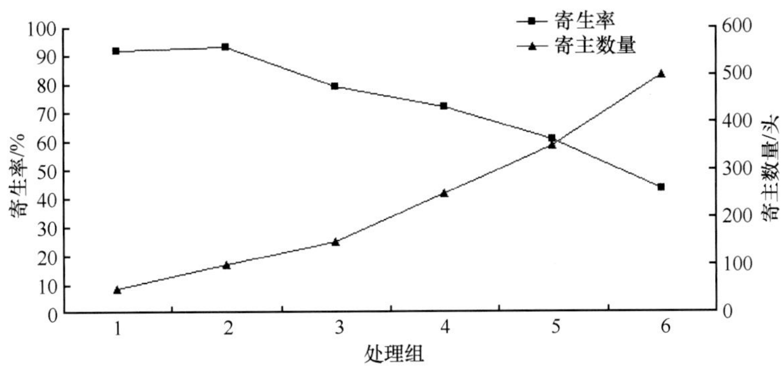

图6-3　苜蓿蚜密度与茶足柄瘤蚜茧蜂寄生率的关系

处理组1～6代表文中提到的6种寄主密度

茶足柄瘤蚜茧蜂在不同寄主密度下的寄生率如图6-3所示。寄主密度（蚜虫数量：寄生蜂数量）为50：5、100：5时寄生率较高，分别为91.60%、93.00%，二者之间差异不显著。随着

寄主密度升高，寄生率呈下降趋势。在寄主密度为150：5、250：5、350：5和500：5时的寄生率分别为79.20%、71.76%、60.69%与43.16%，与寄主密度为50：5和100：5时的寄生率差异显著。由实验结果可知，茶足柄瘤蚜茧蜂在大量繁殖和田间释放时，应考虑适宜蜂蚜比，最适蜂蚜比为1：20。

当寄生蜂5头、寄主蚜虫100头时，持续接蜂6h、12h、24h、48h和72h时，寄生率分别为55.6%、70.2%、91.6%、92.6%和94.4%；随着接蜂时间的增加，茶足柄瘤蚜茧蜂对寄主的寄生率升高，在接蜂24h达到高峰值，再延长接蜂时间寄生率增加不明显。利用方差分析可以得出，持续接蜂24h、48h和72h的寄生率之间无显著差异（图6-4）。

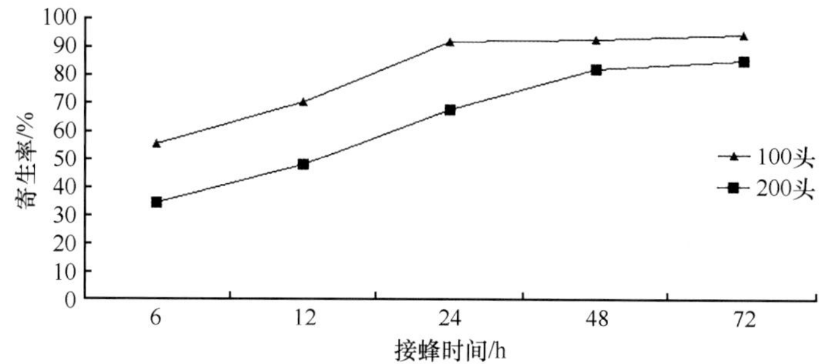

图6-4 不同苜蓿蚜密度条件下持续接茶足柄瘤蚜茧蜂时间与寄生率的关系

当寄生蜂5头、寄主蚜虫200头时，持续接蜂6h、12h、24h时，寄生率分别为34.7%、48.2%、67.7%；持续接蜂48h、72h时，寄生率分别为82.1%、85.1%。茶足柄瘤蚜茧蜂对寄主的寄生率随接蜂时间的增加而升高，但与寄生蜂5头、寄主蚜虫100头组的实验结果相比，在48h时茶足柄瘤蚜茧蜂对寄主的寄生率达到一个高峰值（82.1%），再延长接蜂时间24h，即在接蜂时间为72h时，寄生率增加不明显，仅增加3个百分点，持续接蜂48h和72h的寄生率之间无显著差异。

茶足柄瘤蚜茧蜂对苜蓿蚜1龄、2龄、3龄、4龄若蚜的寄生功能反应均符合Holling Ⅱ型功能反应模型。茶足柄瘤蚜茧蜂寄生相同龄期的寄主时，当寄主密度低，即苜蓿蚜数量低于每盒30头时，寄生率的增加较快；当寄主密度高于每盒40头时，寄生率增加较慢。在相同寄主密度条件下，茶足柄瘤蚜茧蜂对2龄苜蓿蚜的寄生率最高，这与茶足柄瘤蚜茧蜂对不同龄期苜蓿蚜的寄生选择性实验的结果是相符合的（图6-5）。如苜蓿蚜若蚜密度为30头/盒时，其被寄生数量分别为2龄27.4头、1龄24头、3龄21.6头、4龄15.4头，可见2龄苜蓿蚜若蚜适合茶足柄瘤蚜茧蜂寄生产卵。

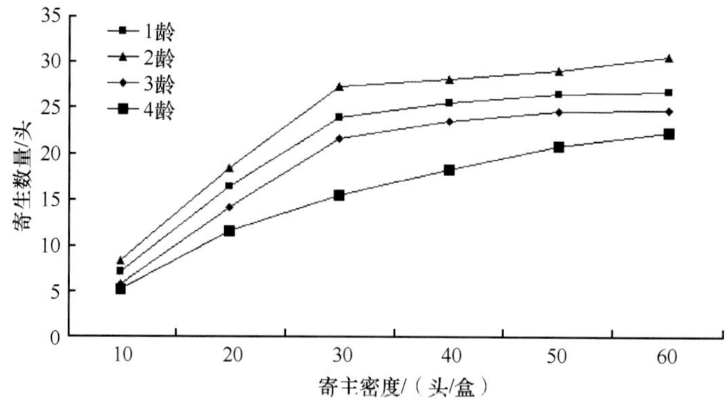

图6-5 茶足柄瘤蚜茧蜂对不同龄期苜蓿蚜的寄生选择性实验结果

在不同的苜蓿蚜（2龄）密度下，茶足柄瘤蚜茧蜂对苜蓿蚜的寄生作用见表6-2。从表6-2可以得出，在寄主苜蓿蚜密度较低时，茶足柄瘤蚜茧蜂对寄主的寄生率也较小，在寄主密度为10头/盒时，寄生率为86.6%；随着寄主苜蓿蚜密度的增大，在寄主密度为30头/盒时，寄生率最高，达到99%；寄主密度进一步增加，在60头/盒时，寄生率反而下降，为52.98%。

表6-2　茶足柄瘤蚜茧蜂对不同密度苜蓿蚜（2龄）的寄生作用

寄主密度/（头/盒）	平均寄生寄主数/头	理论寄生寄主数/头	$1/N$	$1/N_a$
10	8.66±0.39eD	8.58	0.1000	0.1155
20	18.95±0.52dC	19.46	0.0500	0.0528
30	29.70±0.40cB	27.78	0.0333	0.0337
40	29.78±0.21bcB	29.49	0.0250	0.0336
50	29.09±0.53bAB	31.22	0.0200	0.0344
60	31.79±0.40aA	32.28	0.0167	0.0315

注：N为寄主密度；N_a为被寄生的寄主数量

Holling Ⅱ型功能反应方程式如下：

$$N_a=aTN/(1+aT_hN) \tag{6-1}$$

式中，N_a为被寄生的寄主数量；N为寄主密度；T为总的寄生时间；a为瞬间攻击率；T_h为寄生蜂寄生每头寄主所花的时间。

利用Holling Ⅱ型功能反应方程式对数据进行模拟，可以得到Holling型功能反应模型：

$$N_a=1.118N/(1+0.0184N)，r=0.9768$$

从该模型可以得出：1头茶足柄瘤蚜茧蜂在24h内最多可寄生60.71头苜蓿蚜，茶足柄瘤蚜茧蜂寄生1头寄主所需的时间为0.40h，瞬间攻击率为1.118。

由苜蓿蚜在1龄、2龄、3龄、4龄各龄期下的功能反应参数（表6-3）可知，茶足柄瘤蚜茧蜂寄生1头苜蓿蚜的时间以2龄时最短（寄生蜂处理每头寄主所用的时间T_h=0.0165d，即0.396h），4龄时最长（T_h=0.0337d，即0.8088h）。瞬间攻击率则以2龄时最大，为1.118；4龄时最小，为0.5676。

表6-3　茶足柄瘤蚜茧蜂对各龄期苜蓿蚜的寄生功能反应参数

龄期	功能反应圆盘方程	瞬间攻击率（a）	处置时间（T_h）/d	寄生上限（N_{amax}）/头
1	N_a=1.086N/(1+0.0230N)	1.086	0.0212	47.17
2	N_a=1.118N/(1+0.0184N)	1.118	0.0165	60.60
3	N_a=0.6819N/(1+0.02271N)	0.6819	0.0333	30.03
4	N_a=0.5676N/(1+0.0191N)	0.5676	0.0337	29.67

6.2.1.4　不同温度条件下茶足柄瘤蚜茧蜂寄生功能反应

不同温度条件下茶足柄瘤蚜茧蜂对2龄苜蓿蚜的寄生情况见图6-6，茶足柄瘤蚜茧蜂在相同温度条件下，寄生数量随寄主密度的增加而增加，在一定密度时达到寄生高峰期，如果再增加寄主数量，即增加寄主密度，寄生数量也不会明显上升。例如，在25℃时，寄生数量均高于其他温度，同时在寄主密度为30头/盒时，寄生数量已经达到28.6头，以后增加寄主密度，在密度为40头/盒、50头/盒和60头/盒时，寄生数量分别为29.1头、29.6头和30头。

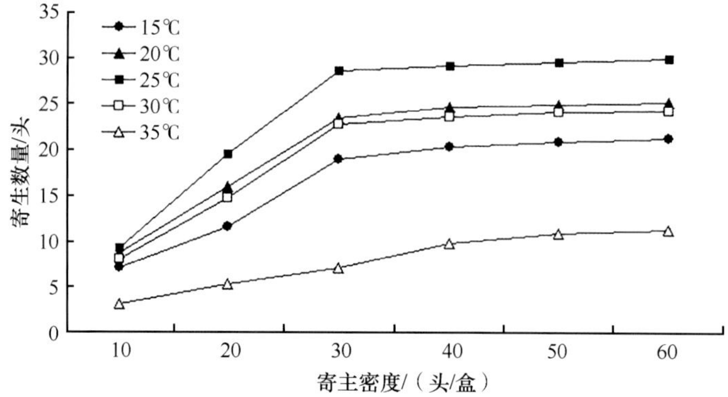

图6-6 不同温度条件下茶足柄瘤蚜茧蜂对2龄苜蓿蚜的寄生情况

由图6-7可知，在相同寄主密度条件下，茶足柄瘤蚜茧蜂对2龄苜蓿蚜的寄生数量随温度的升高呈先增加后减少的趋势。例如，在寄主密度为30头/盒时，随温度的升高，即温度为15℃、20℃、25℃、30℃、35℃时，对应的寄生数量分别为18.9头、23.4头、28.6头、22.8头和7.1头，呈先增加后减少的趋势。在各温度条件下，当寄主密度为60头/盒时，寄生数量均最大；寄主密度为10头/盒时，寄生数量均最小。

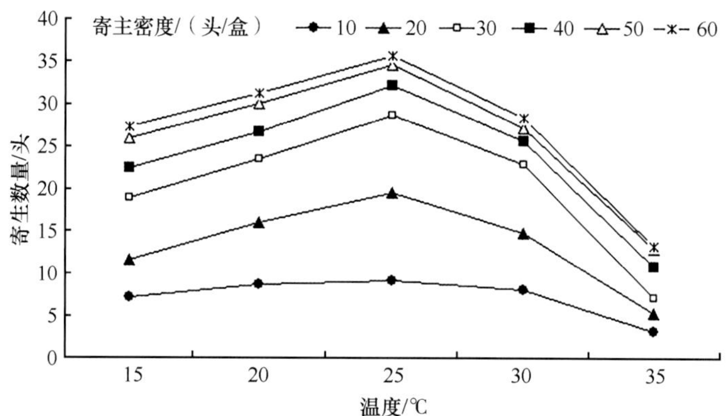

图6-7 茶足柄瘤蚜茧蜂寄生数量与温度的关系

6.2.1.5 茶足柄瘤蚜茧蜂自身密度干扰效应

从表6-4得出，不同密度的茶足柄瘤蚜茧蜂对2龄苜蓿蚜的寄生作用具有差异。相同数量的寄主存在时，在一定范围内，寄生的苜蓿蚜数量随着寄生蜂数量的增加而增加，如果在此基础上继续增加蚜茧蜂数量，存活的寄主数逐渐减少，寄生率反而上升。每200头苜蓿蚜寄主在接蜂量分别为1头、5头、10头、15头雌蜂时，寄生率从34.88%上升至90.98%。当接蜂量为20头和30头雌蜂时，寄生率从66.77%降低至54.31%。实验说明，在寄主数量相同的条件下，随寄生蜂密度的增加，寄生率先增加后减小。研究者还观察到，接入的茶足柄瘤蚜茧蜂数量过多时，寄生蜂之间出现一定的相互碰撞，这对寄生产生影响，干扰了寄生蜂本身的寄生，即出现了自身干扰效应。

表6-4 不同密度的茶足柄瘤蚜茧蜂对2龄苜蓿蚜的寄生作用

寄生蜂密度/（头/盒）	寄主存活数/头	发现域实验值	lgα	lg$P$
1	159.84±4.10aA	0.0973	−1.0119	0.0000
5	155.31±2.90aA	0.0219	−1.2604	0.6989
10	157.06±3.26aA	0.0105	−1.9788	1.0000
15	106.04±6.61bB	0.0184	−1.7352	1.1761
20	96.16±3.14bB	0.0159	−1.7986	1.3010
30	67.25±2.93cC	0.0158	−1.8013	1.4771

在相同寄主数量条件下，寄生蜂数量每增加1头，则每头寄生蜂可以寄生的寄主数量平均值会降低，可以说明寄生蜂数量的增加，使得在相同寄主数量条件下的发现域缩小了，即在单位时间内寻找寄主的效率降低了。表明茶足柄瘤蚜茧蜂个体间存在一定的干扰效应，同时随着寄生蜂数量的增加，在固定的空间范围内，干扰效应会更明显地表现出来。在现实中利用寄生蜂进行田间害虫防治时，寄生蜂的释放要适量，理论上可以看出，释放的寄生蜂数量越多，防治效果并不一定越好，这是因为在寄生蜂个体之间存在干扰效应，释放数量过多不仅会浪费天敌资源，而且对害虫的防治达不到预期效果。

6.2.1.6 茶足柄瘤蚜茧蜂发育历期和发育速率

不同温度条件下，茶足柄瘤蚜茧蜂各生长发育阶段的发育历期差异较为明显（表6-5）。卵至僵蚜、卵至羽化发育阶段在不同温度条件下的发育历期存在明显差异，僵蚜至羽化发育阶段在24～32℃时没有显著差异，但与12℃、16℃均存在显著差异。茶足柄瘤蚜茧蜂各发育阶段的发育历期随温度的升高而缩短，卵至僵蚜的发育历期由12℃时的（20.41±0.85）d缩短到32℃的（5.07±0.15）d；僵蚜至羽化的发育历期由12℃的（18.09±1.06）d缩短到32℃的（3.94±0.122）d；卵至羽化的发育历期由12℃的（38.50±0.57）d缩短到32℃的（9.01±0.20）d；由此可见，在12～28℃，茶足柄瘤蚜茧蜂各发育阶段的发育速率与温度呈明显的正相关。但是该寄生蜂从僵蚜到羽化发育阶段在32℃条件下的发育历期比28℃有所延长，这可能是高温影响了僵蚜的发育。

表6-5 茶足柄瘤蚜茧蜂在不同温度下的发育历期

温度/℃	发育历期/d		
	卵至僵蚜	僵蚜至羽化	卵至羽化
12	20.41±0.85aA	18.09±1.06aA	38.50±0.57aA
16	15.15±0.76bB	6.10±1.14bB	21.25±0.65bB
20	9.62±0.36cC	4.49±0.42bcB	14.11±0.28cC
24	8.41±0.33cdCD	3.76±0.29cB	12.17±0.07dCD
28	6.79±0.26dDE	3.49±0.29cB	10.28±0.39eD
32	5.07±0.15eE	3.94±0.122cB	9.01±0.20fE

注：表中数据为发育历期平均值±标准误，数据采用Duncan's新复极差测验法检验

6.2.1.7　茶足柄瘤蚜茧蜂发育起点温度和有效积温

根据在不同温度下得到的发育历期（N），利用公式（6-2）和公式（6-3）分别计算茶足柄瘤蚜茧蜂的发育起点温度（C）和有效积温（K），以及它们各自的标准误，详见表6-6和表6-7。

$$C=\frac{\sum V^2\sum T-\sum V\sum VT}{n\sum V^2-\left(\sum V\right)^2} \tag{6-2}$$

$$K=\frac{n\sum VT-\sum V\sum T}{n\sum V^2-\left(\sum V\right)^2} \tag{6-3}$$

式中，n为温度梯度数；T为试验温度；N为发育历期；V为发育速率（$1/N$）。

表6-6　茶足柄瘤蚜茧蜂卵至羽化发育起点温度及有效积温的计算

n	T/℃	N/d	V	V_t	V^2	T^*	$T-T^*$	$(T-T^*)^2$	$V-V'$	$(V-V')^2$
1	12	40.56	0.025	0.30	0.001	10.96	1.04	1.078	−0.049	0.002
2	16	20.73	0.048	0.77	0.002	16.31	−0.31	0.100	−0.025	0.001
3	20	13.29	0.075	1.50	0.006	22.44	−2.44	5.978	0.075	0.006
4	24	11.95	0.084	2.01	0.007	24.36	−0.36	0.134	0.084	0.007
5	28	10.81	0.093	2.59	0.009	26.38	1.62	2.625	0.093	0.009
6	32	8.68	0.115	3.69	0.013	31.52	0.48	0.225	0.115	0.013
∑	132		0.440	10.86	0.038			10.140		0.038

注：n为温度梯度数；T为试验温度；N为发育历期；$V_t=\frac{K}{1+e^{a-bT}}$，a、b为参数；T^*（温度的理论值）$=C+KV$，V为发育速率（$1/N$）；V'为V的导数，即$V'=-1/N^2$。下同

表6-7　茶足柄瘤蚜茧蜂卵至僵蚜发育起点温度及有效积温的计算

n	T/℃	N/d	V	V_t	V^2	T^*	$T-T^*$	$(T-T^*)^2$	$V-V'$	$(V-V')^2$
1	12	20.41	0.049	0.59	0.002	13.18	−1.18	1.389	−0.065	0.004
2	16	15.15	0.066	1.06	0.004	15.50	0.50	0.254	0.066	0.004
3	20	9.62	0.104	2.08	0.011	20.67	−0.67	0.445	0.104	0.011
4	24	8.41	0.119	2.85	0.014	22.71	1.29	1.676	−12.059	145.425
5	28	6.79	0.147	4.13	0.022	26.58	1.42	2.018	−0.406	0.165
6	32	5.07	0.197	6.31	0.039	33.36	−1.36	1.847	0.197	0.039
∑	132		0.682	17.02	0.092			7.629		145.648

茶足柄瘤蚜茧蜂从卵至僵蚜、僵蚜至羽化、卵至羽化的发育起点温度分别为6.50℃、6.25℃、5.36℃；有效积温分别为136.28d·℃、75.74d·℃、227.23d·℃。卵至僵蚜阶段比僵蚜至羽化阶段的发育起点温度高，因此，在繁蜂过程中可适当升高卵至僵蚜发育阶段的温度，可以增加繁蜂世代和繁殖数量。在僵蚜至羽化发育阶段应适当降低温度，以利于正常发育，因为较高

温度可抑制僵蚜发育。茶足柄瘤蚜茧蜂各个发育阶段的发育起点温度不尽相同，应取最大值作为该蜂的世代发育起点温度，即以6.50℃作为世代发育起点温度。

6.2.2　茶足柄瘤蚜茧蜂扩繁技术

在生产实践中，鉴于蚜茧蜂独特而复杂的生物学和生态学习性，利用人工饲料的扩繁还不成熟，目前依然采用天然寄主的饲养方法。在温室内人工大量繁育苜蓿蚜来繁殖茶足柄瘤蚜茧蜂，这就存在苜蓿蚜繁育的寄主植物的选择问题。

6.2.2.1　寄主植物对苜蓿蚜存活率和发育历期的影响

苜蓿蚜取食苜蓿、豌豆、蚕豆3种不同寄主植物的存活率变化不大，大多数个体都能完成生活史。苜蓿蚜取食3种寄主植物时死亡大多发生在中老年个体上，在豌豆上苜蓿蚜若虫期死亡率比在苜蓿和蚕豆上高，表明豌豆对苜蓿蚜的生长发育有一定的抑制作用。

苜蓿蚜在不同寄主植物上的发育历期见表6-8。在3种寄主植物上苜蓿蚜均能完成生长发育，但不同寄主植物对苜蓿蚜各虫态的发育历期有显著影响。1龄若虫在蚕豆上的发育历期最短，为1.72d，与豌豆和苜蓿上的发育历期有显著差异，发育历期在豌豆与苜蓿之间无显著差异；2龄若虫在蚕豆上的发育历期显著短于苜蓿和豌豆上的发育历期；3龄若虫的发育历期在蚕豆和豌豆间无显著差异，在苜蓿上最短，为1.38d；4龄若虫的发育历期在蚕豆和苜蓿间无显著差异，在苜蓿上最短，为1.85d。3种寄主植物上的成虫寿命差异显著，苜蓿上苜蓿蚜成虫的寿命显著短于其他两种植物上的成虫寿命，成虫寿命在蚕豆和豌豆上分别为17.60d和14.29d，在苜蓿上的成虫寿命最短，仅10.11d。

表6-8　苜蓿蚜在不同寄主植物上的发育历期

寄主植物	各虫态发育历期/d					成虫寿命/d	世代历期/d
	1龄	2龄	3龄	4龄	若虫		
蚕豆	1.72±0.07b	1.52±0.05c	1.54±0.11a	1.91±0.07b	6.69±0.07b	17.60±0.97a	24.29±1.52a
豌豆	1.86±0.05a	1.75±0.09b	1.51±0.06a	2.14±0.06a	7.26±0.11a	14.29±1.25b	21.55±2.11b
苜蓿	1.82±0.06a	2.01±0.08a	1.38±0.08b	1.85±0.06b	7.06±0.09a	10.11±1.19c	17.17±1.69c

苜蓿蚜在3种寄主植物上的成虫寿命差异显著：苜蓿上最短，为10.11d；豌豆为14.29d；蚕豆为17.60d。

1. 苜蓿蚜繁殖力及扩繁速度

图6-8表明，苜蓿蚜在不同寄主植物上的繁殖力曲线基本相似。但产蚜高峰出现的早晚、峰值的高低有一定差异，以蚕豆饲养的苜蓿蚜产蚜高峰出现最早（第12天），豌豆则为最晚（第20天）；高峰每雌产蚜数以在蚕豆上饲养的为最高（8.5头），豌豆为最低（7.8头）。苜蓿蚜在以苜蓿、蚕豆、豌豆为寄主植物时每雌产蚜数总体上呈先增大后减少的趋势，都有一个最大值，在这3种寄主植物上，最高值出现时间和峰值有一定的差异。苜蓿蚜在取食3种寄主植物时进入繁殖期的时间有差异，在以蚕豆为食料时，进入繁殖期的时间比以豌豆和苜蓿为食料的时间早1～2d。

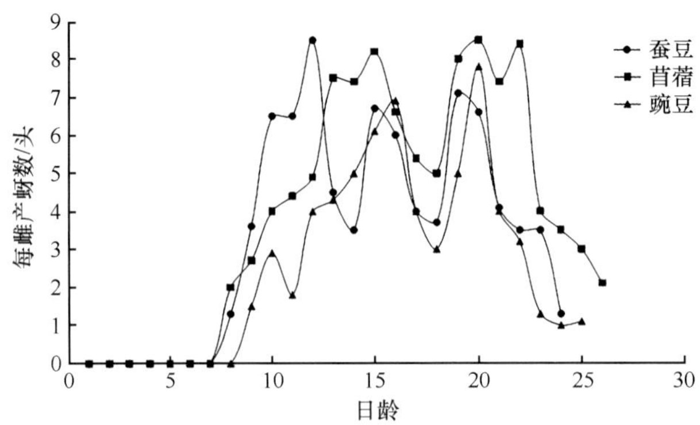

图6-8　苜蓿蚜在不同寄主植物上的繁殖力

由图6-9可以看出，在3种寄主植物上苜蓿蚜数量都随接种时间的增长而增加，其中蚕豆上苜蓿蚜增长速率最快，在整个试验过程中苜蓿蚜的数量均保持较高水平。豌豆和苜蓿上苜蓿蚜数量的增长速率次之。苜蓿蚜在3种寄主植物上前5d增长速率并不快，接种7d后蚕豆上苜蓿蚜平均数量最多，达240头/株，显著高于其他2种寄主植物上苜蓿蚜的数量。因此，从繁蚜数量上看，蚕豆可作为苜蓿蚜理想的寄主植物。

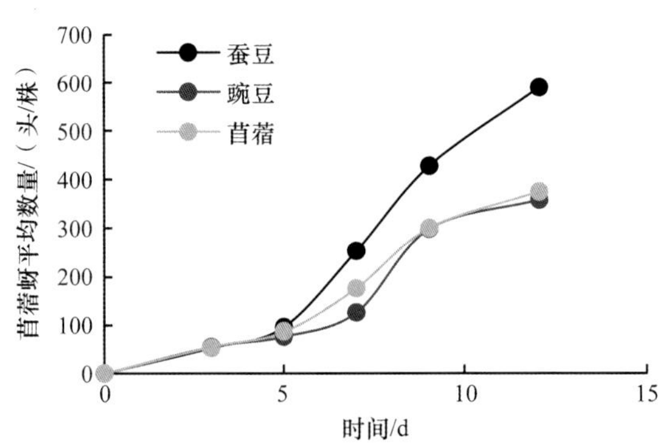

图6-9　苜蓿蚜在不同寄主上数量的变化

2. 苜蓿蚜对寄主植物的选择

建立苜蓿蚜在不同寄主上的种群生命表参数（表6-9），对其分析可以看出，苜蓿蚜在3种寄主植物上的实验种群生命参数不同。在蚕豆上苜蓿蚜的净增殖率和周限增长率最大，分别为43.48%和1.28%，表明苜蓿蚜在以蚕豆为寄主植物时每头雌虫经历一个世代可产生的雌性后代数和单位时间里种群的理论增长倍数最大。周限增长率均大于1，表明苜蓿蚜的种群呈几何型增长，按其值大小排序为蚕豆＞苜蓿＞豌豆。种群内禀增长率表示苜蓿蚜对寄主植物的适宜度和嗜食性，其与周限增长率的趋势一致，表明相同条件下，苜蓿蚜取食植物的优先顺序为蚕豆＞苜蓿＞豌豆。苜蓿蚜在豌豆上的平均世代周期最长（19.05d），在蚕豆上的平均世代周期最短（15.46d）；苜蓿蚜在蚕豆上的种群加倍时间最短（2.84d），在豌豆上的种群加倍时间最长（4.03d）。综合评价，蚕豆各个参数最好，可作为扩繁苜蓿蚜及茶足柄瘤蚜茧蜂的最优寄主植物。

表6-9　不同寄主植物上苜蓿蚜的种群生命表参数

参数	蚕豆	豌豆	苜蓿
净增殖率/%	43.48	28.65	29.72
内禀增长率	0.244	0.172	0.207
周限增长率	1.28	1.19	1.23
平均世代周期/d	15.46	19.05	16.39
种群加倍时间/d	2.84	4.03	3.35

6.2.2.2　寄主植物的培育方法

苜蓿蚜寄生性天敌茶足柄瘤蚜茧蜂，是依赖天然寄主（苜蓿蚜）繁殖的天敌昆虫，茶足柄瘤蚜茧蜂昆虫天敌扩繁过程中，天然寄主（苜蓿蚜）使用量比较大，而目前受到天然寄主（苜蓿蚜）的产量和质量的限制，茶足柄瘤蚜茧蜂一直没能形成规模化生产。

蚕豆具有生物量大、生长速度快及叶面积大等特点，是苜蓿蚜人工繁殖的主要寄主植物。目前，蚕豆幼苗的培育方法主要有土培法与水培法两种。植物在生长发育过程中，水培与土培对其生长的影响并没有本质上的区别。由于苜蓿蚜属于害虫，害虫的人工饲养需要人工隔离，而通过土培蚕豆扩繁苜蓿蚜不易于采取隔离措施。同时，蚕豆的连续种植会导致土壤酸化，进而产生蚕豆根茎部病害，使蚕豆萎蔫、倒伏、烂根甚至死亡，从而降低苜蓿蚜的扩繁速度。再者，蚜虫种群增长迅速，需要经常更换饲养用的植株材料，这样就大大增加了饲养难度。而水培装置可以培养数量较大的幼苗，且培养效果良好。

如图6-10所示，水培育苗盘尺寸为35cm×25cm×5cm，其包括贮液盘及设置于贮液盘内的定植网格盘，定植网格盘包括底板及设置于底板上的环形边沿，底板均匀设置有若干个通孔，通孔边缘光滑，利于植物根部钻出及水分排出。定植网格盘的底面与贮液盘之间构成植物根系生长空间。营养液及水分均补充在贮液盘中。

图6-10　不同寄主植物筛选及适合性评价试验

利用水培装置可以实现寄主植物蚕豆的规模化快速培育。简便培育方法：使用时，将泡胀的蚕豆种子平铺在垫有一层吸水纸的定植网格盘中，将定植网格盘放入贮液盘中，贮液盘中加入少许水，定植网格盘上用湿润的深色棉质纱布覆盖，置于扩繁架的升降支撑板上进行催芽。在催芽过程中，不断加水保湿，并及时将烂蚕豆种子、未及时发芽种子挑出，以防发霉而引起其他蚕豆种子腐烂。催芽3d后，种子生根发芽且芽伸长至3cm左右时，取下定植网格盘上的覆盖物，置于光照下培养。当贮液盘中水位低于蚕豆根系时，加入水进行补充，待蚕豆种子长出的蚕豆芽变绿，加入配制的营养液，使营养液没过蚕豆根系。当蚕豆种子出苗10d后，将带有苜蓿蚜的枝叶放在蚕豆苗上，让苜蓿蚜自由转移，然后套上网罩。当育苗盘中的蚕豆苗有2/3变黄、萎蔫后，将带蚜蚕豆苗转接至新培育的蚕豆苗上，供苜蓿蚜继续取食。当苜蓿蚜从变黄的蚕豆苗全部转移到新的蚕豆苗上后，将变黄的蚕豆苗取出。图6-11展示的是茶足柄瘤蚜茧蜂的扩繁流程，图6-12为田间不同寄主的评价试验场景。

图6-11　寄生蜂扩繁流程

图6-12　田间不同寄主的评价试验

红框图为图片的局部放大

6.2.2.3　苜蓿蚜对不同生长期蚕豆的选择

如表6-10所示，苜蓿蚜对不同生长期的蚕豆苗有选择性。随着生长天数的增多，蚕豆幼苗真叶片数增多，蚕豆全株蚜虫量呈上升趋势，前期蚜虫量升高趋势显著，后期则稳定保持在440～560头/株，生长20d的蚕豆苗蚜虫量显著高于其他处理，说明已达到蚜虫最大增长率，即便有多余叶片提供营养，也不能促进蚜虫种群数量增加。在平均单叶载蚜量方面，呈现了明显的先增加再下降的趋势，蚕豆苗生长第18～20天接蚜，可获得最大的单叶载蚜量。考虑到生产成本及效率要求，生产上可以在蚕豆生长的第20天（第6片真叶完全展开时）接入蚜虫。

表6-10　苜蓿蚜对不同生长期蚕豆苗的选择性

蚕豆生长天数	株高/cm	展开叶片数	蚜虫量/（头/株）	单叶载蚜量/（头/叶）
8	15.50±2.02c	4	157.90±10.85d	32.70
10	16.82±2.04c	4	180.66±15.52d	37.70
12	18.62±2.11c	4	191.29±36.51d	47.82
14	19.42±2.37c	4	226.68±26.21d	56.70
16	21.78±0.82c	6	437.15±12.11c	72.84
18	25.87±0.88b	6	490.21±17.89b	81.87
20	28.20±0.48a	6～8	560.18±23.27a	70.00～93.33
22	29.88±1.35a	6～8	440.70±15.82c	55.09～73.45
24	31.83±1.62a	6～8	450.82±20.33c	56.35～75.14

6.2.2.4　苜蓿蚜最适接虫数量

总蚜量随着接蚜数量的增加而上升，但后期升幅不显著。如表6-11所示，当接蚜数量为30头时，5d连续培养后，扩繁总蚜量相对较高，平均单株蚜虫数可达493头，扩繁效率为49：1；此后，随着接蚜数量的增加，总蚜量维持在较高水平，蚕豆寄主的营养供应不足，扩繁效率降低。

表6-11　苜蓿蚜不同接虫量的扩繁效率

接蚜数量/（头/盒）	5d后总蚜量/（头/盒）	接蚜扩繁效率
10	841.41±42.50e	84：1
30	1481.01±38.10d	49：1
50	1831.83±59.89d	37：1
70	2175.99±93.55c	31：1
90	2409.45±117.27b	27：1
100	2730.75±70.22a	27：1
150	2986.56±70.52a	20：1
200	3555.30±87.30a	18：1

6.2.2.5　茶足柄瘤蚜茧蜂最适蜂蚜比

接蜂数量试验结果如表6-12所示，蜂蚜比对僵蚜总数影响显著，对后代羽化率影响不显著。随接蜂数量的增加，僵蚜总数呈上升趋势并逐渐趋于平稳，单蜂贡献率则呈先上升再下降的趋势，当接蜂数量过高时，僵蚜总数并未呈现显著增加。这主要是由于茶足柄瘤蚜茧蜂在寄生蚜虫的行为中，存在刺吸试探过程，一般要经反复多次对蚜虫的刺吸挑选，判定该蚜虫符合子代营养需求后，才在蚜虫体内产卵，如果茶足柄瘤蚜茧蜂密度过高，对蚜虫反复频繁刺吸，形成的机械损伤将致使苜蓿蚜死亡，已在该蚜虫体内产卵的茶足柄瘤蚜茧蜂也不能完成发育过程，影响了僵蚜的形成。从僵蚜总数指标来看，蜂蚜比为1：100～1：30，每盒处理内的僵蚜总数约1000头，达到较高水平；从单蜂贡献率的角度看，蜂蚜比为1：250～1：100，单蜂贡献率约为63头僵蚜/蜂，其中，蜂蚜比为1：100时单蜂贡献率最高。综合生产实际，蜂蚜比为1：100时，既发挥了寄生蜂最佳的寄生效能，形成的僵蚜数量又最多，适于大规模扩繁需要。

表6-12　接蜂数量对僵蚜总数、单蜂贡献率及茶足柄瘤蚜茧蜂后代羽化率的影响

蜂蚜比	僵蚜总数/（头/盒）	单蜂贡献率/（头僵蚜/蜂）	后代羽化率/%
1：250	380.57±33.71b	63.33	85.19±17.34a
1：200	510.25±38.79b	63.75	85.85±21.22a
1：150	620.81±52.17b	62.00	85.51±17.09a
1：100	1010.55±59.94a	67.33	87.88±19.11a
1：70	994.15±89.51a	47.33	90.20±21.61a
1：50	970.28±101.26a	32.33	90.00±17.38a
1：30	1140.41±60.30a	22.80	90.09±23.02a

6.2.2.6　茶足柄瘤蚜茧蜂生产周期

在温度（25±1）℃、相对湿度60%～70%条件下，从种植寄主植物蚕豆、接种寄主苜蓿蚜、接种茶足柄瘤蚜茧蜂到成蜂羽化，共需要约41d（表6-13）。在一定的温度范围内，茶足柄瘤蚜茧蜂发育周期随着温度的升高而缩短，因此，繁殖周期也会相应地缩短。

表6-13　人工气候箱扩繁茶足柄瘤蚜茧蜂生产周期

生产流程	时间/d
培育蚕豆苗	24
接种苜蓿蚜	1
管理已接种苜蓿蚜的蚕豆苗	6
接种茶足柄瘤蚜茧蜂	1
茶足柄瘤蚜茧蜂的发育	8
收集茶足柄瘤蚜茧蜂成蜂	1

6.2.3　茶足柄瘤蚜茧蜂滞育贮藏技术

6.2.3.1　低温诱导滞育的敏感虫态

茶足柄瘤蚜茧蜂感受滞育信号的敏感虫期见表6-14。寄生苜蓿蚜在25℃下发育24h的茶足柄瘤蚜茧蜂处于卵阶段，在低温下死亡率高，没有滞育个体；在25℃下发育168h（7d）以上，寄生于苜蓿蚜体内的蜂已发育至蛹阶段，被置于10℃、12℃低温后，继续发育至成蜂羽化，没有滞育个体；25℃下，发育120h的蜂处于高龄幼虫阶段，在8℃、10℃、12℃下继续发育至蛹便不再发育，进入滞育状态，其滞育率分别可达70.96%、62.25%、30.58%；25℃下发育72h，8℃下低龄幼虫有11.53%的滞育率。茶足柄瘤蚜茧蜂感受滞育信号的敏感虫态为高龄幼虫；其他虫态对滞育诱导信号均不敏感，蛹则为滞育虫态。

表6-14　茶足柄瘤蚜茧蜂感受滞育信号的敏感虫期

25℃下发育时间/h	处理的虫态	滞育率/%		
		8℃	10℃	12℃
24	卵	0.00±0.00Dd	0.00±0.00Cc	0.00±0.00Bb
72	低龄幼虫	11.53±1.52Bb	1.15±2.31Bb	0.00±0.00Bb
120	高龄幼虫	70.96±1.82Aa	62.25±1.85Aa	30.58±1.12Aa
168	蛹	2.17±1.76Cc	0.00±0.00Cc	0.00±0.00Bb

6.2.3.2　温度和光周期对茶足柄瘤蚜茧蜂的滞育诱导

表6-15表明，不同光周期条件下茶足柄瘤蚜茧蜂蛹的滞育率差异显著（$P<0.05$），温度8～12℃，滞育率随光照时长的缩短而增加：在温度为8℃、长光照[光照（L）：黑暗（D）]=14：10时，蛹的滞育率仅为19.83%，而光照时长缩短为8h时，滞育率增至73.58%，为长光照条件下的3.7倍，滞育率显著升高；温度为10～12℃时，光周期对滞育的诱导作用有所下降，滞育率最高不超过50%。温度为14℃时，仅L：D=8：16时有6.51%的个体滞育；温度为16℃时，无论是长光照还是短光照，蛹滞育率均为0。由此可知茶足柄瘤蚜茧蜂属于典型的短日照滞育个体，光照时数越短，滞育率越高。茶足柄瘤蚜茧蜂蛹滞育率随温度下降而显著升高（$P<0.05$）。光周期为L：D=8：16时，在8℃下蛹滞育率为73.58%；温度升至12℃时，滞育率显著下降，仅为21.36%；温度升至16℃时，滞育率降为0，蛹不滞育，说明相比光周期，温

度对滞育发生的影响更大。

表6-15　温度和光周期对茶足柄瘤蚜茧蜂滞育的影响

光周期（L：D）	滞育率/%				
	8℃	10℃	12℃	14℃	16℃
14：10	19.83±0.93Cc	15.71±1.11Cc	9.69±1.42Bb	0.00±0.00Bb	0.00±0.00Aa
12：12	25.67±1.07Cc	17.37±1.52Cc	11.26±1.63Bb	0.00±0.00Bb	0.00±0.00Aa
10：14	68.66±1.23Bb	39.20±2.57Bb	20.40±1.44Aa	0.00±0.00Bb	0.00±0.00Aa
8：16	73.58±0.85Aa	49.84±0.98Aa	21.36±1.03Aa	6.51±0.38Aa	0.00±0.00Aa

6.2.3.3　茶足柄瘤蚜茧蜂滞育诱导方法

在各温度下诱导时长对茶足柄瘤蚜茧蜂滞育的影响差异显著（表6-16）。结果表明，各温度下，诱导10d时滞育率为0，为无效诱导；在8℃和10℃下，诱导30d和40d滞育率明显高于诱导10d和20d。在8℃下，持续诱导30d，茶足柄瘤蚜茧蜂滞育率将近70%，继续维持诱导条件，滞育诱导率可小幅度增长。考虑到经济成本的因素，生产中的建议组合是温度8℃、光周期L：D=8：16持续诱导30d。

表6-16　茶足柄瘤蚜茧蜂滞育诱导

诱导时长/d	滞育率/%		
	8℃	10℃	12℃
10	0.00±0.00Cc	0.00±0.00Cc	0.00±0.00Bb
20	29.31±1.12Bb	25.98±1.90Bb	13.73±1.22Aa
30	67.54±2.58Aa	40.63±0.94Aa	20.10±0.85Aa
40	72.38±1.51Aa	43.63±2.1Aa	22.62±0.75Aa

6.2.3.4　低温贮藏处理对茶足柄瘤蚜茧蜂滞育解除的影响

低温贮藏处理对茶足柄瘤蚜茧蜂滞育解除的影响结果如表6-17所示，将茶足柄瘤蚜茧蜂滞育僵蚜置于4℃下保存90d，其羽化率为80.2%，成蜂寿命11.23d，寄生率达80.61%，与对照组差异不大，是解除滞育的最佳时机。滞育僵蚜冷藏120d，虽然成蜂寿命（7.28d）、寄生率（51.26%）明显低于对照组，但仍有69.64%的滞育僵蚜能正常羽化。可见对于进入滞育态的茶足柄瘤蚜茧蜂（滞育僵蚜），保存于全黑暗、4℃条件下，贮存期可达90～120d。

表6-17　低温贮藏处理对茶足柄瘤蚜茧蜂滞育解除的影响

冷藏期/d	处理僵蚜数/头	羽化率/%	成蜂寿命/d	寄生率/%
30	100	85.13±0.71aA	13.56±0.52abAB	83.20±0.71aA
60	100	82.59±1.58aA	13.14±0.58abAB	80.12±0.24aA
90	100	80.20±1.22aA	11.23±0.62bB	80.61±1.31aA
120	100	69.64±0.87bB	7.28±0.61cC	51.26±2.15bB
非滞育僵蚜（CK）	100	82.33±0.96aA	14.71±0.61aA	78.82±1.11aA

6.2.4　防止茶足柄瘤蚜茧蜂种群退化的扩繁技术

茶足柄瘤蚜茧蜂室内单一种群长期累代饲养会使后代的羽化率、产卵率、寿命、活性等严重下降，从而导致人工扩繁的茶足柄瘤蚜茧蜂种群质量下降，对苜蓿蚜的防控效果降低。因此如何防止人工扩繁茶足柄瘤蚜茧蜂种群退化成为目前至关重要的研究课题，这将间接关系到利用茶足柄瘤蚜茧蜂对苜蓿蚜进行防控的进程，甚至关系到苜蓿及其产品的安全性。

为解决现有技术中人工扩繁茶足柄瘤蚜茧蜂导致的茶足柄瘤蚜茧蜂种群质量严重下降的问题，在此提供一种防止茶足柄瘤蚜茧蜂种群退化的扩繁方法。

6.2.4.1　供试虫源与寄主植物

寄主植物蚕豆（*Vicia faba*）品种为‘青海3号’，寄主苜蓿蚜采自中国农业科学院草原研究所沙尔沁基地羊柴（*Hedysarum mongolicum*）植株上，在室内用盆栽蚕豆植株继代饲养。试验用2龄末至3龄初的苜蓿蚜作为寄主。

将被寄生的苜蓿蚜僵蚜置于人工气候箱（25±1）℃、相对湿度70%、光周期L：D=12：12条件下培养，待蜂羽化后，挑选成蜂转移至试管（10cm×3cm）内，用20%的蜂蜜水作为补充营养，按雌雄1：1配对，接入具有500头苜蓿蚜的盆栽蚕豆苗上，12h后清除雌蜂。

待被茶足柄瘤蚜茧蜂寄生的苜蓿蚜形成僵蚜，再次出蜂，对这批刚羽化的成蜂进行收集，挑选成蜂转移至试管（10cm×3cm）内，用20%的蜂蜜水作为补充营养，按雌雄1：1配对，接入具有500头苜蓿蚜的盆栽蚕豆苗上，12h后清除雌蜂，此时等待再次被寄生的苜蓿蚜形成僵蚜，将羽化后的成蜂记为室内繁殖的第一批茶足柄瘤蚜茧蜂（F_1）。重复上述茶足柄瘤蚜茧蜂室内繁殖方法，将至少繁育10代的茶足柄瘤蚜茧蜂作为人工繁育的试验组。选择个体大、光泽度好的僵蚜，将筛选后的僵蚜采集于试管内，并使用100目尼龙网袋覆盖试管口。

野外试验组的供试茶足柄瘤蚜茧蜂采自中国农业科学院草原研究所沙尔沁基地羊柴植株。在生态条件好、农药使用少的野外采集茶足柄瘤蚜茧蜂，当茶足柄瘤蚜茧蜂形成僵蚜时，选择个体大、光泽度好的僵蚜，将筛选后的僵蚜采集于试管内，并使用100目尼龙网袋覆盖试管口。

6.2.4.2　蜂种提纯

将带僵蚜的试管置于培养温度为25℃、相对湿度为70%的人工气候箱内进行培养，当试管内的僵蚜羽化成蜂后，剔除重寄生蜂及体弱、体残的茶足柄瘤蚜茧蜂，即完成提纯。

将沾有20%蜂蜜水的棉球置于带有烟蚜茧蜂的试管中2h，对茶足柄瘤蚜茧蜂进行体能补给。

6.2.4.3　蜂种交配

将人工繁育的茶足柄瘤蚜茧蜂与野外的茶足柄瘤蚜茧蜂释放于同一试管内，保持试管内茶足柄瘤蚜茧蜂的雌雄比为1：0.5，当试管内茶足柄瘤蚜茧蜂的雌雄比小于1时，清除试管内个体小、活性差的部分雄蜂；将上述试管放置在温度为25℃、相对湿度为50%、光照强度为1lx的环境中自然交配8h，即完成人工繁育的茶足柄瘤蚜茧蜂与野外茶足柄瘤蚜茧蜂的交配。

6.2.4.4　繁育

选择发育快、体质健康、发育为2龄的茶足柄瘤蚜茧蜂的寄主苜蓿蚜，将茶足柄瘤蚜茧蜂与苜蓿蚜同时释放于温度为25℃、相对湿度为50%的繁育室内进行自然繁育，繁育室内释放的蜂蚜比为1：50。

6.2.4.5　筛选僵蚜并保存

繁育室内的寄主苜蓿蚜开始形成僵蚜时，分期筛选和采集个体较大的僵蚜置于储存瓶中，并将储存瓶置于温度为5℃的条件下保存，即得到繁育后的僵蚜。

使用上述方法得到的茶足柄瘤蚜茧蜂与现有技术中人工扩繁的茶足柄瘤蚜茧蜂在实验田中分别进行繁育并记录数据，之后分别对两种茶足柄瘤蚜茧蜂进行体质检测，得到表6-18的数据。

表6-18　改进扩繁方法与现有技术中人工扩繁方法的对比

各项评价指标（100头僵蚜）	本试验	现有技术
产卵期/d	4.98	7.26
单雌平均产卵量/粒	7.72	4.96
单雌总产卵量/粒	53.21	26.13
羽化子蜂总数/头	43.32	24.22
寿命/d	12.32（♀），10.15（♂）	8.73（♀），9.78（♂）

此方法中，产卵期、单雌平均产卵量、单雌总产卵量、羽化子蜂总数、寿命等指标均优于传统在室内扩繁茶足柄瘤蚜茧蜂的方法。

6.2.4.6　低温贮藏

将僵蚜放置在温度为8℃、光周期L：D=8：16的气候箱里，诱导产生的滞育僵蚜个体。将滞育僵蚜收集到培养皿（直径6cm，高2cm）中，顶端用可透气纱网覆盖，试验共设30d、60d、90d、120d 4个贮藏时间，转移至4℃、全黑暗、相对湿度为70%～80%的冷藏箱内保存。每隔30d从冷藏箱中取出100头滞育僵蚜，放入温度25℃、光周期L：D=14：10的人工气候箱中让其羽化，饲喂20%的蜂蜜水作为补充营养，交配24h，然后进行接种，每对蜂接种100头2～3龄苜蓿蚜幼虫，寄生24h后取出。观察并统计冷藏不同时间后茶足柄瘤蚜茧蜂滞育僵蚜的羽化率、成蜂寿命及寄生率，以未冷藏处理的非滞育僵蚜为对照（CK）。每个处理100头滞育僵蚜，重复3次（表6-19）。

表6-19　低温贮藏处理对茶足柄瘤蚜茧蜂滞育解除的影响

冷藏期/d	处理僵蚜数/头	羽化率/%	成蜂寿命/d	寄生率/%
30	100	85.13±0.71aA	13.56±0.52abAB	83.20±0.71aA
60	100	82.59±1.58aA	13.14±0.58abAB	80.12±0.24aA
90	100	80.20±1.22aA	11.23±0.62bB	80.61±1.31aA
120	100	69.64±0.87bB	7.28±0.61cC	51.26±2.15bB
非滞育僵蚜（CK）	100	82.33±0.96aA	14.71±0.61aA	78.82±1.11aA

将茶足柄瘤蚜茧蜂滞育僵蚜置于4℃下保存30d和60d，羽化率、成蜂寿命及寄生率与对照组差异均不显著；当滞育僵蚜在4℃下保存90d时，与对照组相比，羽化率与寄生率无显著差

异，仅成蜂寿命存在显著差异，从田间大规模应用上来考虑，差异不是很明显，且为了满足可以长时间储存天敌的要求，90d是解除滞育的最佳时机。

由上述数据可知，与现有技术中单纯人工繁育茶足柄瘤蚜茧蜂相比，本试验提供的繁育方法提高了茶足柄瘤蚜茧蜂的质量和健康度，提高了茶足柄瘤蚜茧蜂的羽化数和产卵量，同时提高了茶足柄瘤蚜茧蜂的活性，使用本试验提供的扩繁方法繁育出的茶足柄瘤蚜茧蜂的适应性强，提高了茶足柄瘤蚜茧蜂种群的质量，防止了茶足柄瘤蚜茧蜂种群的退化。且针对茶足柄瘤蚜茧蜂产品的应用提出了贮藏条件和方法，扩繁与贮存保证了茶足柄瘤蚜茧蜂在实际生产中的应用。

6.2.5　茶足柄瘤蚜茧蜂田间释放应用

目前，在应用茶足柄瘤蚜茧蜂防治苜蓿蚜的过程中，主要有释放成蜂和直接将茶足柄瘤蚜茧蜂的僵蚜置于植物叶片上释放两种方式，由于蜂体较小，释放成蜂后收集较困难；而直接将该茶足柄瘤蚜茧蜂的僵蚜放置在植物叶片上，不便僵蚜羽化，易受雨水、暴晒和风力等因素的影响。

茶足柄瘤蚜茧蜂从卵到成虫的发育均在蚜虫体内完成，因此，环境中的湿度通过蚜虫间接影响茶足柄瘤蚜茧蜂的生长发育。环境湿度较低将导致茶足柄瘤蚜茧蜂幼虫不再向前发育，会延缓僵蚜的羽化。由此可见，湿度对茶足柄瘤蚜茧蜂僵蚜羽化有重要影响。可以通过增加僵蚜羽化释放装置内的湿度，从而保障茶足柄瘤蚜茧蜂僵蚜的羽化，达到提供大量成蜂的目的。因此，基于上述情况，需研制出一种既能保证茶足柄瘤蚜茧蜂的羽化出蜂量和活力，又能够适用于田间大面积释放茶足柄瘤蚜茧蜂僵蚜的羽化装置。

6.2.5.1　茶足柄瘤蚜茧蜂僵蚜田间羽化释放装置制作

茶足柄瘤蚜茧蜂僵蚜田间羽化释放装置（图6-13至图6-15）包括箱体、箱盖和伸缩立杆。

透明箱盖可以很好地避免雨水、高温暴晒对僵蚜所产生的不利影响，并提供适宜光照。在箱盖上设置4个放大镜观察口，采用高透明材料，便于实时观察羽化情况，实现可视化的目的，免开观察口，减少对僵蚜羽化的干扰。同时在箱体顶部设有可打开的蜂蜜注射口，用注射器伸入蜂蜜注射口内，将蜂蜜注射至棉花上，能够对羽化成蜂进行适当的营养补充。

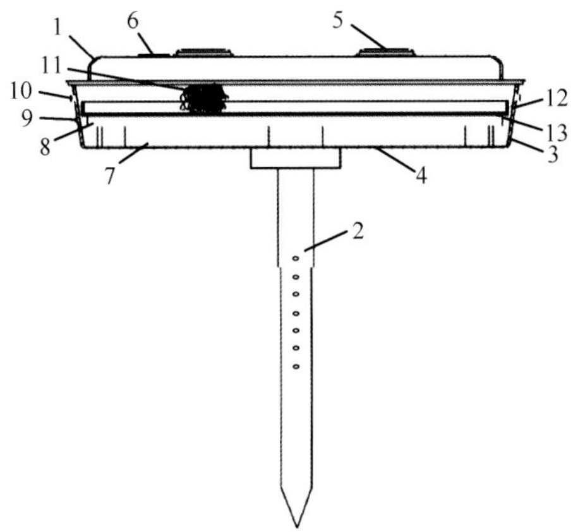

图6-13　僵蚜田间羽化释放装置剖面结构示意图

1-箱盖；2-伸缩立杆；3-箱壁；4-箱底；5-放大镜观察口；6-蜂蜜注射口；7-回形水槽；8-吸水毛毡布；9-外部注水口；10-羽化出蜂孔；11-棉花；12-僵蚜托板；13-纱网

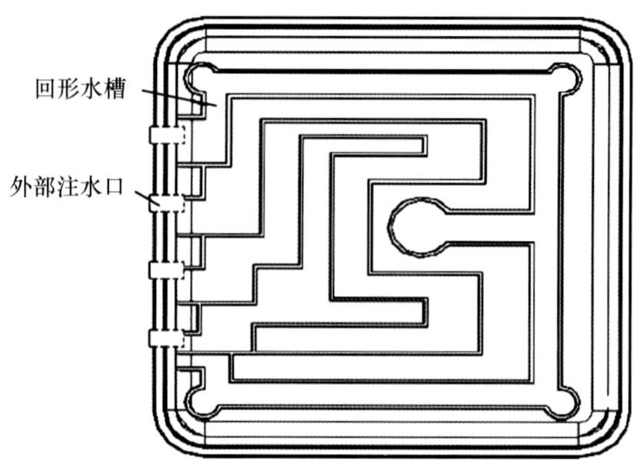

图6-14　回形水槽隔板分布图

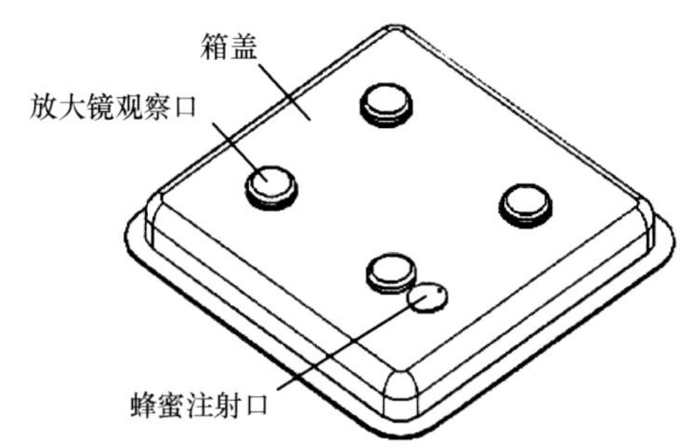

图6-15　僵蚜田间羽化释放装置箱盖的结构示意图

透明箱体是横截面为长方形的中空结构，铁丝网挡板把箱体分成上、下两个部分，上面2/3部分放置僵蚜羽化槽，下面1/3部分位于箱体的底部，放置回形水槽，回形水槽与外部注水口连接，在僵蚜羽化槽的下面垫有吸水毛毡布，水槽为储水蒸发槽，可以保障羽化湿度，吸水毛毡布可以起到辅助加湿的作用，僵蚜托板上铺纱网，纱网能够避免虫从通孔漏下。其中箱体一侧外部设有4个外部注水孔，方便控制湿度，箱体的4个角设有通风网孔。在箱侧壁面上开有5.0mm的圆形羽化出蜂孔，使得羽化的茶足柄瘤蚜茧蜂可以飞出箱体寻找寄主，避免其他捕食性天敌进入。

伸缩立杆作为可伸缩的箱体支撑架，其结构形式及空间高度设置与蚜茧蜂的寄生习性相适应，为羽化后的蚜茧蜂飞出装置寻找苜蓿蚜寄生提供了便利，不会因为提供保护而对其寄生过程造成任何障碍。

6.2.5.2　茶足柄瘤蚜茧蜂僵蚜释放装置实用方法与效果

田间释放应选择苜蓿蚜发生高峰期后3～5d，将僵蚜置于田间僵蚜羽化释放装置中。如果田间苜蓿蚜发生量较大，可分批多次释放，提高防治效果。茶足柄瘤蚜茧蜂僵蚜田间羽化释放装置具有如下优点：①通过回形水槽及吸水毛毡布对箱内进行保湿，满足茶足柄瘤蚜茧蜂僵蚜羽化所需要的湿度，为僵蚜羽化提供良好环境；②刚羽化出来的茶足柄瘤蚜茧蜂可以在可饲喂蜂蜜水的装置中得到适当的休息和营养补充，提高茶足柄瘤蚜茧蜂活力及控害效果；③箱盖设4个免开观察口，观察口配备有放大镜功能的盖子，便于实时观察羽化情况，实现可视化的目的，免开观察系统，减少对僵蚜羽化的干扰；④该装置内的小气候环境更接近自然环境，具有较好的透气、防雨、遮阴、保湿功能，更利于茶足柄瘤蚜茧蜂僵蚜的羽化，并能保证茶足柄瘤蚜茧蜂的羽化出蜂量和活力；⑤可通过伸缩立杆，根据防治植物的高度进行箱体高度的调节，携带方便；⑥密封环境可避免捕食性天敌对僵蚜的破坏，使防治害虫的效果大幅提高；⑦该装置操作简单、使用方便、可以重复使用、易于搬迁拆装，是一种防治效果较优的生物防治装置。

6.3　茶足柄瘤蚜茧蜂滞育蛹生化物质研究

明确茶足柄瘤蚜茧蜂滞育蛹与非滞育蛹体内生化物质浓度和保护酶活性的差异，可为进一步探索茶足柄瘤蚜茧蜂滞育调控的分子机制提供依据。通过控制温光环境获得茶足柄瘤蚜茧蜂滞育蛹和非滞育蛹，并对滞育蛹设置不同滞育处理时间（30d、45d、60d和75d），最终共设置4个滞育处理与1个非滞育处理，分别测定蛹体内主要糖类、醇类和蛋白质等生化物质的浓度，以及过氧化物酶（POD）、过氧化氢酶（CAT）和超氧化物歧化酶（SOD）这3种保护酶的活性，并完成对比研究。总糖、海藻糖、甘油、总蛋白浓度在滞育蛹与非滞育蛹中存在显著差异，而糖原与山梨醇浓度则没有明显差异。在滞育过程中POD、CAT和SOD活性随着滞育时间的延长而逐渐增强，当滞育时间达到60d时，酶活性最高。茶足柄瘤蚜茧蜂蛹由非滞育进入滞育状态过程中，通过调节自身生理代谢使其体内糖类、醇类等有机物浓度升高，蛋白浓度下降，保护酶活性明显增强，进而显著提高其抗低温的能力以有效应对不利环境条件的来临。

滞育（diapause）是节肢动物中广泛存在的一种适应不利生存环境的遗传现象（Tauber et al.，1986；Saunders，2012），滞育对于昆虫有着积极的意义。昆虫可以通过进入滞育状态来适应不良环境，从而使个体在不利条件下仍能继续存活，还可以保持种群发育整齐，使交配率得以提高，以确保种群的繁衍（王满困和李周直，2004）。滞育的昆虫，在较长一段时间内会处于发育缓慢或发育停滞的状态，具体表现为不食不动。环境的变化会引起昆虫体内生化物质的改变，正是这样的原因，才导致了昆虫发育速度的减缓（徐卫华，2008）。已有研究证明，昆虫的滞育与生化物质的种类及浓度密切相关，这些生化物质包括糖类、醇类、蛋白质等。当昆虫处于不利于其生存的环境条件，这些生化物质能够为机体的发育需求提供保障（王满困和李周直，2004）。有研究认为滞育和滞育解除可以依赖昆虫体内生化物质浓度的变化来进行区分（高玉红等，2006）。

作为重要的能源物质，糖类与昆虫的生命活动密不可分，同时糖类也是一些代谢途径的中间产物。研究发现，糖类物质与昆虫滞育存在着一定的关系，糖原与海藻糖在滞育阶段有明显变化。处于滞育状态的昆虫，体内的主要能源物质就是糖原，而糖原也是重要的抗冻保护剂；海藻糖在维持蛋白质结构稳定与保持细胞膜完整方面起到重要作用（任小云等，2016）。随着滞育时长的变化，昆虫体内的糖类物质也会发生变化。糖原浓度在烟蚜茧蜂滞育期间呈线性下降，海藻糖浓度呈倒“U”形变化（李玉艳，2011）。鞭角华扁叶蜂（*Chinolyda flagellicornis*）在滞育过程中，血淋巴中的糖原逐渐减少，海藻糖浓度逐渐增加，在滞育前期，海藻糖与糖原相互转化，研究者同时发现滞育阶段及温度与这种转化关系有关（王满困和李周直，2004）。斑蛾科（Zygaenidae）进入滞育后糖原是最重要的能源物质，在滞育虫体中糖原浓度是非滞育虫体的2倍多（Wipking et al.，1995）。有研究表明，糖原是棉铃虫滞育蛹生命活动的主要能量来源，随着滞育强度的不断加大，糖原浓度逐渐降低（张韵梅，1994）。

不同滞育昆虫体内山梨醇的浓度变化也不相同。随着滞育时长的增加，大斑芫菁（*Mylabris phalerata*）的山梨醇浓度呈增加趋势（朱芬等，2008）。随环境温度下降，越冬过程中麦红吸浆虫（*Sitodiplosis mosellana*）的山梨醇浓度呈现逐渐增加的发展趋势（王洪亮，2007）。桃小食心虫（*Carposina niponensis*）在整个滞育过程中，仅在15℃条件下处理45d和5℃条件下处理15d能够检测到山梨醇，猜测可以通过山梨醇是否存在定性评价该虫的滞育深度（丁惠梅等，2011）。

蛋白质是生命活动的主要承担者，处于滞育状态的昆虫为提高抵御恶劣环境的能力，通常会通过增加蛋白浓度来达到保护自身的目的。对棉铃虫进行研究发现，进入滞育后，血淋巴中的蛋白浓度平稳增加，脂肪体中的蛋白浓度却呈现先上升缓慢，后显著下降的趋势（王方海等，1998）。

目前，对昆虫的保护酶系的研究主要集中在CAT、POD及SOD，这几种酶在昆虫的生长发育、代谢活动、抗逆性等方面具有重要作用，可以保护昆虫顺利越冬（Felton and Summers，1995）。有研究显示，松黄叶蜂（*Neodiprion sertifer*）在越夏期间，滞育蛹中的过氧化氢酶活性降低（Trofimov，1975）；对黑纹粉蝶（*Pieris melete*）的滞育展开分析时，人们注意到，与非滞育蛹进行比较，滞育蛹体内的过氧化氢酶与过氧化物酶活性明显更低（薛芳森等，1996，1997）；在对二化螟（*Chilo suppressalis*）进行研究时发现，与非滞育幼虫相比，滞育幼虫体内的这3种酶活性较高（林炜等，2007）；草地螟在滞育过程中过氧化氢酶、过氧化物酶、超氧化物歧化酶活性会提高，以顺利抵御恶劣环境（张晓燕等，2015）。

目前，对茶足柄瘤蚜茧蜂的滞育研究中涉及生理生化物质的较少，其滞育的生理机制尚不明确。本试验对茶足柄瘤蚜茧蜂滞育期间的生理生化物质进行测定，着重分析与非滞育虫态相比，这些生理生化物质的改变，以期为深入进行滞育研究提供一定的指导。

6.3.1　滞育期间茶足柄瘤蚜茧蜂糖类浓度的变化

6.3.1.1　滞育期间茶足柄瘤蚜茧蜂总糖浓度的变化

茶足柄瘤蚜茧蜂在不同滞育时间条件下，测定的蛹体内的总糖浓度结果见图6-16。滞育期间的茶足柄瘤蚜茧蜂蛹体内总糖浓度要高于非滞育状态下蛹体内的总糖浓度。在5个处理中，滞育30d时总糖浓度最高，平均浓度为120.47mg/g，随着滞育时间的延长，总糖浓度逐渐降低。

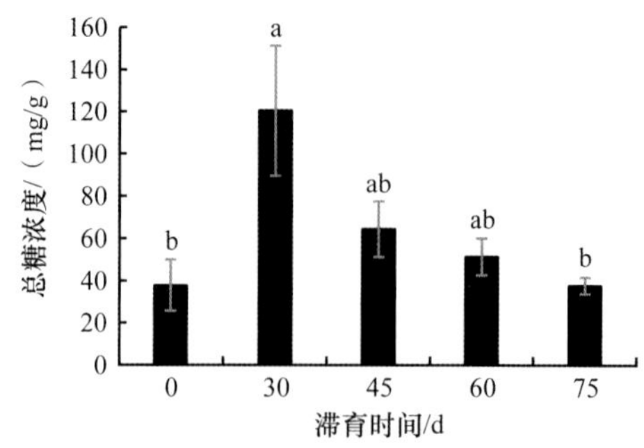

图6-16　不同滞育时间蛹体内总糖浓度

柱子上方不同小写字母表示在0.05水平差异显著；下同

6.3.1.2　滞育期间茶足柄瘤蚜茧蜂海藻糖浓度的变化

茶足柄瘤蚜茧蜂在不同滞育时间条件下的海藻糖浓度见图6-17。与其他4个滞育组处理相比，非滞育的茶足柄瘤蚜茧蜂蛹体内海藻糖浓度最低，为5.62mg/g，且随着滞育时间的延长，海藻糖浓度呈现增加趋势，当滞育时间为75d时，海藻糖浓度最高，为15.06mg/g。由此可以发现，在滞育期间，茶足柄瘤蚜茧蜂属海藻糖累积型。

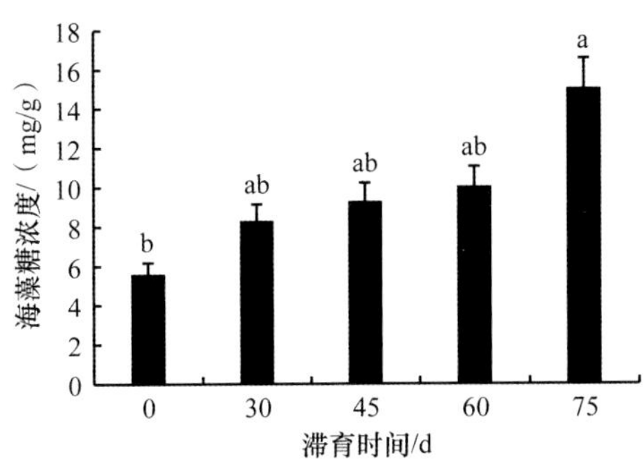

图6-17　不同滞育时间蛹体内海藻糖浓度

6.3.1.3　滞育期间茶足柄瘤蚜茧蜂糖原浓度的变化

图6-18展示了茶足柄瘤蚜茧蜂在不同滞育时间处理下糖原浓度的变化。滞育蛹体内的糖原浓度高于非滞育蛹，且随着滞育时间的延长，糖原浓度逐渐减少，与滞育蛹体内的海藻糖浓度变化呈相反的发展趋势，茶足柄瘤蚜茧蜂在滞育30d时，糖原浓度最高，为非滞育个体的5倍多，当滞育时间达到75d时，与非滞育个体相比，糖原浓度无显著差异。

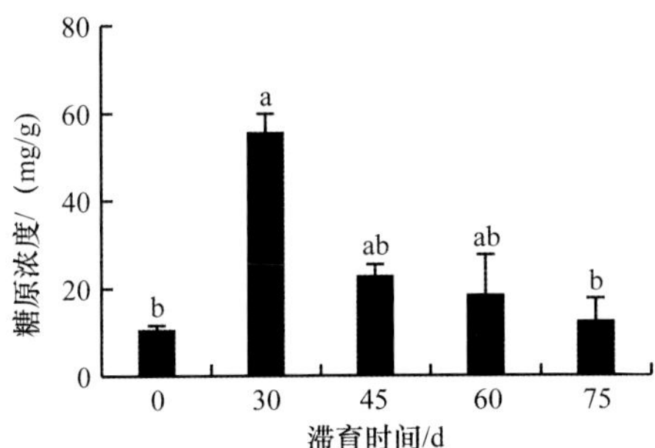

图6-18　不同滞育时间蛹体内糖原浓度

6.3.2　滞育时间对茶足柄瘤蚜茧蜂醇类代谢的影响

6.3.2.1　滞育期间茶足柄瘤蚜茧蜂甘油浓度的变化

图6-19展示了茶足柄瘤蚜茧蜂在不同滞育时间条件下蛹体内甘油浓度的变化。甘油在非滞育蛹体内浓度最低，为3.6mg/g，随着滞育时间的增加，甘油浓度呈现上升趋势，当滞育75d时，甘油浓度最高，为16.16mg/g，是非滞育蛹的4倍多。

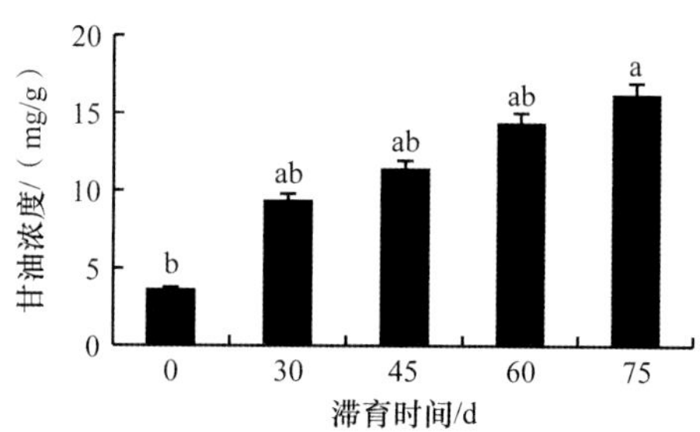

图6-19　不同滞育时间蛹体内甘油浓度

6.3.2.2　滞育期间茶足柄瘤蚜茧蜂山梨醇浓度的变化

滞育的茶足柄瘤蚜茧蜂蛹与非滞育蛹体内山梨醇浓度变化见图6-20。随着滞育时间的增加，山梨醇的浓度出现先增加后减少的趋势，当滞育45d时，出现山梨醇浓度的最大值，82.55mg/g。总体来看，非滞育蛹体内的山梨醇浓度低于滞育蛹，但与滞育30d相比，浓度差异不大。同时，滞育60d与75d的蛹体内山梨醇浓度也无显著差异。

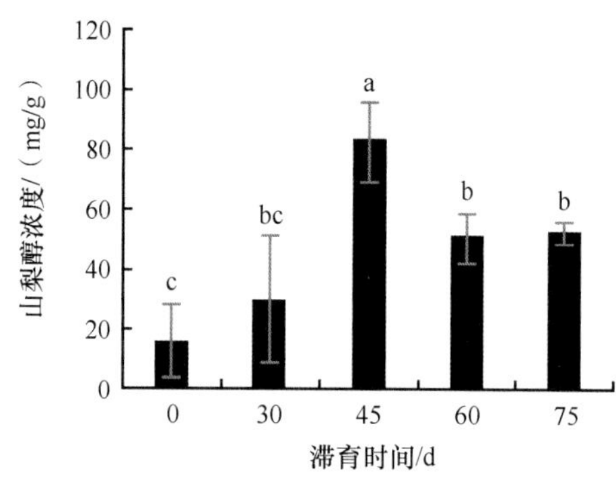

图6-20　不同滞育时间蛹体内山梨醇浓度

6.3.2.3　滞育时间对茶足柄瘤蚜茧蜂蛋白浓度的影响

滞育期间茶足柄瘤蚜茧蜂蛋白浓度变化如图6-21所示。非滞育的茶足柄瘤蚜茧蜂蛹体内的蛋白浓度显著高于滞育组的4个处理。随着滞育时间的增加，蛋白浓度越来越低。当滞育时间为30d时，蛋白浓度仍有18.31mg/g，但是当滞育时间延长到75d时，蛋白浓度仅有8.8mg/g。

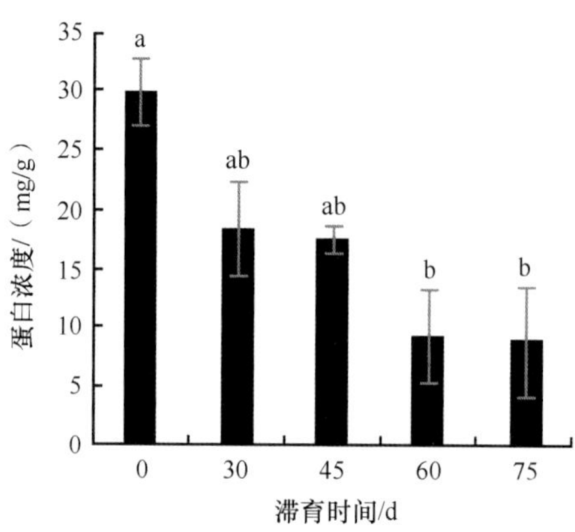

图6-21　不同滞育时间蛹体内蛋白浓度

6.3.2.4　滞育时间对茶足柄瘤蚜茧蜂体内保护酶活力的影响

表6-20展示了茶足柄瘤蚜茧蜂在不同滞育时间条件下体内的POD、SOD、CAT三种保护酶的活性变化。非滞育蛹体内三种酶活性均最低，随着滞育时间的延长，活性均呈现上升趋势。

表6-20　不同滞育时间下茶足柄瘤蚜茧蜂体内的保护酶活性

滞育时间/d	POD活性/（U/mg）	SOD活性/（U/mg）	CAT活性/（U/mg）
0	3.99±0.54a	0.15±0.07a	3.26±0.26a
30	6.16±0.51b	0.18±0.06a	4.58±0.18b
45	6.26±0.29b	0.25±0.03b	5.57±0.44b
60	14.59±1.02c	0.37±0.04b	8.58±1.03c
75	17.85±0.68c	0.58±0.14c	10.97±0.76d

注：同列数据（平均值±标准误）后不同字母表示差异显著（$P<0.05$）（Duncan's新复极差测验法）

6.3.3　茶足柄瘤蚜茧蜂滞育蛹生化物质测定分析

昆虫在滞育期间代谢减弱，但仍需要大量能源物质来维持基本的生命活动，包括糖、醇、蛋白质等物质。有研究显示，麦红吸浆虫在不同滞育年份下，滞育虫态与幼虫体内的总糖浓度无显著差异，表明该虫在滞育状态下耗能极少，从滞育过程中的能量消耗来看，该虫具有滞育12年的可能性（仵均祥和袁锋，2004）。在本试验中，非滞育茶足柄瘤蚜茧蜂蛹体内的糖原浓度显著低于滞育30d糖原浓度，说明了在滞育期间糖原与抵抗低温有关。随着滞育时长的增加，总糖的浓度呈现降低的趋势，这也说明处于滞育状态的茶足柄瘤蚜茧蜂蛹仍需要较多能量维持生命活动。在茶足柄瘤蚜茧蜂滞育试验中观察到的滞育持续时间约3个月，可能与其滞育过程中耗能较大有关。

在冬滞育的昆虫中，大多数体内都会有浓度较高的甘油，甘油能够使昆虫体液冰点降低，使其具有较高的抗冻能力（Barnes，1969；Wu and Yuan，2004）。本次试验结果显示，滞育状态下的茶足柄瘤蚜茧蜂蛹体内甘油浓度高于非滞育状态，这个结果表明在滞育期间茶足柄瘤蚜茧蜂体内合成大量甘油。因此我们推测，滞育期间茶足柄瘤蚜茧蜂蛹体内甘油浓度的增加是虫体自身应对低温而引起的体内物质代谢转化，最终可以达到提高抗寒性的目的。而山梨醇随滞育时间的延长呈现浓度先增加后减少的趋势。

研究证明，处于滞育状态的多数昆虫是消耗蛋白质的，或将蛋白质转化为其他物质来参与一些代谢过程（Denlinger and Lee，2010）。在本次试验中也得出了相同结论，非滞育茶足柄瘤蚜茧蜂蛹体内有较高浓度的蛋白质，而在滞育情况下，蛹体内蛋白浓度降低，可能是为抵御不利环境而将蛋白质转化为其他物质，提供能量。而有研究表明，草地螟幼虫、棉红铃虫在滞育期间蛋白浓度会增加，从而提高虫体的防护能力，以顺利度过滞育阶段，因此在滞育过程中需要更多的蛋白质来满足正常生命活动（Salama and Miller，1992；张健华等，2012）。

昆虫体内的POD、CAT、SOD，是重要的防御系统保护酶，处于滞育状态的昆虫通过调节这些酶的活性来保护自身在不利条件下能够继续生存。有分析发现，CAT、SOD和POD在滞育的幼虫体内，随着滞育时长的延长，酶活性会呈现增强趋势（杨光平，2013）。在二化螟中发现，滞育幼虫中这三种酶的活性均高于非滞育幼虫（张晓燕等，2015）。在本次试验结果中，POD、CAT和SOD这三种酶在滞育过程中，随着滞育时间的延长，活性会逐渐增强，当滞育时间达到75d时，酶活性最高。

本研究测定了滞育与非滞育茶足柄瘤蚜茧蜂蛹体内的总糖、海藻糖、糖原、甘油、山梨醇、总蛋白的浓度，结果发现，总糖、糖原浓度在诱导30d的滞育蛹与非滞育蛹中存在显著差异，而海藻糖、甘油、山梨醇、总蛋白则没有显著差异。在茶足柄瘤蚜茧蜂滞育过程中，滞育时间不同，虫体内生理生化物质的浓度、种类也不完全相同，这些物质的变化，与在逆境下保证虫体的生存密切相关，通过物质浓度变化的幅度，可以衡量茶足柄瘤蚜茧蜂蛹的抗寒性能力，但上述物质对滞育昆虫所起的作用，以及浓度发生变化的原因与变化机制，仍需要进行进一步的研究。

6.4　茶足柄瘤蚜茧蜂控害机制的研究

苜蓿蚜是为害豆科植物的重要害虫，目前寄主植物已达200余种。传统防治苜蓿蚜的方式是使用化学农药，但该虫个体小，且繁殖力旺盛，一年发生20余代，导致世代重叠非常严重，同时，有机磷、合成菊酯类农药的大量使用，不仅导致苜蓿蚜对其产生抗药性，而且会杀伤其他天敌，最终导致苜蓿蚜发生再猖獗。由于化学防治存在环境、社会等问题，生物防治的发展迫在眉睫。茶足柄瘤蚜茧蜂可寄生于多种蚜虫，是一种内寄生性天敌，可以直接刺入虫体内，导致蚜虫死亡，从而对蚜虫有较好的控制作用。根据本实验室前期研究可知，茶足柄瘤蚜茧蜂具有明显的滞育现象，且根据多年系统研究，我们已掌握茶足柄瘤蚜茧蜂滞育调控技术，但对茶足柄瘤蚜茧蜂滞育的分子机制尚不明确，因此，本研究从转录组学、蛋白质组学、代谢组学角度出发，分析并阐明茶足柄瘤蚜茧蜂在分子水平的滞育调控机制，构建茶足柄瘤蚜茧蜂分子调控网络，旨在了解滞育的分子调控机制，为茶足柄瘤蚜茧蜂甚至其他小型寄生蜂的滞育研究提供一定的理论参考，为应用天敌昆虫防治害虫提供新思路，从而更好地利用天敌昆虫，为推进生物控制做出贡献。

近年来，在内蒙古地区，苜蓿蚜对牧草紫花苜蓿和羊柴、沙打旺等防风固沙植物造成了严重危害。特木尔布和等（2005）研究表明，呼和浩特地区为害苜蓿的蚜虫优势种为苜蓿蚜，可使苜蓿减产41.3%～50.5%。长期以来对苜蓿蚜的控制以化学防治为主，化学农药的使用导致农产品农药残留超标，土壤、水中化学物质富集，对人、畜、环境造成严重危害。利用生态系统中各种生物之间相互依存、相互制约的生态学现象和某些生物学特性，以防治危害农业、仓储、建筑物和人群健康的生物的方法，不仅不污染环境，害虫也不会产生抗药性，因此开展生物防治研究与应用，对生物和环境均有重要意义。在内蒙古地区，茶足柄瘤蚜茧蜂是苜蓿蚜的优势寄生蜂，主要寄生于苜蓿蚜低龄幼虫。茶足柄瘤蚜茧蜂成虫在蚜虫体内产卵，卵孵化为幼虫后在蚜虫体内取食，使蚜虫僵化，失去活动能力，形成僵蚜。老熟幼虫在僵蚜体内结茧、化蛹直到羽化，再交配后又寻找寄主蚜虫产卵，如此循环往复（黄海广等，2012）。

目前国内外对茶足柄瘤蚜茧蜂的研究主要集中在基础性研究工作上。1909年，在美国堪萨斯州，Hunter和Glenn尝试用茶足柄瘤蚜茧蜂来防治麦二叉蚜，但由于缺乏对该蜂的生物学与生态学特性的了解，最终放蜂失败。1972年，Starks等分别在大麦抗性和感性品种上建立了多个茶足柄瘤蚜茧蜂-麦二叉蚜蜂蚜比不同的混合试验种群，结果表明，混合试验种群在中抗品种上，只要少量的茶足柄瘤蚜茧蜂就可有效地抑制蚜虫数量增长。郑永善和唐宝善（1989）对茶足柄瘤蚜茧蜂进行了引种研究，1983～1986年在陕西省泾阳县的棉田、小麦田、杂草地及植物园温室分别放蜂21 307头、11 509头、2933头和19 562头。1987年调查放蜂结果：棉田棉蚜僵蚜出蜂172头，未见引进蜂；小麦田禾谷纵管蚜和麦二叉蚜分别出蜂34头和311头，各有引进蜂1头；杂草地豆蚜出蜂420头，有引进蜂6头；在植物园温室扶桑与海桐上僵蚜率分别为49.3%和32.2%，全是引进蜂，根据试验结果对影响茶足柄瘤蚜茧蜂在陕西定殖的因素进行了讨论。后来随着对茶足柄瘤蚜茧蜂寄主、种群动态、形态、交配与产卵、发育、性比等方面的研究（黄海广等，2012），我们对茶足柄瘤蚜茧蜂的认识进一步加深，为后来的茶足柄瘤蚜茧蜂发育历期预测、滞育诱导、生理生化物质的测定（孙程鹏，2018）提供了基础。

寄生蜂是最常见的一类寄生性昆虫，属膜翅目（Hymenoptera），是细腰亚目中金小蜂科、姬蜂科、小蜂科等靠寄生生活的多种昆虫的统称。寄生蜂能够寄生在鳞翅目、鞘翅目、膜翅目和双翅目等昆虫的卵、幼虫、蛹中，在寄主体内生长发育，分为外寄生和内寄生两大类。外寄生是寄生蜂把卵产在寄主体表，让孵化的幼虫从体表取食寄主身体；内寄生是把卵产在寄主体内，让孵化的幼虫取食害虫体内的组织。内寄生被认为较外寄生进化。寄主被寄生后并不会立即死亡，而是会继续生长一段时间，直到寄生蜂变为老熟幼虫，寄主最终死亡。

寄生蜂的这种特性，使其可以应用在农林害虫生物防治中，因此具有巨大的开发前景。目前应用寄生蜂防治害虫较成功的有：利用赤眼蜂属（*Trichogrammatid*）防治棉铃虫、大豆食心虫、玉米螟、甘蔗螟虫、油松毛虫等，利用管氏肿腿蜂（*Scleroderma guani*）防治梨眼天牛、双条杉天牛、松墨天牛，利用花角蚜小蜂（*Coccobius azumai*）防治松突圆蚧，利用周氏啮小蜂（*Chouioia cunea*）防治美国白蛾、赤松毛虫，利用平腹小蜂（*Anastatus* sp.）防治荔枝蝽，利用小腹茧蜂*Microgaster manilae*防治烟草斜纹夜蛾。

昆虫在不利于自身生存的环境条件下，感受到一定的刺激信号，在体内引发一系列的生理生化反应，导致虫体自身生长、发育、繁殖等生命活动暂时停滞的现象，被称为昆虫的滞育。滞育是昆虫对不利环境条件的遗传性适应（Tauber et al.，1986；Saunders，2002），一旦发生，一般情况下会保持一段时间，并不会由于生存环境的改变而立刻恢复正常发育状态（刘流等，2010）。滞育对于昆虫有着积极的意义。昆虫可以通过进入滞育状态来适应不良环境，从而使个体在不利条件下仍能继续存活；昆虫通过滞育还可以保持种群发育整齐，使交配率得以提高，以确保种群的繁衍（王满囷和李周直，2004）。一般会将滞育划分为滞育准备、滞育维持、滞育解除及滞育后发育4个阶段。昆虫在滞育期生长、发育、繁殖等活动会受到抑制，整体代谢物与代谢水平降低（Qiang et al.，2012）。

有多种昆虫滞育类型的分类，目前使用较多的分类方式是按滞育虫态划分，将滞育类型分为卵滞育、幼虫滞育、蛹滞育和成虫滞育。以卵滞育的昆虫中，目前对家蚕的研究最为丰富。在滞育的昆虫中，多数以幼虫滞育。在小型寄生蜂中普遍存在的是以预蛹滞育，姬蜂总科与小蜂总科中有以幼虫滞育的寄生蜂，以蛹滞育的寄生蜂主要集中在茧蜂科（张洪志等，2018），在鞘翅目、鳞翅目、双翅目、直翅目、半翅目、同翅目昆虫中，均有以成虫滞育的昆虫分布，成虫滞育是一种生殖滞育，表现为生殖受到抑制。除此之外，根据滞育发生的季节，可将滞育分为夏滞育与冬滞育（刘柱东等，2004）；按照不同光周期类型对昆虫进行滞育诱导，滞育类型分为短日照诱导滞育型、中间滞育型、长日照诱导滞育型与中间非滞育型；根据滞育专化性对昆虫进行分类，可将滞育分为专性滞育和兼性滞育。

影响小型寄生蜂滞育的因素主要有环境因素（温度、光周期、地理环境）、母体效应等。

大多数昆虫滞育与光周期的影响有关，由于光周期季节变化的规律性与准确性可为昆虫预测环境变化提供最可靠的消息；温度对昆虫的滞育也起着至关重要的作用，既可以作为刺激信号引发昆虫滞育，又可对滞育诱导起到调节作用，与光周期及食料、水分等因素联合作用，共同对昆虫滞育起到影响作用（张礼生，2009）。

在昆虫类群中，母体效应（maternal effect）是一种普遍存在的非遗传效应，受亲代表现型、环境经历（气候、食料、天敌等）及行为（寄主或配偶选择、产卵等）的影响，子代的表现型与适应性会出现差异（Mousseau and Dingle，1991；Glenn and Coby，2004），由于亲代效应的存在，子代会增加对将会出现的可预测环境变化的适应性。当子代的滞育受到亲代表现型和亲代经历的环境因素的影响，或亲代滞育影响到子代的表型时，就出现了滞育的亲代效应（李玉艳等，2010）。研究表明，当亲代经历不利的生长发育环境时，其产生的子代更容易滞育。属于赤眼蜂科的*Trichogramma buesi*和基突赤眼蜂（*Trichogramma principium*），子代在经历低温诱导后能发生滞育的前提条件是，亲代需要在短光照条件下进行饲养（Voinovich et al.，2015），这种效应一直能够延续到第5代（Reznik et al.，2012）。

无论是在理论上还是在技术上，组学的发展都是一个飞跃。转录组学可以通过对功能基因的测序去预测基因的功能；蛋白质组学提供了一系列能够在蛋白质水平上大规模地直接研究基因功能的强有力的工具，它将对昆虫学、医学、微生物学等的研究起到积极的促进作用；代谢组学可以通过技术来探究整个生物代谢的状态及变化。当然，从组学被提出到人类基因组计划的完成，组学思想越来越受到人们的重视，这是因为人们开始将思维从微观转变到宏观，对一个个微观个体从整体去探究它们的组成及联系。但是仍然被认为这种联系不够，它只是从每一类物质的宏观出发，探究生物整体的性质，随着未来科学技术的发展，人们一定可以从整个生物体，甚至生物体之间的联系出发，探究更宏观的新的科研思路。

随着组学时代的到来，组学技术在生物学的研究中得到越来越广泛的应用，尤其是基因组学，其以测序为首引领着组学的蓬勃发展。本部分主要简述转录组学、蛋白质组学、代谢组学在昆虫学研究领域的进展。如今随着科学技术的发展，组学越来越受到人们的关注，也越来越多地应用于各大学科的科研方法中。因此，不难想到组学在昆虫学的研究中有着大量的应用。组学不仅在技术上对科学技术有着极大的推动作用，在思想上也给科研提供了更多更新的思路。

6.4.1 转录组学

在所有昆虫种类中，寄生性昆虫占20%左右，主要涉及膜翅目、双翅目、鞘翅目。其中寄生蜂，也就是寄生性膜翅目昆虫种类最多。已知的寄生蜂种类超过10万种，据估计仍有50余万种尚未被发现或鉴定，其物种多样性远比其他膜翅目昆虫丰富得多。寄生蜂可以导致寄主种群个体大量死亡，因此应用寄生蜂来防治害虫在实际生产中得到了广泛应用（时敏和陈学新，2015）。

转录组（transcriptome）一般情况下指的是在一定的生理状态下，细胞中信使RNA（mRNA）、核糖体RNA（rRNA）、转运RNA（tRNA），以及包括非编码RNA（non-coding

RNA）在内的全部转录产物的集合，它能够反映生命体在不同生长发育阶段、不同器官组织、不同生理生化状态与不同生存环境下基因的表达模式（刘红亮等，2013）。对昆虫进行转录组学研究，为研究人员对害虫防治、药物开发、疾病防治、昆虫谱系地理学、生物进化等方面进行进一步研究提供了机会（张棋麟和袁明龙，2013）。例如，灰飞虱（*Laodelphax striatellus*）转录组信息揭示了其传毒机制（Zhang et al.，2010），烟粉虱（*Bemisia tabaci*）转录组图谱可以为研究其抗药性提供依据（Yang et al.，2013）。

尽管新一代测序技术（NGS）具有快速、高效、经济等优点，但由于重视程度不够、经费资助力度不足或其他原因，对于大多数生物，全基因组测序仍较为困难（De Wit et al.，2012）。为此，针对这些生物，研究人员提出了简化基因组的测序策略，如基于测序的基因分型（genotyping-by-sequencing）（Elshire et al.，2011）、酶切位点相关DNA测序（RAD-Tag）（Hohenlohe et al.，2010）等。这些方法为从全基因组水平鉴定变异位点提供了高效的途径，但鉴定到的位点分散于整个基因组，且这些位点常常位于非编码区，所以不能提供包含这些变异位点所在序列的功能信息。

转录组测序是另一类简化基因组测序的策略（Guell et al.，2009）。随着近年来高通量测序技术的不断发展，转录组学的研究模式也发生了巨大的变化。新一代高通量测序技术所衍生出的转录组测序为非模式生物的研究带来了机遇。转录组测序专注于研究功能位点，能够代表基因组中大多数适应性位点，已成为研究基因发掘、基因表达、功能鉴定、遗传多样性及适应性进化等的强大工具。利用高通量测序技术对昆虫不同生长阶段的基因表达与调控机制进行研究，可以帮助我们了解基因转录图谱在整个发育过程中的动态变化，为害虫防治和益虫保护提供分子依据（杨帆等，2014）。早期完成的寄生蜂基因组测序种类少，对寄生蜂基因家族的研究主要依赖于转录组数据，以此来完成对某个基因家族或者某一类基因家族的研究，如化学感受蛋白（CSP）、气味结合蛋白（OBP）、气味受体（OR）等单个基因家族等。

转录组测序技术由于具有高通量、操作简便的特性，目前在许多物种的滞育研究中都有应用。Poelchau等（2011，2013a）利用454测序平台对白纹伊蚊（*Aedes albopictus*）开展滞育研究，对滞育准备期卵与非滞育卵进行转录组测序，结合比较分析，了解到与细胞结构、细胞增殖、内分泌信号、代谢、能量合成相关基因的差异表达情况。转录组测序技术在寄生蜂研究领域的应用主要集中在以下几方面。

6.4.1.1　寄生蜂对寄主的调控机制

昆虫应对不同的外源物入侵，产生的防御策略也不同，寄生蜂为在寄主体内创造出更有利于其生存的环境，产生了一套应对寄主免疫抑制反应的策略。破坏寄主的细胞免疫和体液免疫，是影响寄生蜂生存的第一步。寄生蜂能够在寄主体内寄生成功的关键是寄生蜂体内携带某些因子，这些因子主要有在主动防御中发挥作用的毒液（Lin et al.，2019）、多分DNA病毒（PV）（Tan et al.，2018）、畸形细胞（Wang et al.，2018），以及在被动防御中发挥作用的卵巢蛋白（Mateo Leach et al.，2009）、幼蜂胚胎分泌物等。这些寄生因子能够改变寄主的血细胞数量及比例，抑制血细胞的延展和黏附能力，导致寄主的包囊能力被削弱，使寄生蜂能够逃避攻击，同时，寄生蜂还可以诱导寄主细胞的裂解与凋亡。目前对寄生因子的研究主要集中在毒液和多分DNA病毒上。

寄生蜂由于虫体体积的限制，只能携带少量的毒液蛋白，采用传统生化方法对寄生蜂毒液蛋白进行分离与鉴定存在很大困难，因此研究也受到了限制。分子生物学技术和高通量测序技术的广泛应用，促进了对毒液蛋白的研究，例如，研究者通过蝶蛹金小蜂（*Pteromalus puparum*）毒腺cDNA文库，克隆了活性蛋白和酶基因cDNA序列，这些活性蛋白包括酸性磷酸酶、碱性磷酸酶、钙调蛋白等；开展了相关的转录模式检测、重组蛋白表达、抗体制备、免疫组织定位等研究，揭示了这些酶或蛋白在寄生蜂寄生过程中发挥的作用（Zhu et al.，2010，2008；Wang et al.，2013）；发现了一些受毒液调控的，导致寄主免疫的靶标（如细胞骨架、细胞周期等）（Fang et al.，2010），毒液通过抑制这些靶标基因的转录丰度来影响寄主的免疫功能（Fang et al.，2011a，2011b）。

体液免疫中存在3种常见的重要免疫因子，包括抗菌肽（AMP）、溶菌酶、酚氧化酶（PO），可以保护寄主免受外源物入侵。当寄生蜂寄生时，寄主体内会快速生成抗菌肽和溶菌酶。当蒙氏桨角蚜小蜂（*Eretmocerus mundus*）幼虫通过穿刺进入烟粉虱体内后，寄主通过提高*Knottin*基因转录水平，来抵御寄生（Mahadav et al.，2008）。果蝇科（Drosophilidae）被寄生蜂寄生后，参与JAK/STAT通路与Toll通路的*dome*、*hop*、*nec*、*TI*等基因出现差异性表达（Wertheim et al.，2005）。寄生蜂通过抑制血淋巴黑化反应来破坏寄主的体液免疫，可调节与该反应相关基因的转录水平。在黑化级联反应中，酚氧化酶是反应的最终产物，可将多巴、酪氨酸、多巴胺等物质氧化成黑色素，并杀死寄生蜂卵。寄生蜂寄生果蝇和云杉色卷蛾（*Choristoneura fumiferana*）后，寄主虫体内酚氧化酶基因出现差异性表达（Wertheim et al.，2005；Doucet et al.，2008）。Mahadav等（2008）通过对被蒙氏桨角蚜小蜂寄生的烟粉虱进行的转录组测序，发现烟粉虱丝氨酸蛋白酶抑制剂基因表达受到抑制，导致黑化反应减少。Zhang等（2015）研究发现，被寄生蜂寄生的棉蚜（*Aphis gossypii*）与未被寄生的棉蚜相比，几乎所有与甘油三酯合成相关的基因都发生了上调表达，多数达到显著上调水平，进一步证明了寄生蜂可调节寄主脂质合成这一结论。高雪珂（2019）对被棉蚜茧蜂寄生后的棉蚜进行转录组测序，重点分析了甘油磷脂、鞘磷脂等脂代谢途径和脂肪酸合成途径。研究结果表明，在被寄生的棉蚜体内，这些途径中关键基因显著表达，*Gpam*增加7.8倍，溶血磷脂合成基因（*Agpat3*、*Cds1*、*Lpgat1*、*Pgs1*和*Pla2g2e*）表达显著上调。溶血磷脂具有神经毒性作用，低剂量时可使细胞溶解。棉蚜茧蜂通过调节棉蚜生理环境，促进寄生蜂利用寄主营养物质。有研究报道，在被寄生蜂寄生的蚜虫体内，糖酵解途径中所有脂代谢相关基因均显著表达（Zhang et al.，2015）。此外，寄生作用还能促进糖酵解和三羧酸循环（Febvay et al.，1999；Salati and Amir-Ahmady，2001）。结合转录组信息，研究者发现棉蚜被棉蚜茧蜂寄生后，脂肪酸合成通路相关基因被激活（高雪珂，2019）。

6.4.1.2 寄生蜂携带的病毒

2017年，国际病毒分类委员会（ICTV）发布第十次报告，结合其网站公布的数据，统计出目前已知的病毒/类病毒至少包含9目131科5268种，其中感染无脊椎动物如昆虫的至少有24科（Maciel-Vergara and Ros，2017；Ryabov，2017；Williams et al.，2017）。在220种无脊椎动物样品中应用转录组测序，发现1445种新的RNA病毒（Shi et al.，2016）。Reineke等（2003）对仓蛾姬蜂（*Venturia canescens*）中2个品系的差异表达基因应用cDNA-扩增片段长度多态性（AFLP）技术进行对比分析，结果发现其中存在与小RNA病毒类似的cDNA片段，且在不同品系中基因的表达量有显著差异，将其命名为仓蛾姬蜂小RNA病毒（Vc SRV）。

与在仓蛾姬蜂中发现Vc SRV的方式类似，研究者应用表达序列标签（expressed sequence tag，EST）测序技术，对丽蝇蛹集金小蜂的cDNA文库进行测序，发现了与小RNA病毒类似的序列，有Nvit V-1、Nvit V-2和Nvit V-3，且其基因组均为带多腺苷酸（polyadenylic acid，PolyA）尾的正义单链RNA（Oliveira et al.，2010）。研究发现Nvit V-1与寄生蜂形成的是非致病性共生，在瓢虫茧蜂（*Dinocampus coccinellae*）及其寄主大斑长足瓢虫（*Coleomegilla maculata*）转录组中发现的一种传染性软腐病病毒——瓢虫茧蜂麻痹病毒（DcPV），参与瓢虫茧蜂对寄主的行为调控（Dheilly et al.，2015）。

研究者对棉铃虫齿唇姬蜂病毒（CcIV）（李馨和刘海虹，2001；白素芬等，2003；Yin et al.，2003；Zhang and Wang，2003；Luo and Pang，2006；Tian et al.，2007）、双斑侧沟茧蜂病毒（MbBV）（Tian et al.，2007）和菜蛾盘绒茧蜂病毒（CvBV）（Chen et al.，2007，2008；刘鹏程等，2008；Shi et al.，2008）这3种寄生蜂病毒在寄主体内时空转录的模式、基因种类（Ankyrin、PTP、EP-1-like、Cysteine motif和cysteine-rich trypsin inhibitor-like等的基因）进行了分析，并对部分转录基因进行了克隆和免疫定位分析。依据序列同源性和它们在寄主血细胞中的快速、高丰度转录特点，推测了这些基因在寄生早期对寄主的细胞免疫抑制作用。通过测定寄生后寄主或脂肪体的转录组，鉴定了二化螟绒茧蜂病毒（CchBV）（Wu et al.，2013；Qi et al.，2015）、MbBV（Li et al.，2014）中的部分编码基因家族和序列。

6.4.1.3　寄生蜂滞育

2014年，Chen等对编码麦蛾柔茧蜂（*Habrobracon hebetor*）热休克蛋白Hsp70的基因进行了测序，并对它们的表达特征进行研究，结果发现当改变饲养条件时3个基因表达量的变化不完全相同。在遗传机制的研究方面，2016年，Paolucci等对丽蝇蛹集金小蜂进行数量性状基因座（quantitative trait locus，QTL）分析，结果发现在丽蝇蛹集金小蜂的1号和5号染色体上分别存在一个特殊区域，在这个区域中存在生物钟基因*period*、*cycle*和*cryptochrome*，与利用光周期诱导小蜂滞育有关；通过RNA干扰技术敲除丽蝇蛹集金小蜂的生物钟基因*period*，研究人员发现短光照不能诱导小蜂滞育，但低温仍然可以诱导丽蝇蛹集金小蜂进入滞育状态，由此可以推测生物钟基因*period*不直接决定丽蝇蛹集金小蜂滞育，而是影响其对光周期的感应。2017年，安涛等对烟蚜茧蜂正常发育、滞育、滞育解除组样本进行从头（*de novo*）双端测序，根据测序结果，共获取40 477个非冗余基因序列（unigene）、458个非滞育组与滞育组差异表达基因、298个滞育组与滞育解除组差异表达基因，进一步筛选出滞育组与非滞育及滞育解除组有显著差异，但非滞育组与滞育解除组无显著差异的滞育关联基因59个，对这59个滞育关联基因进行GO（Gene Ontology）富集分析与KEGG（Kyoto Encyclopedia of Genes and Genomes）通路表达分析，根据功能注释发现这些滞育关联基因与烟蚜茧蜂自身防御、耐寒、脂代谢、表皮黑化、转录调控等途径相关，是影响烟蚜茧蜂滞育进程的重要调控和参与基因（安涛等，2017）。

6.4.1.4　寄生蜂神经肽

董帅（2012）应用Illumina测序技术对被菜蛾盘绒茧蜂寄生的小菜蛾（*Plutella xylostella*）

脑组织进行转录组测序，最终拼接后得到42 441个unigene序列。基于转录组测序结果的物种分布发现，同源序列主要集中在已完成基因组测序且生物信息学发展应用较为成熟的物种。根据小菜蛾脑组织转录组Nr注释结果，找到19种神经肽基因的同源序列，通过反转录验证了其中几种神经肽基因的存在，包括A型咽侧体抑制肽（AstA）、咽侧体活化肽（AT）、鞣化激素（BUR）、促前胸腺激素（PTTH）和类甲壳心律肽（CCAP）（董帅，2012）。

小菜蛾幼虫被菜蛾盘绒茧蜂寄生与假寄生后，对其神经肽转录趋势进行研究发现，神经肽基因的转录规律与小菜蛾幼虫不同龄期的蜕皮活动相关。小菜蛾被菜蛾盘绒茧蜂寄生后的神经肽转录水平可以分为转录水平下调型和转录水平上调型。小菜蛾被假寄生后的神经肽分为转录水平平稳型和转录水平波动型。通过对未寄生、寄生与假寄生的转录规律水平进行比较发现，小菜蛾幼虫被菜蛾盘绒茧蜂寄生或假寄生后，某些神经肽基因转录受到影响，且转录峰出现的时间被推迟，但是转录趋势不变（李明天，2014）。

例如，应用新一代高通量测序技术——Illumina-Solexa平台对黄曲条跳甲成虫的转录组进行测序。结合GO数据库进行分析，发现大部分unigene具结合能力和催化活性；上百种unigene可聚类于生物学过程分类中的配子发生、生殖腺发育和交配行为等重要功能，有助于深入研究黄曲条跳甲行为发生的内在机制，从而可以阐明害虫的行为学机制，对于农业保护等方面有着重要的作用。又如，刘莹等（2012）通过对5种鳞翅目害虫转录组的生物信息学分析，鉴定出13种与抗药性相关的基因。同时，对这5种鳞翅目昆虫中部分Bt受体相关的基因做了多序列比对和进化分析，从多物种、多基因的角度提出对农药抗性的系统性研究理念，为新抗虫药物的研制、新的抗虫靶向研究提供了思路。

基于当前寄生蜂转录组的研究现状，结合国内外昆虫领域的研究热点及应用寄生蜂防控农林害虫的需求，本研究提出关于寄生蜂转录组在未来研究中应重视的两方面。

一是加强寄生蜂转录组、蛋白质组、代谢组等多组学结合的研究。目前多组学结合对昆虫进行研究已经有了较广泛的应用。2017年，Zhao等通过对二斑叶螨（*Tetranychus urticae*）滞育与非滞育成虫转录组及蛋白质组联合分析，确定了Ca^{2+}信号通路在其滞育调控中的实际作用；2016年，Qiu等对褐飞虱（*Nilaparvata lugens*）进行了转录组和蛋白质组联合分析，研究了与繁殖力相关基因的功能，为褐飞虱的防治提供了参考靶标基因。在寄生蜂的研究中，目前只有转录组与蛋白质组联合分析揭示了烟蚜茧蜂的滞育机制（Zhang et al.，2018）。应用多组学联合分析将更有利于对寄生蜂分子机制的研究。

二是探索针对寄生蜂第三代测序技术的应用研究。第二代测序技术衍生出的转录组测序技术被广泛应用于分子机制的研究，目前一种新型测序技术——第三代测序技术的出现又为基因组学、转录组学及DNA甲基化等研究注入了新活力（曹晨霞等，2016）。第三代测序技术已经在转录组测序中成功应用于人类造血干细胞中的巨核细胞（Chen et al.，2014）、一类真菌类（Gordon et al.，2015），但尚未见第三代测序技术在寄生蜂转录组中的应用。第三代测序技术相较第二代测序技术具有通量更高、速度更快、读长更长、假阳性率更低等诸多优点，在未来寄生蜂研究中有着巨大的发展潜力。

农业害虫对农作物造成了巨大的损失，而寄生蜂在害虫生物防治中发挥了重要作用，其中茧蜂科和小蜂总科是寄生农业害虫最主要的2个科，目前对寄生蜂的研究也主要集中在这2个科。对寄生蜂转录组的测序概况及在寄生蜂不同方面的研究应用进行总结和概括，以期为寄生蜂转录组的进一步研究和应用提供新思路。

6.4.2 蛋白质组学

尽管现在已有多个物种的基因组被测序，但在这些基因组中通常有一半以上基因的功能是未知的。而蛋白质是生理功能的执行者，是生命现象的直接体现者，对蛋白质结构和功能的研究将更有助于我们直接阐明生命在生理条件下的变化机制。蛋白质本身的存在形式和活动规律问题，仍需要我们利用蛋白质组研究技术直接对蛋白质进行研究来解决。虽然蛋白质的可变性和多样性等特殊性质导致蛋白质研究技术远比核酸研究技术复杂和困难得多，但正是这些特性参与影响着整个生命过程。因此，在20世纪90年代中期，国际上产生了一门新兴学科——蛋白质组学，它以细胞内全部蛋白质的存在及其活动方式为研究对象。蛋白质组（proteome）一词，源于蛋白质（protein）与基因组（genome）两个词的组合，意指“一种基因组所表达的全套蛋白质”，即包括一种细胞乃至一种生物所表达的全部蛋白质。蛋白质组学本质上指的是在大规模水平上研究蛋白质的特征，包括蛋白质的表达水平、翻译后的修饰、蛋白质与蛋白质相互作用等，由此获得蛋白质水平上的关于疾病发生、细胞代谢等过程的整体而全面的认识。蛋白质组的概念与基因组的概念有许多差别，它随着组织甚至环境状态的变化而改变。在转录时，一个基因可以多种mRNA形式剪接，并且，同一蛋白质可能以许多形式进行翻译后的修饰。故一个蛋白质组不是一个基因组的直接产物，蛋白质组中蛋白质的数目有时可以超过基因组的数目。

蛋白质组学对生物科学的发展有着至关重要的作用，当然应用于其他生物的蛋白质组学技术也可以应用于昆虫学。例如，在神经生物学中，Zhang等（2005）对果蝇突变体（*fmr1*）进行蛋白质组学研究，发现该突变体中苯丙氨酸羟化酶与GTP水解酶表达差异显著，它们与多巴胺及5-羟色胺合成密切相关。在发育生物学领域，钟伯雄（1999）研究了家蚕（*Bombyx mori*）胚胎期蛋白质组成变化情况，发现从临界期到点青期，家蚕体内卵特异性蛋白、30K蛋白表达量较高；由点青期到转青期再到蚁蚕期，家蚕体内酸性蛋白明显增多，卵特异性蛋白、30K蛋白逐渐消失，对家蚕养殖业做出了很大的贡献。

可以说，研究方法既可以推动蛋白质组学的发展，也可以限制其发展，蛋白质组学研究成功与否，速度快慢，很大程度上取决于研究方法水平的高低。对蛋白质的研究远比基因复杂和困难：不仅氨基酸残基种类远多于核苷酸残基（分别为20种和4种），而且蛋白质有着复杂的翻译后修饰，如磷酸化和糖基化等，给分离和研究蛋白质带来很多困难。另外，蛋白质体外表达和纯化也并非易事，从而难以获得大量的目标蛋白。蛋白质组的研究实质上是在细胞水平上对蛋白质进行大规模的平行分离和分析，往往要同时处理成千上万种蛋白质。因此，发展高通量、高灵敏度、高准确性的研究方法和技术平台是现在乃至未来相当一段时间内蛋白质组学研究中的重点与难点。

昆虫是传播病毒的重要中间宿主之一，无论是人类病毒还是植物病毒、动物病毒，几乎都与昆虫有关，因此依靠蛋白质组学技术探究昆虫传播病毒的方式和能力，对于医疗卫生方面有着重要的意义。例如，Papura等（2002）利用蛋白质组学比较麦长管蚜（*Sitobion avenae*）大麦黄矮病病毒（BYDV-PAV）传播能力差异品系间的蛋白表达差异，研究了大麦黄矮病病毒传播与麦长管蚜间的关系。

蛋白质组为抗虫转基因植物产品安全性研究提供了一个与传统方法完全不同的方法。可以用于探究具有高抗虫活性的转基因作物的产品对人健康的安全性、营养价值、与传统食品的区别，以及转基因植物发生了什么样的生理变化等问题。为食品安全检测提供了更为可靠的方法。

昆虫在滞育期间特异性表达，而在非滞育阶段不表达或表达极微量的一类蛋白质，如储藏蛋白、抗冻蛋白、热休克蛋白、分子伴侣及酶等，称为滞育关联蛋白（张礼生，2015），它们在滞育昆虫的能量代谢、表皮黑化、脂肪积累、免疫调节等生命活动中发挥重要作用。在对滞育关联蛋白进行研究的同时，研究者也逐渐开始应用转录组测序技术探索编码蛋白的基因、小型寄生蜂的滞育遗传机制。

近年来发展起来的定量蛋白质组学指的是把一个基因组表达的全部蛋白质或一个复杂的混合体系中的目标蛋白质进行精确定量和鉴定。这一概念的提出，标志着蛋白质组学技术的不断改进和完善。蛋白质组学研究已从简单的定性向精确的定量方向发展。同位素标记亲和标签（ICAT）技术由Gygi等于1999年发明。此技术是利用同位素标记亲和标签试剂，预先选择性地标记某一类蛋白质，分离纯化后进行质谱（MS）鉴定。根据MS图上不同同位素标记亲和标签试剂标记的一对肽段离子的强度比值定量分析样品的相对丰度。ICAT技术每次实验只能对两个样品进行相对定量。而新近出现的多重元素标记的同位素标记相对和绝对定量（iTRAQ）技术在一定程度上解决了这一问题。它是由AB SCIEX公司研发的一种在体外用同种同位素标记的相对与绝对定量技术。该技术利用多种同位素试剂标记蛋白多肽N端或赖氨酸侧链基团，经高精度质谱仪串联分析，可同时比较多达8种样品之间的蛋白表达量，是近年来定量蛋白质组学常用的高通量筛选技术。与双向凝胶电泳（2-DE）这样的传统方法相比，iTRAQ技术有着不可比拟的优点，可对4种或8种不同类型样品中蛋白质的相对含量或绝对含量同时进行比较，试验效率高；因为iTRAQ技术对试验过程中的所有蛋白都可以进行有效标记，所以还可以通过此技术对翻译之后的糖基化蛋白和磷酸化蛋白展开定性与定量的探究。

张倩等（2019）应用iTRAQ技术对滞育准备阶段与滞育过程中的库蚊进行蛋白质组分析，共鉴定出差异表达蛋白244个，包含126个上调蛋白和118个下调蛋白。结合生物信息学，分析得出这些差异表达蛋白主要与以下途径相关：糖代谢、能量代谢、脂代谢、蛋白质转运、细胞骨架重塑等。姜珊（2018）采用iTRAQ技术对伞裙追寄蝇滞育蛹与非滞育蛹的蛋白进行鉴定，共鉴定到蛋白1055种，其中差异表达蛋白95种，包括24种上调表达蛋白和71种下调表达蛋白，对差异蛋白进行GO功能注释与KEGG通路富集，发现在滞育蛹中存在与抗寒性相关的蛋白——热休克蛋白，并且该蛋白在滞育的伞裙追寄蝇蛹中呈上调表达。在糖代谢、能量代谢、脂代谢、氨基酸代谢途径中，这些差异蛋白也存在不同程度的上调或下调表达，表明伞裙追寄蝇通过降低自身的能量消耗和促进自身的贮存物质分解来供能。谈倩倩（2016）利用iTRAQ技术对大猿叶虫滞育准备期雌成虫头部蛋白进行鉴定，最终鉴定到3175个蛋白，其中差异表达蛋白297个，包括141个上调表达蛋白、156个下调表达蛋白。根据蛋白质直系同源基因簇数据库（COG）功能分析，上调表达蛋白主要集中在糖代谢和运输、脂代谢等途径。根据KEGG富集分析，发现脂肪酸结合蛋白（FABP）既在过氧化物酶体增殖物激活受体（peroxisome proliferator-activated receptor）信号中注释，又在脂肪消化和吸收通路中注释。

茶足柄瘤蚜茧蜂滞育蛹与非滞育蛹差异分析中，在两组样品中共同鉴定到的蛋白（非共同鉴定到的蛋白无法确定上调或下调）共7251个，差异显著的蛋白共135个，筛选出显著上调的蛋白38个，显著下调的蛋白97个。GO注释到的差异蛋白数为90个，富集到154个条目（term），共有44个GO条目显著富集，在生物过程部分，参与有机物代谢的蛋白数最多，高分子代谢和蛋白质代谢次之；在细胞成分部分，与胞内细胞器和细胞质功能相关的蛋白数较多；在分子功能部分，参与结构分子活性和核糖体结构成分的蛋白质数量较多；与天冬氨酸转运、L-谷氨酸转运、胆碱脱氢酶活性、胆碱生物合成甘氨酸甜菜碱等条目相关的蛋白质在滞育阶段显著上调表达。KEGG注释到64个差异蛋白，共富集到97条KEGG通路，对富集通路进行显著性分析发现，除与人类疾病相关的通路外，有3条途径显著富集到KEGG通路上，分别是核糖体、氧化磷酸化和逆行内源性大麻素信号，而富集到这些条目及通路中的蛋白质与能量代谢及抗逆性有密切关系。

6.4.3　代谢组学

代谢组学的概念来源于代谢组，代谢组是指某一生物或细胞在某一特定生理时期内所有的低分子量代谢产物，代谢组学是以组群指标分析为基础，以高通量检测和数据处理为手段，以信息建模与系统整合为目标的系统生物学的一个分支，对某一生物或细胞在某一特定生理时期内所有低分子量代谢产物同时进行定性和定量分析，对整体或细胞内代谢物的数量、种类及变化规律进行研究，从而解释或阐明生命体在正常状态、遗传变异、环境变化等过程中的各种物质进入代谢系统后的代谢过程（Fiehn，2002）。代谢组学是继基因组学和蛋白质组学之后新近发展起来的一门学科，效仿基因组学和蛋白质组学的研究思想。基因组学和蛋白质组学分别从基因和蛋白质层面探寻生命的活动，而实际上细胞内许多生命活动是发生在代谢物层面的，如细胞信号释放、能量传递、细胞间通信等都是受代谢物调控的。基因与蛋白质的表达紧密相连，而代谢物则更多地反映了细胞所处的环境，这又与细胞的营养状态、药物和环境污染物的作用及其他外界因素的影响密切相关。因此，有人认为基因组学和蛋白质组学告诉人们什么可能会发生，而代谢组学则告诉人们什么确实发生了。

代谢组学研究的主要是参与各种代谢路径的底物和产物的小分子代谢物（相对分子质量＜1000）。在食品安全领域，利用代谢组学工具发现农兽药等在动植物体内的相关生物标志物也是一个热点。其样品主要是动植物的细胞和组织的提取液。主要技术手段是核磁共振（NMR）、质谱（MS）、色谱（高效液相色谱、气相色谱）及色谱质谱联用技术。通过检测一系列样品的NMR谱图，再结合模式识别方法，可以判断出生物体的病理生理状态，并有可能找出与之相关的生物标志物，为相关预警信号提供一个预知平台。

昆虫代谢物数据库的构建对进一步发展代谢组学意义重大。Siegert等对烟草天蛾（*Manduca sexta*）血淋巴中的海藻糖及葡萄糖进行了代谢组学检测，重点检测烟草天蛾羽化与蜕皮过程中两种糖的浓度（Siegert，1987，1995；Siegert et al.，1993）。2008年，Phalaraksh继续对烟草天蛾进行代谢组学检测与分析，结果发现，处于不同生长发育期的幼虫和蛹，血淋巴中的代谢物含量有所变化。烟草天蛾在幼虫阶段，氨基酸（赖氨酸、丙氨酸）、小分子无机盐（谷氨酸盐、乳酸盐、琥珀酸盐）及甜菜碱等物质的含量呈现上升趋势，当烟草天蛾处于化蛹阶段，小分子有机酸（脂肪酸、柠檬酸、琥珀酸）含量也呈现上升趋势。代谢物含量的变化与保幼激素相互关联，可以揭示激素作用机制，为阐明激素如何发挥作用提供依据。在研究昆虫代谢组学方面，果蝇是模式生物。2006年，Malmendal对果蝇进行代谢组学研究，主要分析了果蝇处于热压力环境中时，如何控制自身体内环境保持相对稳定。昆虫在应对极端环境时，机体会开启一系列生理生化反应，来对自身进行保护。果蝇在热压力状态下，机体会采取相应的应对方式来避免受到损害，如热激反应。在热激反应进行过程中，通过代谢组学可以在果蝇体内检测到相关代谢物含量的变化，而这些代谢物的变化必然与一系列生理生化反应相关联，因此检测代谢物可以更直接地对内稳态进行理解。若应用基因组或蛋白质组研究技术对果蝇进行探究，只能了解到热激反应进行过程中产生的某些化合物或性状特征，无法对代谢物的变化水平进行检测，不能直观理解果蝇如何维持内环境的稳定。2010年，Wang等对豆长管蚜进行代谢组学研究，设置豆长管蚜体内有共生菌与无共生菌两个实验组，检测豆长管蚜在两种状态下取食需求程度较低的必需氨基酸食物时，虫体内氨基酸含量的变化，从而验证虫体内存在的共生菌是否能为豆长管蚜提供吸收氨基酸的能力。除以上研究外，对家蚕等全变态昆虫，蚜虫、飞虱、沙漠飞蝗及甲虫等半变态昆虫都进行过代谢组学研究（Wilson et al.，1989；Auerswald and Gäde，1999；Phalaraksh et al.，1999；Lenz et al.，2001；Moriwaki et al.，2003）。

采用代谢组学技术，可以测定昆虫的代谢变化，判断出昆虫的生理状态及其寄主、取食植物等的生理状态，从而进行数据分析。例如，以三年生蒙古沙冬青幼苗和灰斑古毒蛾幼虫为实验材料，通过代谢组学技术测定不同代灰斑古毒蛾取食后蒙古沙冬青叶片的代谢变化；探究由于植物对同种昆虫取食的响应为植物对相同外部刺激因子的诱导响应，前一次昆虫的取食行为可能会影响下一次植物对这种昆虫取食的响应。又如，针对小金蝠蛾幼虫室温下不能正常存活这一问题，就其生理生化和分子机制进行研究。利用代谢组学的技术探究得出，热胁迫处理后，虫体内的还原性物质水平低下，虽然血淋巴中磷酸戊糖途径代谢水平提高，提供较多的NADPH，但是由于NADPH氧化酶活力升高，活性氧大量生成，活性氧代谢平衡难以维持，易造成氧化损伤，对于小金蝠蛾幼虫的养殖等有指导性意义。总之代谢组学作为一门重要的技术，可以用来探究生物在受到胁迫、侵害等变化时所呈现的动态变化，从而给人类提供方法去促进或者抑制变化效应。

根据化合物的性质，有的物质容易带正电荷。在正离子模式下，鉴定到的化合物共有613种，其中差异显著的代谢物有81种，包括39种显著上调的代谢物和42种显著下调的代谢物；在负离子模式下，鉴定到的化合物共有419种，差异显著的代谢物有34种，显著上调与显著下调的代谢物都是17种。对显著上调、下调的代谢物进行统计发现，非滞育组与滞育组相比，脂类代谢物在差异代谢物中所占比例较大，其中上调脂类代谢物18种、下调9种，包含溶血磷脂类、甘油磷脂类、羟脂肪酸支链脂肪酸酯。对差异代谢物进行KEGG富集分析，共有10种差异代谢物被KEGG注释，代谢物共富集到22条通路，除富集到与人类疾病相关的通路外，代谢物主要富集在氨基酸代谢、核苷酸代谢、脂代谢、糖代谢等通路。

在滞育过程中，氨基酸代谢通路中包含的代谢物有苯丙氨酸、乙酰组胺、胍丁胺、黄尿酸，其中苯丙氨酸、胍丁胺、黄尿酸表现为含量增加，乙酰组胺含量减少；核苷酸代谢通路中包含的主要代谢物有尿囊酸、黄嘌呤核苷、5′-磷酸尿苷，其中尿囊酸和黄嘌呤核苷含量增加，5′-磷酸尿苷含量减少；脂代谢通路中包含的代谢物有雌二醇、胆碱磷酸，其中雌二醇表现为含量上升，胆碱磷酸含量下降；糖代谢通路包含的代谢物有水苏糖，表现为含量减少。

6.5　茶足柄瘤蚜茧蜂蛹滞育相关的转录组学

由于新一代高通量测序技术的不断发展，转录组测序成本逐渐降低。对于昆虫学研究，转录组测序技术的出现，可以使人们更有效地获取昆虫的基因序列，极大地促进了该学科的发展进程。通过转录组测序，可以获取昆虫在不同生长发育阶段的转录本，由于昆虫所处环境条件的不同，其体内基因表达情况也有所不同，转录组测序还可以揭示基因差异表达情况。目前，对茶足柄瘤蚜茧蜂滞育的研究主要集中在滞育诱导、滞育期间生理生化物质的变化等方面。本研究利用转录组测序（RNA-seq）对茶足柄瘤蚜茧蜂滞育蛹与非滞育蛹进行转录组测序。同时结合生物信息学方法，对转录组中的差异表达基因进行分析，筛选出滞育关联基因，并对一些基因进行功能分析，旨在为茶足柄瘤蚜茧蜂乃至小型寄生蜂滞育的转录组学研究提供一定的参考依据。

6.5.1　研究材料、方法及滞育诱导

寄生性天敌茶足柄瘤蚜茧蜂、寄主蚜虫苜蓿蚜采自中国农业科学院草原研究所沙尔沁基地，供试寄主植物为蚕豆。

苜蓿蚜采自基地的羊柴植株上，并转接在室内的水培蚕豆苗上繁殖，接虫后对蚕豆苗进行笼罩（100目防虫网笼，55cm×55cm×55cm），确保苜蓿蚜未被天敌寄生，试验用2～3龄的苜蓿蚜若蚜作为寄主，在温室内饲养5代以上作为供试虫源。

从基地采集被寄生的苜蓿蚜僵蚜，从中挑取未羽化破壳的僵蚜置于人工气候箱，在温度（25±1）℃、相对湿度（70±1）%、光周期L：D=14：10条件下培养，待蜂羽化后，挑选茶足柄瘤蚜茧蜂转移至试管（10cm×3cm）内，用20%的蜂蜜水作为补充营养，接入具有苜蓿蚜的蚕豆苗上，建立茶足柄瘤蚜茧蜂种群作为供试虫源，并在室温下用苜蓿蚜有效扩繁10代以上。取羽化24h内的成蜂待用。

在室温下养虫笼中按蜂蚜比1：100释放刚羽化的、成对的茶足柄瘤蚜茧蜂。根据实验室前期研究可知，苜蓿蚜若蚜被茶足柄瘤蚜茧蜂寄生后，寄生蜂卵继续发育120h，此时僵蚜体内寄生蜂处于高龄幼虫（3～4龄）阶段，高龄幼虫为茶足柄瘤蚜茧蜂感受滞育信号的敏感虫态，将此时的僵蚜放入人工气候箱中进行滞育诱导。高龄幼虫处于滞育环境条件时，并不会立刻停止发育，而是继续发育一段时间，经试验验证，当发育至蛹时，便不再继续发育（孙程鹏等，2017a）。本试验中，诱导茶足柄瘤蚜茧蜂滞育的温光组合为温度8℃、光周期L：D=8：16，诱导时长为30d。我们选取经过30d滞育诱导的僵蚜进行解剖，将解剖出的活蛹放入液氮中速冻暂时保存，对茶足柄瘤蚜茧蜂蛹进行收集，以获得滞育组样品，将样品放入-80℃冰箱中保存，以备使用；苜蓿蚜若蚜被茶足柄瘤蚜茧蜂寄生后，放置在（25±0.5）℃、相对湿度（70±5）%、光周期L：D=14：10、光照强度8800lx（人工气候箱，上海一恒科技有限公司MGC-HP系列）条件下，寄生蜂卵继续发育168h（此时蚜茧蜂处于蛹态），对僵蚜进行解剖，挑选饱满、有活力的蛹放入液氮中速冻暂时保存，作为正常发育组样品，将收集好的样品放入-80℃冰箱中保存，方便后续实验使用。

6.5.1.1　转录本质量评估

我们采用BUSCO（Benchmarking Universal Single-Copy Orthologs）软件对拼接得到的

Trinity.fasta、unigene.fa和cluster.fasta进行拼接质量的评估，根据比对上的比例、完整性来评价拼接结果的准确性和完整性。

6.5.1.2 基因功能注释

将筛选到的unigene基因序列利用BLAST软件与Nr、Nt、Pfam、KOG/COG、Swiss-Prot、KEGG、GO七大公共数据库进行比对，应用HMMER软件与Pfam数据库比对，将比对上的相似性最高的注释信息作为unigene的最终注释信息。

6.5.1.3 差异基因表达分析

基因差异表达的输入数据为基因表达水平分析中得到的可读（read count）数据。我们采用DESeq2（Love et al.，2014）进行分析，筛选阈值为$P_{adj}<0.05$且$|\log_2\text{Fold Change}|>1$（$P_{adj}$表示对$P$进行多重假设检验，与FDR值代表相同的含义，Fold Change表示差异倍数）；该分析方法基于的模型是负二项分布，第i个基因在第j个样本中的read count值为K_{ij}，则有$K_{ij}\sim\text{NB}(\mu_{ij}, \sigma_{ij2})$，因为RNA-seq中的差异基因分析是对大量基因进行独立的统计假设检验，它会导致总体假阳性偏高的问题，因此在利用差异软件进行差异分析过程中，我们会对原有假设检验得到的P进行校正，P_{adj}是校正后的P，P_{adj}越小，表示基因表达差异越显著。

6.5.1.4 差异表达基因的功能富集分析

1. 差异基因GO富集分析

GO功能显著性富集分析给出与基因组背景相比，在差异表达基因中显著富集的GO功能条目，从而体现出差异表达基因与哪些生物学功能显著相关。该分析首先把所有差异表达基因向Gene Ontology数据库（http://www.geneontology.org/）的各个条目（term）映射，计算每个条目的基因数目，然后找出与整个基因组背景相比，在差异表达基因中显著富集的基因。GO富集分析方法为GO 分析（Young et al.，2010）。

2. 差异基因KEGG富集分析

KEGG是有关通路的主要公共数据库（Kanehisa et al.，2008）。通路显著性富集分析以KEGG 通路为单位，应用超几何检验，找出差异基因相对于所有有通路注释的基因显著富集的通路。该分析的计算公式如下。

$$P = 1 - \sum_{i=0}^{m-1} \frac{\binom{M}{i}\binom{N-M}{n-i}}{\binom{N}{n}} \tag{6-4}$$

式中，N为所有基因中具有通路注释的基因数目；n为N中差异表达基因的数目；M为所有基因中注释为某特定通路的基因数目；m为注释为某特定通路的差异表达基因数目，i为循环数（取0～m-1的整数）。错误发现率FDR≤0.05的通路定义为在差异表达基因中显著富集的通路，我们使用KOBAS（2.0）进行通路富集分析。

6.5.2 研究结果分析

正常发育蛹与滞育蛹经Illumina HiSeq平台测序，将Trinity（Grabherr et al.，2011）拼接得到的转录本序列作为后续分析的参考序列。以Corset层次聚类后得到的最长Cluster序列进行后续的分析。对转录本及聚类序列长度分别进行统计，转录本的拼接长度主要分布在200～500bp，占总转录本数量的36.83%，unigene占总数的 42.03%，分布在长度 1850～1950bp 的unigene相对最少。结果见表6-21和图6-22。

表6-21　拼接长度频数分布情况一览表

转录本长度区间	200～500bp	500～1000bp	1000～2000bp	大于2000bp	总数/bp
转录本数量	111 640	75 025	52 869	63 612	303 146
基因数量	74 456	52 227	25 860	24 599	177 142

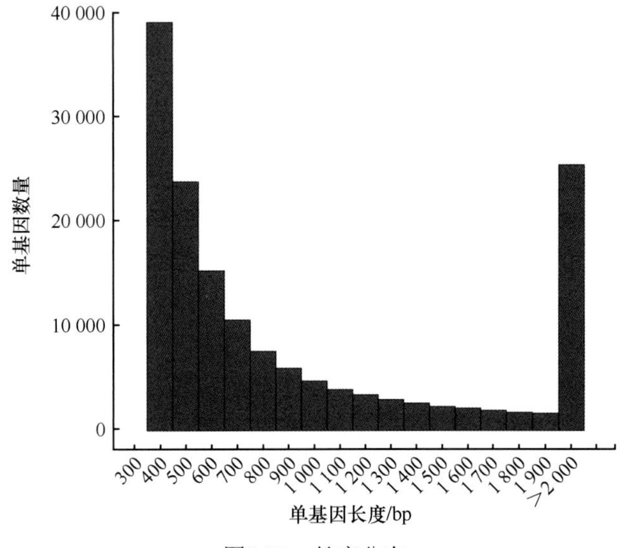

图6-22　长度分布

为获得全面的基因功能信息，进行了Nr、Nt、Pfam、KOG/COG、Swiss-Prot、KEGG、GO七大数据库的基因功能注释。对获取的177 142个unigene在七大数据库中的注释情况做出统计，图6-23展示了本次试验数据在数据库中的注释成功率情况。

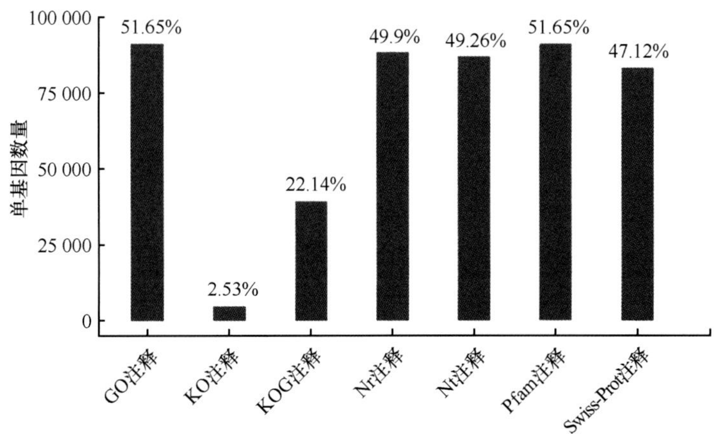

图6-23　基因注释成功率统计图

6.5.2.1　KOG注释

KOG分为26个group，将unigene与KOG数据库进行比对分析，在KOG数据库注释成功的unigene按KOG的group进行分类，其中unigene注释数量最多的组为一般功能预测（R，5460），其次是蛋白质周转（protein turnover）、伴侣蛋白（chaperonin）（O，3920个）和信号转导机制（T，3899个），结果见图6-24。

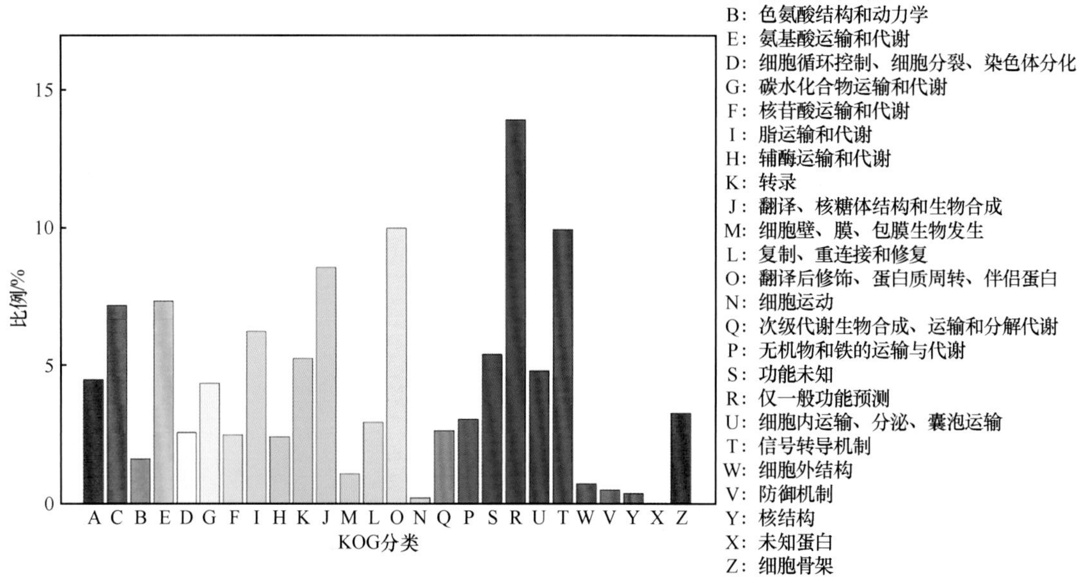

图6-24　unigene的KOG分类

6.5.2.2　GO分类

对基因进行GO注释之后，将注释成功的基因按照GO的三个大类[生物过程（biological process，BP）、细胞成分（cellular component，CC）、分子功能（molecular function，MF）]的下一层级进行分类。在生物过程（BP）中，参与细胞过程（cellular process）、代谢过程（metabolic process）、单生物过程（single-organism process）的unigene数量较多；在细胞成分（CC）中，参与细胞（cell）、细胞部分（cell part）、膜状物（membrane）的unigene数量较多；在分子功能（MF）中，参与结合（binding）和催化活性（catalytic activity）的unigene数量较多。

6.5.2.3　KEGG分类

对基因做KO注释后，可根据它们参与的KEGG代谢通路进行分类。将基因根据参与的KEGG代谢通路分为细胞过程（A）、环境信息处理（B）、遗传信息加工（C）、代谢过程（D）、有机体系统（E）5个分支。由图6-25可知，参与信号转导的unigene数量最多（543个），其次是碳水化合物代谢和氨基酸代谢。

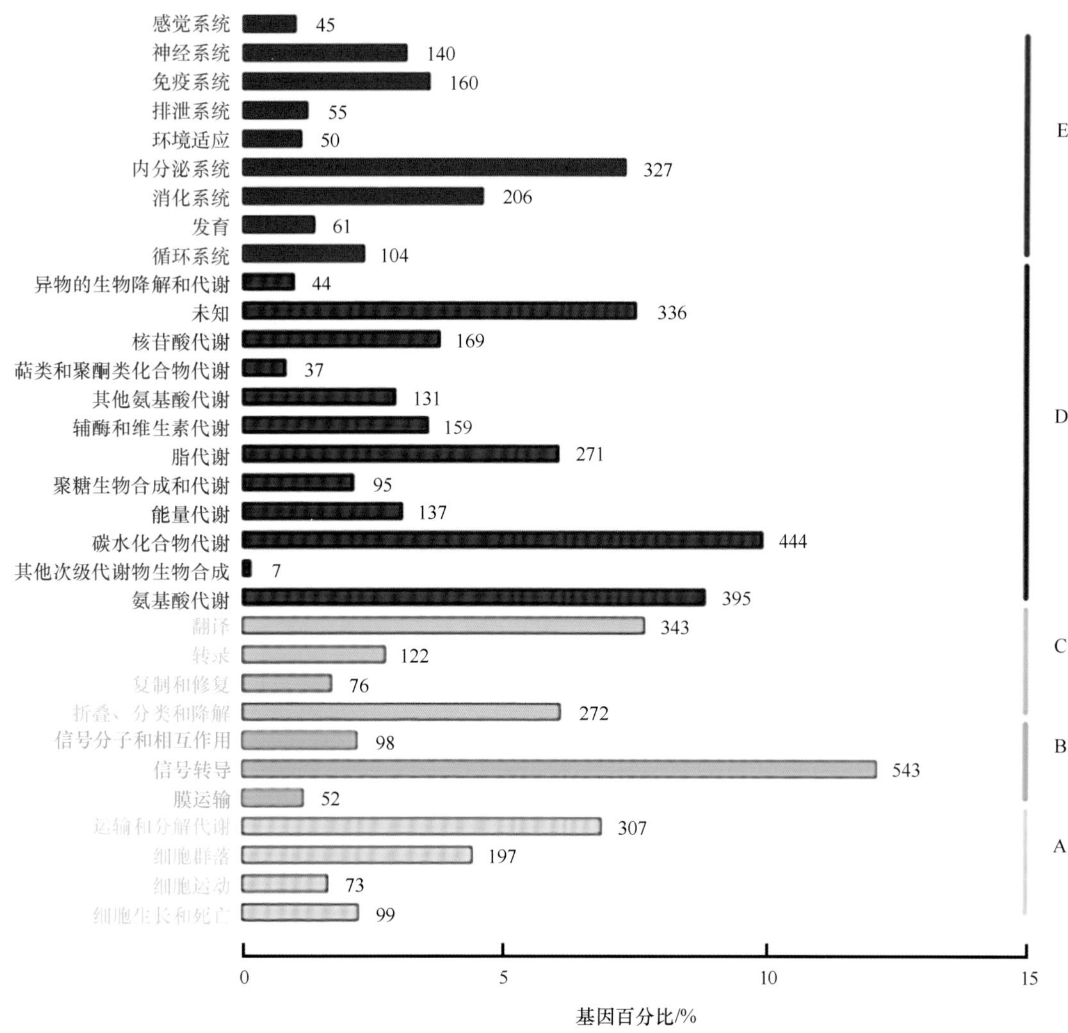

图6-25　unigene的KEGG分类

纵坐标为KEGG代谢通路的名称，横坐标为注释到该通路下的基因个数及其个数占被注释基因总数的比例

6.5.3　基因差异表达分析

6.5.3.1　差异基因筛选

我们对获得的基因采用DESq2进行分析，筛选阈值为$P_{adj}<0.05$且$|\log_2\text{Fold Change}|>1$，对177 142个unigene进行了筛选，从而挑选出我们需要的茶足柄瘤蚜茧蜂滞育组与非滞育组的差异表达基因（图6-26）。非滞育组（ND）与滞育组（D）相比，上调表达基因有19 201个，下调表达基因有19 141个。

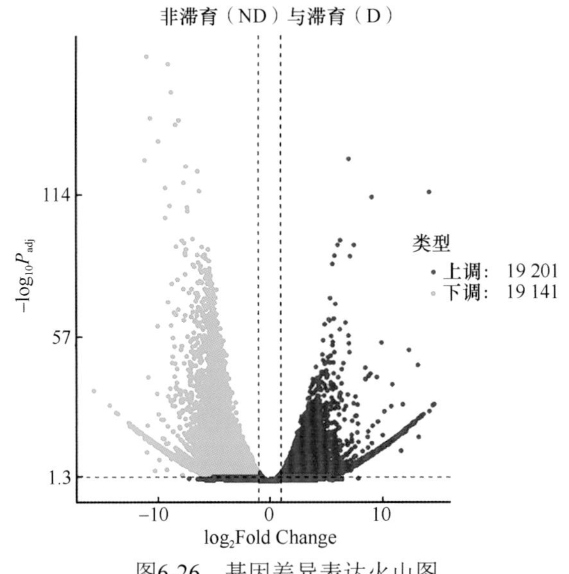

图6-26　基因差异表达火山图

横坐标代表基因表达倍数变化；纵坐标代表基因表达量变化的统计学显著程度，校正后的P越小，$-\log_{10}P_{adj}$越大，即差异越显著。图中的散点代表各个基因，蓝色圆点表示无显著差异的基因，红色圆点表示有显著差异的上调基因，绿色圆点表示有显著差异的下调基因

6.5.3.2　差异基因GO富集

在非滞育组与滞育组茶足柄瘤蚜茧蜂差异表达的基因中（图6-27），GO注释到25 666个差异基因，总共分为BP、CC、MF三部分。差异基因的GO功能富集主要集中于代谢过程（metabolic process），包括脂代谢、氨基酸代谢、信号转导（signal transduction）、结合（binding）功能、催化活性（catalytic activity）。

6.5.3.3　差异基因KEGG富集

将茶足柄瘤蚜茧蜂非滞育组与滞育组差异表达基因序列进行KEGG在线分析，通过KEGG通路数据库分析，共分为代谢过程、遗传信息加工、环境信息处理、细胞过程和有机体系统五大类。7944个差异表达基因共映射到228个通路，分析发现这些基因主要集中在碳水化合物代谢、脂代谢、信号转导等途径中。图6-28对差异表达基因数量较大的富集通路做了统计。

茶足柄瘤蚜茧蜂非滞育组与滞育组差异表达基因共参与91个新陈代谢通路，主要是碳水化合物代谢、能量代谢、脂代谢、核苷酸代谢、氨基酸代谢等二级代谢通路。结果显示，涉及新陈代谢的差异表达基因中，参与碳水化合物代谢的基因个数最多，此次重点分析糖酵解/糖异生、淀粉与蔗糖代谢、柠檬酸循环三条途径，差异表达基因分别为18个、10个和18个。在糖酵解/糖异生途径中，磷酸果糖激酶（PFK）基因、磷酸甘油酸激酶（PGK）基因、醛缩酶（ALDO）基因上调表达。甘油醛-3-磷酸脱氢酶（GAPDH）基因、磷酸甘油酸变位酶（PGAM）基因、磷酸烯醇式丙酮酸羧激酶（PEPCK）基因下调表达。PFK和PGK是糖酵解途径中的关键酶，基因上调表达，两种酶含量增加，导致的结果是糖酵解途径活跃进行。GAPDH和PGAM是糖酵解与糖异生途径中共有的酶，同时PEPCK是糖异生途径中的关键酶，我们认为GAPDH、PGAM、PEPCK的基因的下调表达共同抑制了糖异生途径的进行。

在茶足柄瘤蚜茧蜂淀粉和蔗糖代谢途径中，与非滞育组相比，滞育组糖原合酶（GYS）

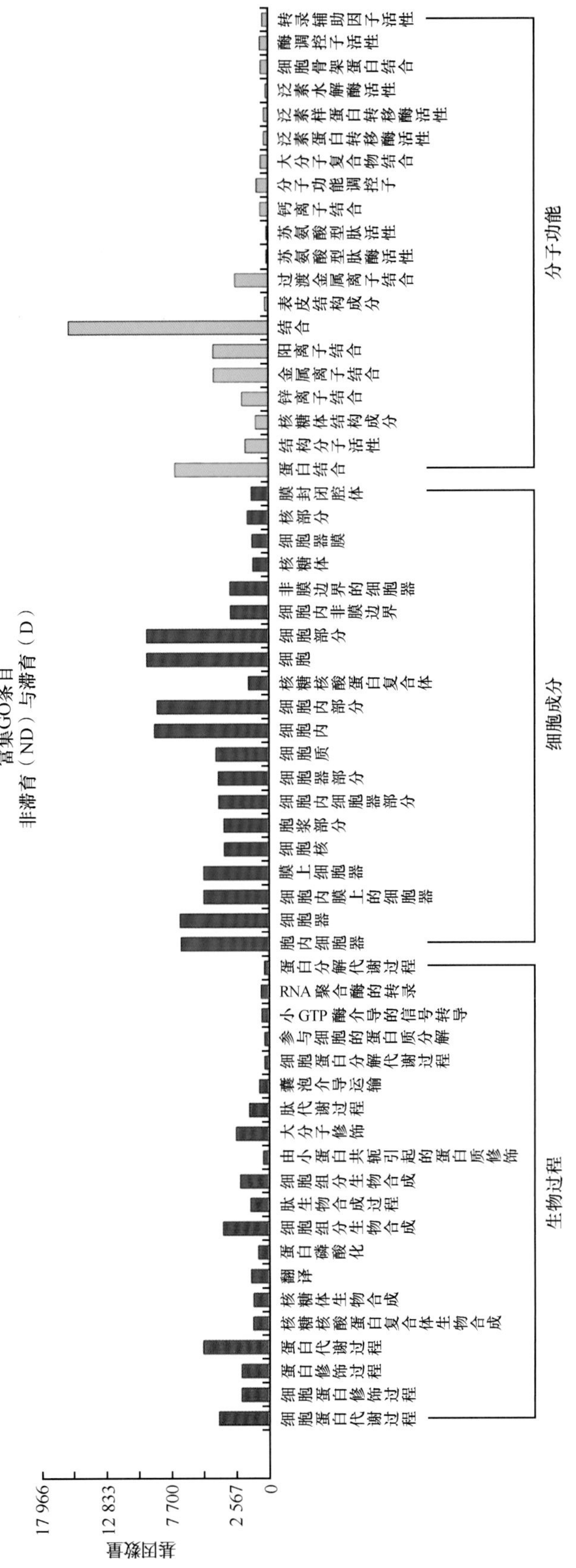

图6-27　差异表达基因GO富集分析

横坐标为GO三个大类的下一层级的GO条目，纵坐标为注释到该条目下（包括该条目的子条目）的差异基因个数。三种不同分类表示GO条目的三种基本分类（从左往右依次为生物过程、细胞成分、分子功能）

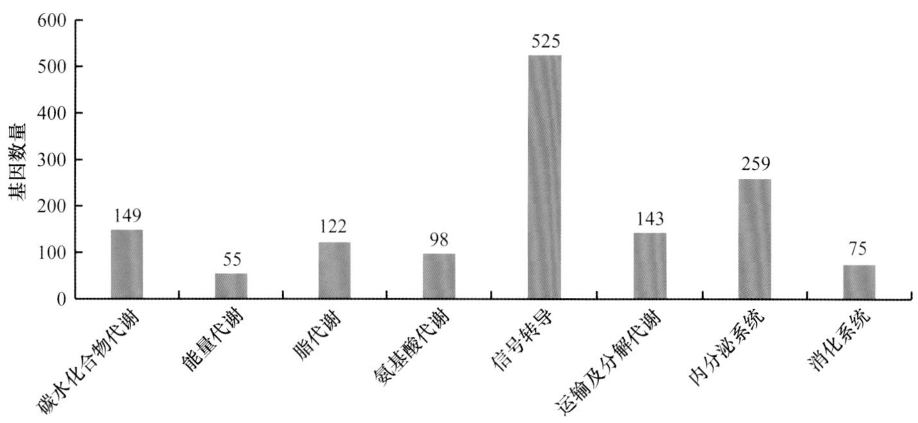

图6-28　差异表达基因显著富集通路分布

基因、海藻糖合酶（TreS）基因上调表达，海藻糖酶（TreH）基因下调表达。说明在滞育过程中，糖原和海藻糖合成增多，海藻糖分解减少，导致糖原和海藻糖积累。

在柠檬酸循环途径中，苹果酸脱氢酶（MDH）基因上调表达，异柠檬酸脱氢酶（IDH）基因下调表达。MDH的基因上调表达，MDH增加，我们推测其与滞育状态下的生理需求相关。IDH是柠檬酸循环中重要的限速酶，IDH的基因下调表达，IDH合成减少，导致柠檬酸循环反应速率降低，我们认为与茶足柄瘤蚜茧蜂在滞育过程中整体代谢水平降低相一致。

6.5.3.4　基因差异分析结果

糖酵解途径是葡萄糖的主要代谢途径，为线粒体三羧酸循环（TCA）提供中间代谢产物，从而为机体提供大部分生存所需能量。PFK和PGK这两种酶是糖酵解途径中的关键酶，在滞育的茶足柄瘤蚜茧蜂蛹中，磷酸果糖激酶基因和磷酸甘油酸激酶基因较非滞育蛹上调表达，表明在茶足柄瘤蚜茧蜂滞育过程中糖酵解途径活跃进行，因此我们推测茶足柄瘤蚜茧蜂在滞育过程中依赖糖酵解途径转换能量，供生物体维持生命活动。

糖异生指的是以非糖物质作为前体合成葡萄糖的作用，GAPDH、PGAM、ALDO为糖酵解与糖异生途径共有的酶，磷酸甘油酸变位酶基因、甘油醛-3-磷酸脱氢酶基因和醛缩酶基因下调表达，我们可以认为是糖异生途径表达受到抑制或糖酵解途径不能顺利进行下去。PEPCK是糖异生途径中的关键酶，而磷酸烯醇式丙酮酸羧激酶基因在滞育过程中下调表达，因此我们猜测在茶足柄瘤蚜茧蜂蛹滞育过程中很有可能糖异生途径处于被抑制的状态。

海藻糖不仅能够提供生命活动所需的能量，而且在抗寒中也有着重要作用（Thompson，2003），是昆虫重要的储能物质，也是应激代谢产物之一。海藻糖酶能够分解海藻糖，通过基因的表达影响酶活性，进而对昆虫蜕皮、变态、发育及繁殖等生命过程造成影响（唐斌等，2012），海藻糖酶是滞育激素调控代谢过程中的关键酶（徐卫华，2008）。在滞育的茶足柄瘤蚜茧蜂蛹中，海藻糖酶基因下调表达，海藻糖合酶基因上调表达，说明海藻糖分解少，合成多，导致海藻糖积累。糖原是主要的能量物质，其作用与脂肪类似（丁惠梅等，2011）。滞育的茶足柄瘤蚜茧蜂蛹中，糖原合酶基因上调表达，糖原积累，糖原经水解转变为葡萄糖，进入糖酵解途径，糖酵解的产物经柠檬酸循环后释放出大量能量，供生物进行正常的生命活动，这说明糖原可能与脂肪一样作为储备能源物质，参与茶足柄瘤蚜茧蜂体内能量代谢。而海藻糖则可能作为保护剂与糖原相互转化，参与了茶足柄瘤蚜茧蜂的滞育调节。

在需氧生物中，柠檬酸循环是普遍存在的一种获取能量的代谢方式，是联系糖类、脂质、蛋白质三大主要营养物质的枢纽及最终代谢通路（王荫长，2001）。研究发现，滞育过程中昆虫代谢水平显著下调，有些甚至代谢抑制达到90%（Ragland et al.，2009）。本试验结果显示，参与柠檬酸循环的异柠檬酸脱氢酶基因在滞育个体中下调表达，苹果酸脱氢酶基因上调表达。异柠檬酸脱氢酶是催化异柠檬酸氧化形成α-酮戊二酸反应中的限速酶，此反应不可逆，是柠檬酸循环中重要的限速步骤。异柠檬酸脱氢酶在调节能量释放速率中起到关键作用，在茶足柄瘤蚜茧蜂滞育蛹中基因下调表达，也反映出能量供应的关键循环之一——柠檬酸循环整体反应速率的降低，表现在滞育茶足柄瘤蚜茧蜂体内维持了低能量代谢，与茶足柄瘤蚜茧蜂蛹在滞育条件下整体呈现的低水平代谢相符。

在研究中发现，甘油、山梨醇等醇类物质在低温环境中对苹果酸活性保持具有重要作用，而在滞育个体中，已知甘油、山梨醇、甘露醇等多元醇是不断积累增加的，它们可以降低生物体的过冷却点，保护细胞膜免受结冰损伤（Mansingh and Smallman，1972；Zachariassen，1985；Jaindl and Popp，2006）。苹果酸脱氢酶为NAD-依赖型，定位于线粒体基质中，催化柠檬酸循环中L-苹果酸羟基氧化形成羰基，生成NADH并与草酰乙酸相互转化，以此调节生物体内的物质能量代谢（Goward and Nicholls，1994）。在茶足柄瘤蚜茧蜂滞育蛹中，苹果酸脱氢酶基因上调表达，苹果酸脱氢酶增加，在滞育过程中苹果酸脱氢酶的主要作用是参与NAD的循环利用及物质循环（王启龙等，2012），我们推测其与滞育状态下的生理需求相关，一方面与茶足柄瘤蚜茧蜂对NAD的合成和利用有关，另一方面或许是应对滞育环境条件的一种应激方式，与正常个体的代谢通路相比，滞育个体开启了另外的代谢通路以适应环境条件的改变。苹果酸脱氢酶和异柠檬酸脱氢酶作为糖代谢中重要的酶类，它们的含量变化与滞育期间昆虫的能量调节及代谢密切相关（Hayakawa and Chino，1981，1982；Hahn and Denlinger，2011）。

对麻蝇（*Sarcophagidae crassipalpis*）蛹滞育过程中的差异基因表达研究显示，编码60S核糖体蛋白的基因表达显著上调（Flannagan et al.，1998），而且这一基因并非持续上调表达，而是与昆虫的耗氧水平有关，在耗氧速率快的情况下，基因表达量低，相反，如果耗氧速率低，那么基因表达量则维持较高水平。在本研究中，被注释为编码40S核糖体蛋白S11的茶足柄瘤蚜茧蜂差异表达基因在滞育组表达量明显上调，说明茶足柄瘤蚜茧蜂处于滞育状态时，其氧耗水平可能较低。而另一个差异表达基因——细胞色素c氧化酶亚基6C的基因在茶足柄瘤蚜茧蜂滞育期表现为上调表达，该基因参与了线粒体中的氧化磷酸化过程，细胞色素c氧化酶所参与反应占细胞内耗氧量的90%左右。在日本甲虫（*Popillia japonica*）和库蚊（*Culex pipiens*）滞育期间，细胞色素c氧化酶活性也明显增强（Ludwig，1953）。所以我们推测，在滞育期间茶足柄瘤蚜茧蜂主要通过氧化磷酸化过程来提供能量。

脂类物质是能量储存的最佳方式，与糖类物质相比，彻底氧化可释放更多能量，例如，通过糖酵解、三羧酸循环、呼吸链传递电子等过程，彻底氧化一分子葡萄糖可产生36分子ATP，而通过β-氧化、三羧酸循环和电子传递链等一系列氧化分解过程，一分子软脂酸可产生129分子ATP。因此，储存大量脂类物质，更易度过整个滞育过程。甘油三酯在滞育昆虫中含量较为稳定，是昆虫营养物质的主要贮存形式，可被脂肪酶水解为游离脂肪酸、甘油加以利用。昆虫滞育期间，棕榈油酸、油酸、亚油酸等不饱和脂肪酸含量增加，有利于增加逆境条件下生物膜的流动性，提高抗逆能力，保证内环境的稳定性。同时，滞育期间结合脂肪酸含量增加，部分可转化为小分子糖、醇，而这些物质可合成抗冻剂，是昆虫顺利适应逆境的原因之一。

本试验共鉴定出122个与脂代谢通路相关的基因，并且在滞育期间这些基因全部上调表达，映射到15条KEGG通路。在茶足柄瘤蚜茧蜂滞育期间，与脂肪酸生物合成通路相关的脂肪酸合成酶基因，与不饱和脂肪酸生物合成相关的硬脂酰辅酶A脱氢酶（SCD）基因、β-酮脂酰-ACP还原酶（KAR）基因，与脂肪酸延长通路相关的超长链脂肪酸延伸酶（ELOVL）基因，参与类固醇生物合成的脂肪酶（LIPA）基因，与甘油酯代谢相关的甘油激酶（GK）基因等，显著上调表达。

脂肪酸合成酶是脂肪酸生物合成过程中重要的酶，在滞育期间对昆虫营养物质代谢具有重要作用。对库蚊进行研究发现，*fas*基因在滞育早期上调表达（Robich and Denlinger，2005；Zhou and Miesfeld，2009）。进一步对库蚊进行研究，确定了其滞育期间调控脂肪贮存和消耗的基因，发现*fas-1*基因在滞育早期上调。通过RNA干扰技术对雌蚊*fas-1*和*fas-3*进行干扰，结果显示，雌蚊不能储存度过逆境所需的脂质，因此可得出在滞育早期这两个基因对脂质的积累做出了重要贡献（Sim and Denlinger，2009）。对大猿叶虫（*Colaphellus bowringi*）的研究发现，保幼激素（JH）会抑制*fas-1*的表达，而*fas-1*表达量的降低会阻碍滞育的发生（Liu et al.，2016）。在滞育前期*fas-2*的表达量高于*fas-1*，并且此时在雌虫脂肪体内*fas-2*的表达量远高于其他组织。对*fas-2*进行干扰，会降低脂质的积累，影响抗逆性基因的表达，并使虫体含水量增加。在本研究中，筛选出2个脂肪酸合成酶基因[基因ID为Cluster-4230.27104 (1.0412)、Cluster-4230.27096 (2.7605)]在滞育期上调表达，说明FAS在滞育开始阶段对脂肪进行储存，以提高抗逆能力。*fas*基因正常发挥作用，使得脂肪酸降解、脂肪酸延伸、甘油酯代谢、甘油磷酯代谢等过程可以顺利进行。

超长链脂肪酸延伸酶是脂肪酸延伸反应中第一步限速缩合酶。对于昆虫脂肪酸延伸循环反应，脂肪酸以其活化形式脂酰辅酶A参与延伸循环，经过缩合、还原、脱水、再还原4个步骤，生成较长链脂肪酸。β-酮脂酰-ACP还原酶在延伸反应中也有重要作用，目前对ELOVL在昆虫中的研究主要集中在黑腹果蝇，主要包括ELOVL对生殖能力的影响、在信息素合成中的作用，以及对表皮功能的影响。果蝇基因组中的脂肪酸延伸循环通路基因包括20个ELOVL的基因和1个*KAR*基因（Parvy et al.，2012）。*ELOVLCG6921*只在精母细胞表达，突变后不仅会使果蝇精母细胞在分裂末期卵裂沟停止或显著减缓内移，而且使收缩环从皮层分离、收缩或塌陷。这说明极长链脂肪酸及其酯类衍生物能软化膜成分，对精母细胞形成具有重要作用（Szafer et al.，2008）；而且能显著抑制雄果蝇生育能力，并通过改变信息素成分影响其他雄果蝇的生育能力（Ng et al.，2015）。elo F是一种在雌果蝇中特异性表达的ELOVL，能在酿酒酵母中表达并将脂肪酸延伸至C30。使用RNA干扰技术干扰elo F会使雌果蝇C25二烯烃增加和C29二烯烃减少，延长果蝇交配时长，减少交配次数（Chertemps et al.，2007）。对德国小蠊（*Blattella germanica*）表皮中的ELOVL的功能进行研究，以C16:0脂酰辅酶A为底物时，主要产物为C18脂酰辅酶A；以C18:0脂酰辅酶A为底物时，C20脂酰辅酶A为主要产物（Juárez，2004）。ELOVL4、ELOVL7的基因[Cluster-4230.33439 (1.9375)、Cluster-4230.1576 (7.2071)、Cluster-4230.28438 (1.7272)]和*KAR*基因在脂代谢过程中上调表达，因此推测在茶足柄瘤蚜茧蜂滞育过程中生殖力和生存力并不会受到抑制，同时促进不饱和脂肪酸的合成，以提高昆虫体壁的保水性和抗逆性。该过程是茶足柄瘤蚜茧蜂滞育过程脂代谢的重要通路，对顺利完成滞育过程具有重要意义。

酯酶是昆虫体内一类重要的解毒酶类，不仅可以降解内源性化合物，还可以降解有毒外源性化合物或降低其毒性，或与其结合，使化合物无法到达靶标组织（申光茂等，2014）。桃蚜酯酶E4的过表达，可以增强昆虫的代谢抗性。进入滞育阶段的昆虫体内一些保护性蛋白（如应激蛋白）的表达通常会增加，或者营养物质（如甘油、氨基酸等抗冻保护物质）的含量增加等，从而提高自身免疫力，抵御病原微生物入侵，提高对不良环境的耐受性（Li et al.，2007；李欣欣，2013）。在此次研究中，滞育茶足柄瘤蚜茧蜂体内酯酶E3[Cluster-58025.0 (-4.0136)]的表达量高于正常发育组，推测该酶在体内主要作为保护性蛋白存在，可以提高逆境下茶足柄瘤蚜茧蜂的免疫力。

细胞色素P450（CYP）是生物体内一类重要的代谢酶系，与昆虫的生长、发育、防御等密切相关。在整个昆虫生命过程中起着重要作用，如参与内源性物质的合成（蜕皮激素、保幼激素、性信息素等）及对植物次生物质和外源物质（杀虫剂等）的代谢等。在对马铃薯甲虫的研究中发现，蜕皮激素与成虫滞育相关，滴度在滞育甲虫中是非滞育甲虫的2倍（Lefevere et al.，1989；de Kort，1990）。在链霉菌（*Streptomyces peucetius*）中发现，P450对脂肪酸代谢也有作用，P450酶系中的CYP147F1可以催化长链脂肪酸的羟基化（Saurabh et al.，2013）。对脂肪酸去饱和酶系中*fat-5*基因和细胞色素P450家族的*cyp-35A2*基因进行基因突变发现，秀丽隐杆线虫（*Caenorhabditis elegans*）的寿命延长；使用尼罗红染料对突变体染色发现，染料荧光强度减弱，说明脂肪酸等物质浓度降低，*fat-5*和*cyp-35A2*基因在脂肪酸代谢中起重要作用（Imanikia et al.，2015）。在本试验中，*CYP3A*[基因ID为Cluster-57604.1 (-6.5546)、Cluster-104012.0 (-5.1591)]在滞育组中上调表达，推测该酶对茶足柄瘤蚜茧蜂滞育、脂肪酸代谢有促进作用。

尿苷二磷酸糖基转移酶（UGT）调节糖基残留物从活化的核苷酸糖转移到苷配基，进而调节有机体的生物活性，催化激素、短链脂肪酸等底物发生糖基化，促进信号转导、物质代谢等。在滞育茶足柄瘤蚜茧蜂中，*UGT*基因[基因ID为Cluster-32103.0 (-6.2678)]表达量增加，可能与滞育蚜茧蜂信号转导、受体识别等有关。

甘油激酶是甘油代谢过程中的限速酶。在低温胁迫条件下，几乎所有昆虫都会在体内积累多元醇，如海藻糖和甘油，作为抗冻保护剂来增强昆虫的耐寒性（Park and Kim，2013，2014）。甘油在有机体内的分解代谢包括两步反应，其中一步反应为，甘油激酶催化甘油发生磷酸化反应生成3-磷酸甘油，在3-磷酸甘油脱氢酶（mtGPD）催化下，3-磷酸甘油被氧化成磷酸二羟丙酮，再返回到糖酵解途径中被转化利用（郭雪娜等，2002）。对红尾肉蝇（*Sarcophaga crassipalpis*）和甜菜夜蛾（*Spodoptera exigua*）进行快速冷驯化（RCH）发现，它们通过提高甘油含量来将甘油作为主要抗冻保护物质（Michaud and Denlinger，2007；Park and Kim，2013）。快速冷驯化和甘油之间响应快速冷驯化是通过传感器和效应器实现的。冷刺激的传感通过大脑控制甘油含量的提升来表现（Yoder et al.，2006）。此外，在低温条件下，所有组织中的钙流入也可能诱导进入快速冷驯化（Teets et al.，2013），在此过程中，由甘油产生完成冷信号的传导（Park and Kim，2014）。在本研究中，甘油激酶基因在茶足柄瘤蚜茧蜂滞育阶段上调表达，推测该酶在体内主要作为抗冻保护物质来增强昆虫抗寒性，以适应滞育环境。

脂类物质是滞育昆虫营养物质储存的重要形式之一，对满足滞育期间及滞育解除后的能量、营养物质需求有重要意义。昆虫滞育过程中代谢通路与正常发育个体相比有明显差异，或开启新的代谢通路（Hahn and Denlinger，2011；刘遥，2014）。在本研究中，参与脂代谢的滞育关联基因在滞育期间上调表达，参与脂质的合成、运输、代谢等过程，表现出与正常发育组代谢通路的差异。脂代谢相关基因的上调表达，不仅可以促进茶足柄瘤蚜茧蜂体内脂类物质的积累，还可以在滞育过程中食物缺乏的条件下充分发挥脂类物质作用，参与供能、提供营养，或改变体内脂类物质的组成，以提高内环境的稳定性、增强机体的抗逆性。此外，与脂质水解相关基因，如酯酶基因，既可以水解体内物质为组织供能、参与膜脂合成和信号转导，又可以水解外源化合物，提高机体免疫力。在滞育期间上调表达的与激素代谢相关的基因，可能有助于维持滞育状态。综上可知，茶足柄瘤蚜茧蜂滞育个体与正常发育个体相比，代谢途径存在差异，对脂类营养物质的利用不同。但是本研究对以上基因在滞育期间的功能均以现有文献分析为依据推论而来，缺乏试验证据，因此具体功能仍需进行进一步研究，以期与滞育人工调控联系起来，更好地为农业生产所利用。

鉴于胰岛素样蛋白在昆虫生长发育、代谢、生殖、衰老等生命活动中的重要性，本试验筛选出与胰岛素信号通路及相关途径有关的基因，并对其功能进行探索。研究结果为深入挖掘胰岛素信号通路及其相关通路有关基因的功能奠定了基础。对黑腹果蝇（*Drosophila melanogaster*）、库蚊（Sim and Denlinger，2009）和秀丽隐杆线虫（*Caenorhabditis elegans*）进行研究发现，胰岛素信号可能是调控滞育的主要发育通路。胰岛素信号受抑制后，会导致这些生物体发育停滞。敲除果蝇编码胰岛素样蛋白、胰岛素受体和胰岛素受体底物的基因，或者过表达下游转录因子dFoxO，或者使用PIP3抑制剂PTEN，这些措施都能抑制胰岛素信号，最终导致寿命延长。敲除滞育昆虫的*FoxO*后，脂质积累立刻终止（Sim and Denlinger，2009）。本试验研究发现，参与胰岛素信号通路、PI3K-Akt信号通路、FoxO信号通路、MAPK信号通路的重要基因，*Sos*、*FASN*、*TSC1*、*JNK*、*PRKAB*等，在滞育的茶足柄瘤蚜茧蜂蛹中呈现不同程度的上调或下调表达。

*Sos*基因最早在果绳复眼神经发育研究中发现。该基因转录翻译成178kDa的蛋白，在果蝇各个发育期均有表达。遗传学实验结果表明，表皮生长因子结合细胞生长因子受体激活结合蛋白GRB2，将Sos固定到膜上，随后Sos作为转化因子激活Ras绑定GDP形成GTP。从而开启下游的一系列级联蛋白磷酸化，最终激活MAPK信号通路。茶足柄瘤蚜茧蜂滞育蛹中*Sos*基因的下调表达，势必会导致MAPK信号通路受到抑制。ERK是MAPK家族成员，在豆长刺萤叶甲（*Atrachya menetriesi*）应对低温胁迫和家蚕（*Bombyx mori*）调节胚胎滞育过程中起作用（Fujiwara et al.，2006）。研究人员发现，在家蚕滞育过程中，ERK通路调节类固醇和山梨醇的合成，来终止家蚕幼虫的滞育（Fujiwara et al.，2006）。Iwata等（2005）发现ERK与家蚕滞育及再次发育有关。因此我们推测，在低温条件下，Sos对MAPK信号通路的影响主要是影响ERK活性。ERK通过参与昆虫在低温条件下的代谢，控制山梨醇、甘油等醇类物质的合成，来给出逆境保护措施，从而协助昆虫渡过逆境。茶足柄瘤蚜茧蜂滞育蛹中*Sos*基因对ERK在耐寒机制中作用的影响，还需要进一步的探究。

PRKAB属AMPK家族。AMPK指AMP激活的蛋白激酶，其在真核生物中广泛存在，属丝氨酸/苏氨酸蛋白激酶。AMPK能感知能量代谢状态的改变，并通过影响细胞物质代谢的多个环节，来维持细胞能量供求平衡。对于滞育昆虫，在能量来源紧缺的情况下，能够高效利用能量是非常重要的。昆虫通过在滞育准备阶段储存能源物质、在滞育过程中降低代谢，来满足在滞育过程中的能量需求。积累充足的能源物质不仅可以帮助昆虫成功适应不良环境，进入滞育阶段，还可以为滞育结束后的发育过程提供能量。在滞育阶段营养物质的利用是一个变化的过程，昆虫能够根据自身能量的积累情况调节是否进入滞育、滞育持续的时间（Hahn and Denlinger，2011）。目前有实验结果发现，AMPK可调控Rac1（Lee et al.，2008）。Rac1是Rho GTP酶超家族里Rac亚家族中的一员。Rho GTP酶可以在有活性GTP结合形式和无活性GDP结合形式之间循环，Rac蛋白也是如此。正是这两种活性形式间的转换，使得Rac1成为细胞内重要的信号转导分子。滞育的茶足柄瘤蚜茧蜂蛹中，Rac1的基因下调表达，Rac1的激活受到抑制，因此细胞增殖受到抑制，这与茶足柄瘤蚜茧蜂在滞育期间形态不发生变化一致。所以我们猜测Rac1与茶足柄瘤蚜茧蜂滞育及再次发育相关，但具体怎么影响还需要进一步的实验验证。

*PRKAB*基因在茶足柄瘤蚜茧蜂滞育蛹中上调表达，说明AMPK与茶足柄瘤蚜茧蜂的滞育相关，我们推测，AMPK主要影响滞育过程中茶足柄瘤蚜茧蜂的能量代谢。滞育过程中，AMPK可通过抑制脂肪酸氧化、葡萄糖转运等，减少ATP的产生，使代谢减缓；同时，通过促进糖原、脂肪、胆固醇的合成，保证有足够的ATP以满足生命活动所需要的能量。胰岛素信号参与哺乳动物的糖代谢和脂代谢的调控，因此我们推测胰岛素样蛋白也可能参与调控昆虫滞育过程中的能量积累。

在滞育的茶足柄瘤蚜茧蜂胰岛素信号通路中，脂肪酸合成酶是催化脂肪酸合成的一种结合酶，*FASN*基因下调表达，说明在滞育过程中，脂肪积累减少。在对库蚊的研究中发现，在滞育准备阶段，库蚊增加糖类摄取，积累更多脂肪（Denlinger，2005）。敲除*FoxO*后，库蚊雌虫不能像滞育过程中那样积累大量脂肪（Sim and Denlinger，2008），将非滞育雌虫个体的胰岛素受体基因敲除后，卵巢发育受到抑制，促进滞育。干扰胰岛素信号，果蝇终止生殖发育并增加能源物质储存（Tatar et al.，2001）。因此我们可以认为，胰岛素信号在茶足柄瘤蚜茧蜂脂肪积累中起着关键作用。

从结果可以看出，茶足柄瘤蚜茧蜂滞育过程中，多个通路中的基因表达量有明显变化，说明在滞育过程中基因表达量的变化涉及昆虫生理生化的多个方面，但KEGG代谢通路分析是通过整合数据来对基因更高层次的生物体行为和细胞活动进行预测，主要起到指导作用，因此，本研究中所筛选出来的滞育关联基因在各个通路中的具体功能还需要通过进一步实验来验证。

6.6　茶足柄瘤蚜茧蜂蛹滞育相关的蛋白质组学

蛋白质是生命的物质基础，是生物活动的主要承担者，是将生命与各种形式的生命活动紧密联系在一起的物质。为了更直接地认识生物内源系统的功能，我们可以对蛋白进行表达水平的测定。蛋白的表达水平通常可以由mRNA的表达水平来体现，但在实际过程中，翻译效率和翻译后修饰会发生变化，因此mRNA也不能绝对地反映出蛋白的表达水平（Vogel and Marcotte，2012）。从目前的研究成果来看，大多仍采用双向电泳技术来开展滞育蛋白质组学的研究，而这种传统研究技术鉴定到的差异点少，且差异蛋白主要是与结构、代谢等功能相关的表达量较高的蛋白（Li et al.，2007，2009；Cheng et al.，2009）。近年来随着应用质谱技术对蛋白质组学进行研究，我们可以更方便、快速地了解蛋白的表达情况。对滞育型和非滞育型虫体的蛋白进行鉴定，最终鉴定到上百个差异表达蛋白，为滞育的研究做出了巨大贡献。我们基于iTRAQ技术对茶足柄瘤蚜茧蜂滞育期和非滞育期间的差异蛋白进行分析，试图深入分析与昆虫滞育发生相关的滞育关联蛋白的表达特点、参与滞育调控的途径及其机制。

6.6.1　总蛋白提取

从-80℃冰箱取出茶足柄瘤蚜茧蜂滞育蛹与非滞育蛹样品，低温研磨成粉，迅速转移至液氮预冷的离心管，加入适量蛋白裂解液（50mmol/L Tris-HCl、8mol/L尿素、0.2% SDS，pH=8），振荡混匀，冰水浴超声5min使其充分裂解。于4℃、12 000*g*离心15min，取上清加入终浓度2mmol/L DTT（二硫苏糖醇）于56℃反应1h，于室温避光反应1h。加入4倍体积的-20℃预冷丙酮于-20℃条件下沉淀至少2h，于4℃、12 000*g*离心15min，收集沉淀。之后加入1mL -20℃预冷丙酮重悬并清洗沉淀。于4℃、12 000*g*离心15min，收集沉淀，风干，加入适量蛋白溶解液（8mol/L尿素、100mmol/L TEAB，pH=8.5）溶解蛋白沉淀。

使用Bradford蛋白质定量试剂盒，按照说明书配制BSA标准蛋白溶液，浓度梯度范围为50～1000μg/μL。分别取不同浓度梯度的BSA标准蛋白溶液及不同稀释倍数的待测样品溶液加入96孔板中，补足体积至20μL，每个梯度重复3次。迅速加入200μL G250染色液，室温放置5min，测定595nm吸光度。计算标准品及样品平均值并减去各自的背景值，得到标准品及样品的校正值，以标准品校正值对浓度绘制标准曲线，代入标准曲线的拟合公式计算待测样品的蛋白浓度。各取30μg蛋白待测样品进行12%十二烷基硫酸钠聚丙烯酰胺凝胶电泳（SDS-PAGE），其中浓缩胶电泳条件为80V、20min，分离胶电泳条件为150V、60min。电泳结束后进行考马斯亮蓝R-250染色，脱色至条带清晰。

6.6.1.1　iTRAQ标记

各取100μg茶足柄瘤蚜茧蜂滞育蛹与非滞育蛹蛋白样品，加入蛋白溶解液补足体积至100μL，加入2μL 1μg/μL胰酶和500μL 100mmol/L TEAB缓冲液，混匀后于37℃酶切过夜。加入等体积的1%甲酸，混匀后于室温、12 000*g*离心5min，取上清缓慢通过C18除盐柱，之后使用1mL清洗液（0.1%甲酸、4%乙腈）连续清洗3次，再加入0.4mL洗脱液（0.1%甲酸、45%乙腈）连续洗脱2次，洗脱样合并后冻干。加入20μL 0.5mol/L TEAB缓冲液复溶，并加入足量iTRAQ标记试剂（溶于异丙醇），室温下颠倒混匀反应1h。之后加入100μL 50mmol/L Tris-HCl（pH=8）终止反应，取等体积标记后的样品混合，除盐后冻干。

配制流动相A液（2%乙腈、98%水，氨水调至pH=10）和B液（98%乙腈、2%水，氨水调至pH=10）。使用1mL A液溶解标记后的混合样品粉末，室温下12 000*g*离心10min，取1mL体积上清进样。使用L-3000 HPLC系统，色谱柱为XBridge Peptide BEH C18（25cm×4.6mm，5μm），柱温设为50℃。每分钟收集1管，合并为10个馏分，冻干后各加入0.1%甲酸溶解。

6.6.1.2　液质检测

配制流动相A液（100%水、0.1%甲酸）和B液（80%乙腈、0.1%甲酸）。对收得馏分上清各取2μg样品进样，液质检测。使用EASY-nLC™ 1200纳升级UHPLC系统，预柱为Acclaim PepMap100 C18 Nano-Trap（2cm×100μm，500μm），分析柱为Reprosil-Pur 120 C18-AQ（15cm×150μm，1.9μm）。使用Q Exactive™ HF-X质谱仪、EASY-Spray™离子源，设定离子喷雾电压为2.3kV，离子传输管温度为320℃，质谱采用数据依赖型采集模式，质谱全扫描范围为350～1500*m/z*，一级质谱分辨率设为60 000（200*m/z*），C-trap最大容量为3×10^6，C-trap最大注入时间为20ms；选取全扫描中离子强度前40%的母离子使用高能碰撞裂解（HCD）方法碎裂，进行二级质谱检测，二级质谱分辨率设为15 000（200*m/z*），C-trap最大容量为1×10^5，C-trap最大注入时间为45ms，肽段碎裂碰撞能量设为32%，阈强度设为8.3×10^3，动态排阻设为60s，生成质谱检测原始数据。

6.6.1.3　数据统计与分析

1. 蛋白差异分析

首先挑出需要比较的滞育组与非滞育组样品，进行蛋白差异分析，将每个蛋白在比较样品对中的所有生物重复定量值的均值的比值作为差异倍数。为了判断差异的显著性，将每个蛋白在两个比较样品对中的相对定量值进行了*t*检验，并计算相应的*P*，以此作为显著性指标。当FC≥2.0，同时*P*≤0.05时，蛋白表现为表达量上调；当FC≤0.50，同时*P*≤0.05时，蛋白表现为表达量下调。

2. 差异表达蛋白的GO功能显著性富集分析

GO功能显著性富集分析给出与所有鉴定到的蛋白背景相比，差异表达蛋白中显著富集的GO功能条目，从而给出差异表达蛋白与哪些生物学功能显著相关。该分析首先把所有差异表达蛋白向数据库的各个条目映射，计算每个条目的蛋白数目，然后应用超几何检验，找出与所有蛋白背景相比，在差异表达蛋白中显著富集的GO条目。

3. 差异表达蛋白的通路富集分析

KEGG通路显著性富集分析方法同GO功能富集分析，是以KEGG通路为单位，应用超几何检验，找出与所有鉴定到的蛋白背景相比，在差异表达蛋白中显著性富集的通路。通过通路显著性富集能确定差异表达蛋白参与的最主要的生化代谢途径和信号转导途径。

6.6.2　蛋白质鉴定结果及整体分布分析

研究中鉴定到的二级谱图总数为555 148个，鉴定到的肽段数量为34 642个，鉴定到的蛋白质数量为7261个。图6-29a展示的是对鉴定到的所有蛋白质根据其分子质量绘制的统计图，结果显示，分子质量为20～30kDa的蛋白质数量最多，其次为＞100kDa；图6-29b展示的是鉴定到的肽段序列长度分布情况，结果显示，含7～17个氨基酸残基的肽段数量占绝大多数，其中包含10个和11个氨基酸残基的肽段数量最多；图6-29c为鉴定蛋白中的unique肽段数分布情况，通过蛋白数据库比对鉴定到的肽段和蛋白。将含有肽段一致的蛋白称为同一个group的蛋白，而每一个group里独有的肽段，则称为unique肽段，它们使蛋白质group具有唯一特异性，unique肽段越多，证明鉴定到的蛋白越可靠。横坐标是含有unique肽段的个数，纵坐标是随着unique肽段个数增多时，含有unique肽段的蛋白占总蛋白的累积比。图6-29d所示为鉴定蛋白覆盖度分布图，横坐标为蛋白覆盖度的区间（检测到的肽段所覆盖的该蛋白长度/该蛋白的全长），纵坐标为相应区间包含的蛋白数量。结果表明，蛋白覆盖度区间为(0.0,0.1]所包含的蛋白数量最多，占总数的52.18%。

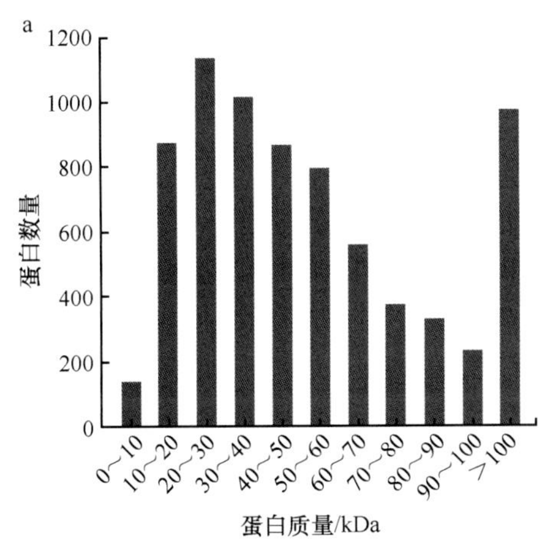

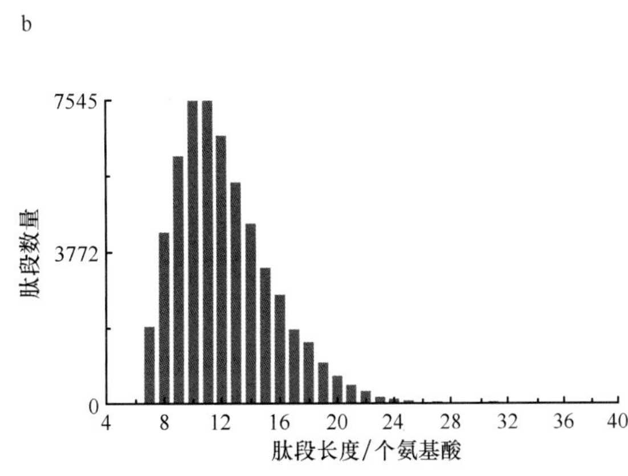

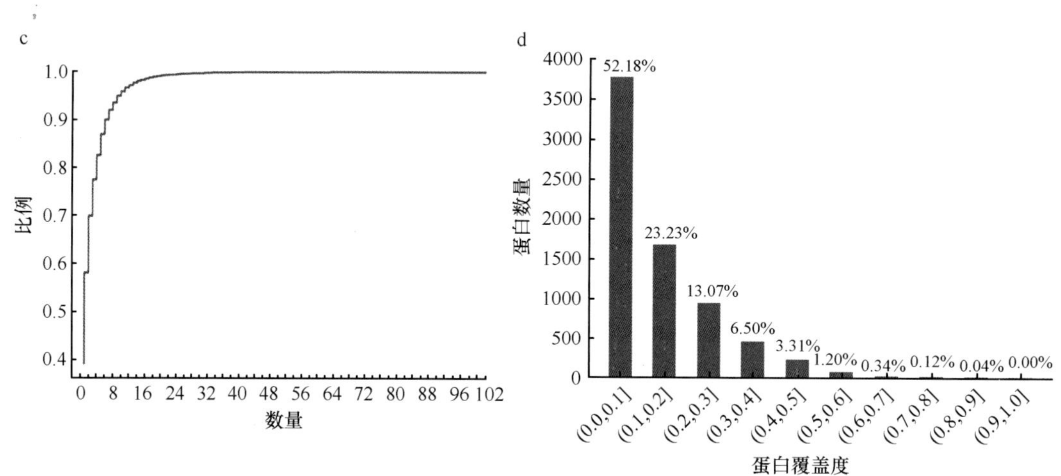

图6-29　蛋白整体分布分析

a. 蛋白质分子质量分布；b. 肽段长度范围分布；c. 鉴定蛋白中unique肽段数分布；d. 蛋白覆盖度分布

6.6.2.1　蛋白功能注释

1. GO注释

通过GO数据库，5140个鉴定到的蛋白注释到生物过程（BP）、细胞成分（CC）、分子功能（MF）三大功能类别，共涉及1249条GO条目，其中BP包含518条GO条目，CC包含192条，MF包含539条。由于注释结果条目过多，因此在图6-30只展示每个大类中蛋白数量排前20的条目。从图6-30可以看出，参与分子功能的蛋白质数量较其他两类多，其中涉及蛋白结合功能的蛋白数量最多（967个），ATP结合功能次之（518个）；在生物过程中，参与氧化还原过程的蛋白数最多（387个），参与新陈代谢过程的蛋白数次之（234个）；在细胞成分大类中，与核糖体有关的蛋白质数量最多（219个）。

2. COG注释

COG蛋白数据库可以通过比对将某一个蛋白序列注释到某个COG中，直系同源序列构成一簇COG，以此来推测该序列的功能。对COG数据库功能进行分类，一共分26类。在本次试验中COG数据库注释到的蛋白数共4082个，其中翻译、核糖体结构、生源论条目涉及蛋白质数量最多（566个），与翻译后修饰、蛋白质周转、分子伴侣相关的蛋白质数量略少（555个）（图6-31）。

3. KEGG注释

在生物体内，不同蛋白相互协调来行使其生物学行为，基于通路的分析有助于更进一步了解其生物学功能。KEGG是有关通路的主要公共数据库，通过通路分析能确定蛋白质参与的最主要生化代谢途径和信号转导途径。KEGG注释到的蛋白数共8846个，主要涉及六大类功能，包括细胞过程、环境信息处理、遗传信息加工、人类疾病、代谢过程和有机体系统。在KEGG通路中，与信号转导和翻译功能相关的蛋白质数量较多，运输和分解代谢在细胞过程中占比最高（44.41%），新陈代谢中，与碳水化合物代谢功能相关的蛋白数量较多，在有机体系统中，参与内分泌系统的蛋白数量最多（301个）（图6-32）。

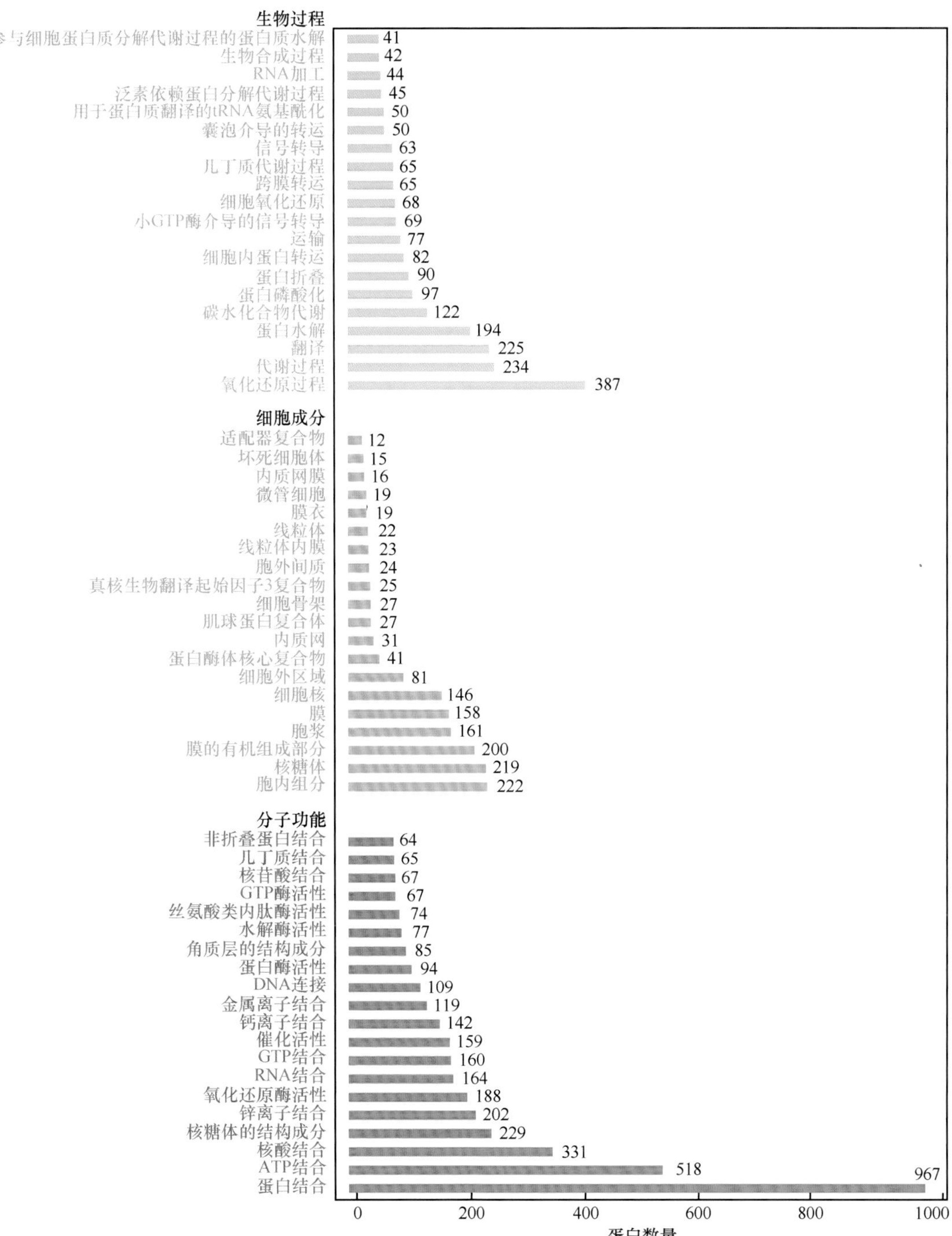

图6-30　GO注释结果柱状图

匹配蛋白的数量
600
500
400
300
200
100
0
5 9 260 61 231 128 281 113 235 566 125 119 147 18 555 86 188 485 88 218 36 73 17 13 25
ABCDEFGHIJKLMNOPQRSTUVWXZ
功能类别
A：RNA加工和修饰（5）
B：染色质的结构和动力学（9）
C：能量生产与转化（260）
D：细胞周期控制、细胞分裂、染色体分区（61）
E：氨基酸转运和代谢（231）
F：核苷酸转运和代谢（128）
G：碳水化合物的运输和代谢（281）
H：辅酶的运输和代谢（113）
I：脂质运输和代谢（235）
J：翻译、核糖体结构和生物发生（566）
K：转录（125）
L：复制、重组和修复（119）
M：细胞壁、膜、包膜生物发生（147）
N：细胞运动（18）
O：翻译后修饰、蛋白质周转、伴侣蛋白（555）
P：无机离子的运输与代谢（86）
Q：次生代谢产物的生物合成、转运和分解代谢（188）
R：仅一般功能预测（485）
S：功能未知（88）
T：信号转导机制（218）
U：细胞内运输、分泌和囊泡运输（36）
V：防御机制（73）
W：细胞外结构（17）
X：动员组——噬菌体、转座子（13）
Z：细胞骨架（25）

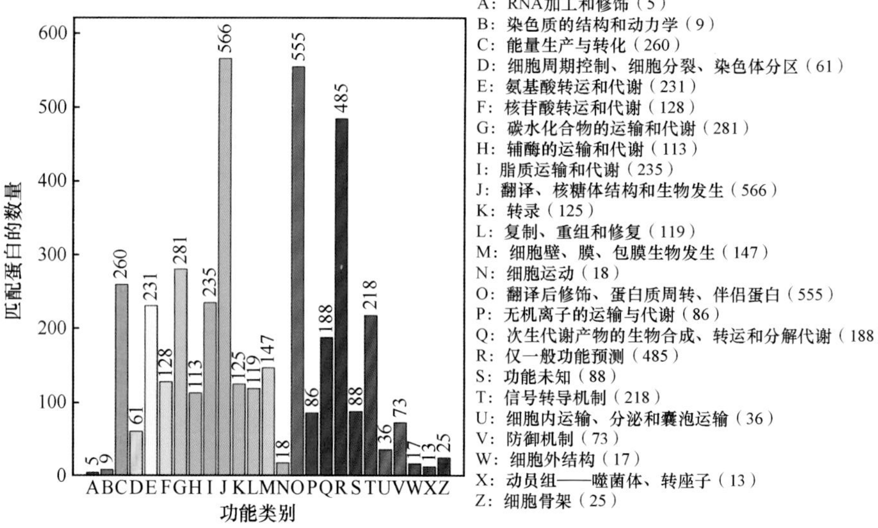

图6-31　COG注释结果柱状图

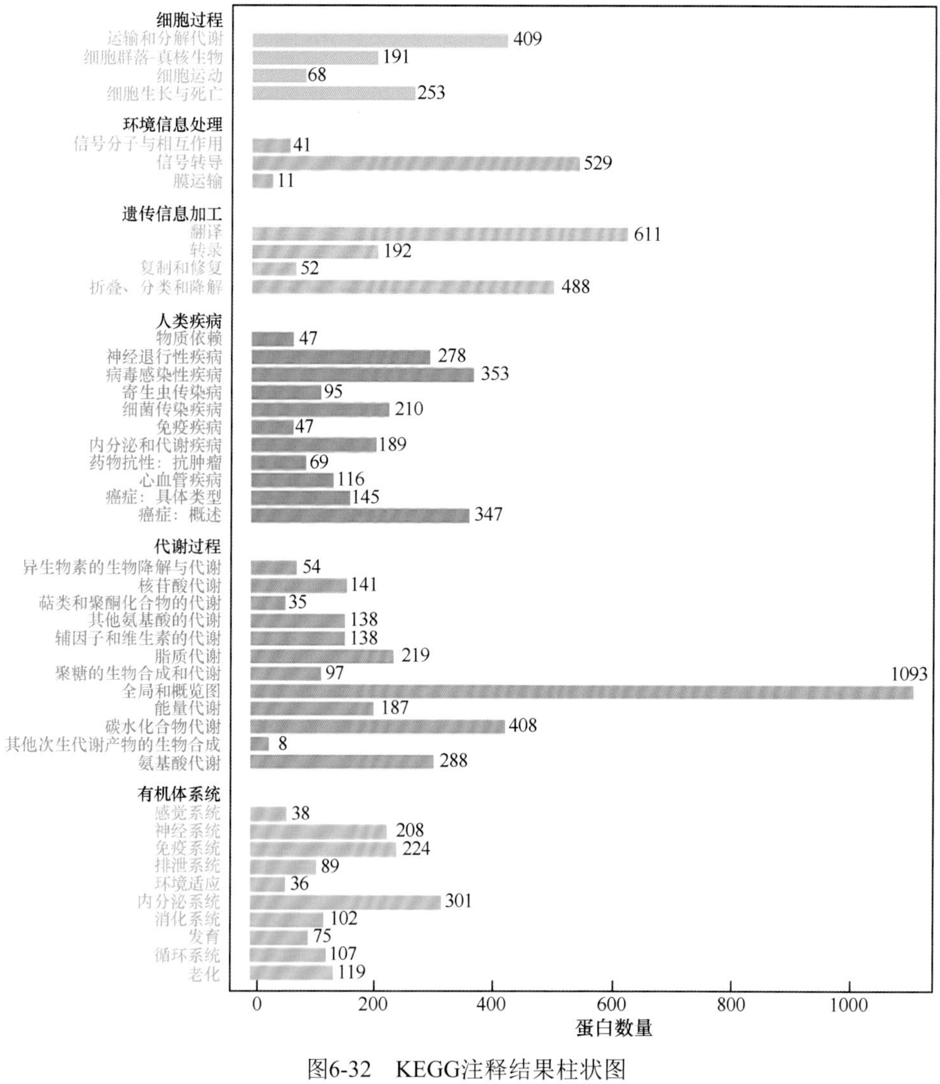

细胞过程
运输和分解代谢 409
细胞群落-真核生物 191
细胞运动 68
细胞生长与死亡 253
环境信息处理
信号分子与相互作用 41
信号转导 529
膜运输 11
遗传信息加工
翻译 611
转录 192
复制和修复 52
折叠、分类和降解 488
人类疾病
物质依赖 47
神经退行性疾病 278
病毒感染性疾病 353
寄生虫传染病 95
细菌传染疾病 210
免疫疾病 47
内分泌和代谢疾病 189
药物抗性：抗肿瘤 69
心血管疾病 116
癌症：具体类型 145
癌症：概述 347
代谢过程
异生物素的生物降解与代谢 54
核苷酸代谢 141
萜类和聚酮化合物的代谢 35
其他氨基酸的代谢 138
辅因子和维生素的代谢 138
脂质代谢 219
聚糖的生物合成和代谢 97
全局和概览图 1093
能量代谢 187
碳水化合物代谢 408
其他次生代谢产物的生物合成 8
氨基酸代谢 288
有机体系统
感觉系统 38
神经系统 208
免疫系统 224
排泄系统 89
环境适应 36
内分泌系统 301
消化系统 102
发育 75
循环系统 107
老化 119
0 200 400 600 800 1000
蛋白数量

图6-32　KEGG注释结果柱状图

4. 结构域注释

蛋白质是由结构域组成的，结构域是蛋白质结构、功能和进化的单位。结构域通过复制和组合可以形成新的蛋白质，不同结构域间的组合分布并不符合随机模型，而是表现出有些结构域组合能力非常强，有些却很少有与其他结构域组合的模式。研究蛋白质的结构域对于理解蛋白质的生物学功能及其进化具有重要的意义。我们利用Interproscan软件对鉴定到的蛋白质进行结构域注释，更有助于理解蛋白质的生物学功能。我们根据注释结果，绘制了结构域注释的柱状图，结果见图6-33。图6-33中显示，与RNA识别基序结构域有关的蛋白质数量最多（167个），WD40重复略低，有128个相关蛋白。

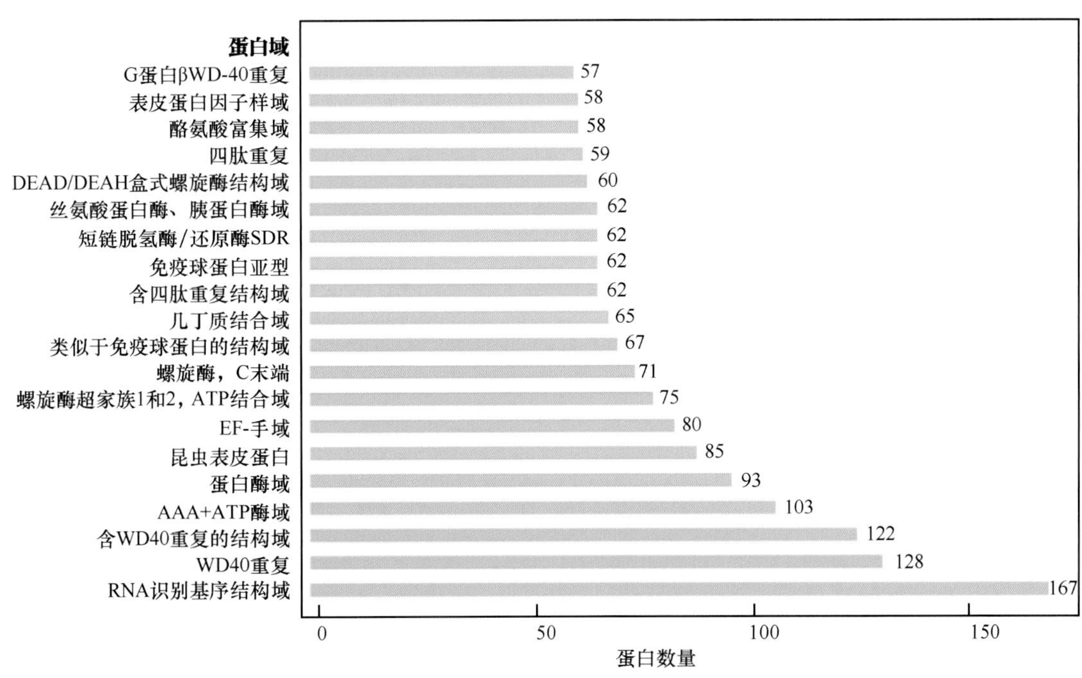

图6-33　结构域注释结果柱状图

6.6.2.2　蛋白差异分析

1. 蛋白差异分析结果

我们对茶足柄瘤蚜茧蜂滞育组蛹与非滞育组蛹鉴定到的蛋白进行差异分析，对两组样品中每个蛋白的相对定量值进行t检验，并计算P，并以此判断差异显著性。当FC≥2.0，且P≤0.05时，蛋白表现为表达量上调；当FC≤0.05，且P≤0.05时，蛋白表现为表达量下调。此次差异分析，在两组样品中共同鉴定到的蛋白（非共同鉴定到的蛋白无法确定上调、下调）共7251个，差异显著的蛋白总数为135个，根据上述条件筛选出显著上调的蛋白总数为38个，上调表达量最高的蛋白为半胱氨酸结肽（knottin）样蛋白［茶足柄瘤蚜茧蜂（*Lysiphlebus testaceipes*）］（序列ID为Cluster-35028.0，FC=4.616），显著下调的蛋白总数为97个，下调表达量最高的蛋白为异质性核糖核蛋白M样蛋白（heterogeneous nuclear ribonucleo protein M-like）［大蜜蜂（*Apis dorsata*）］（序列ID为Cluster-50256.0，FC=0.145），该蛋白被用作转录调节剂，促进转录抑制（图6-34）。这些差异表达蛋白主要与糖代谢、脂代谢、蛋白质代谢等代谢过程及氨基酸转运、能量产生与转化，以及各种代谢酶等有关。

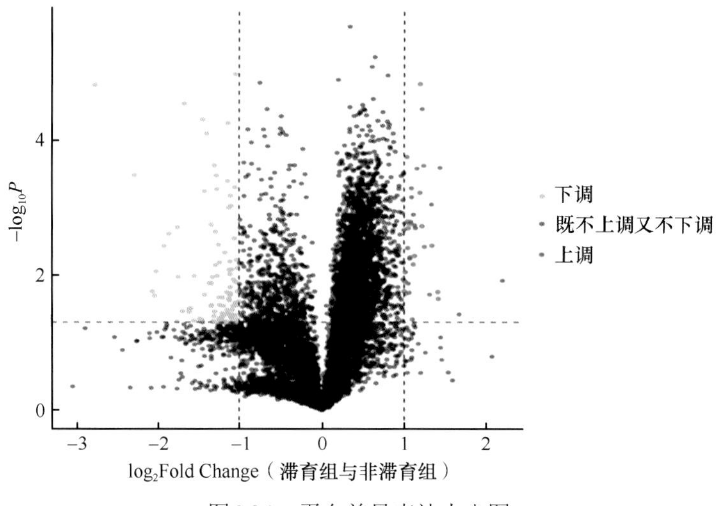

图6-34　蛋白差异表达火山图

2. GO富集分析

GO注释到的差异蛋白数为90个，主要分布在生物过程（BP）、细胞成分（CC）和分子功能（MF）三大类别。富集到154个条目，共有44个GO条目显著富集，在生物过程部分，参与有机物代谢（39个）的蛋白数最多，高分子代谢（29个）和蛋白质代谢（24个）次之；在细胞成分部分，与胞内细胞器（25个）和细胞质（20个）功能相关的蛋白数较多；在分子功能部分，参与结构分子活性（13个）和核糖体结构成分（12个）的蛋白质数量较多（图6-35）。与天冬氨酸转运、L-谷氨酸转运、胆碱脱氢酶活性、胆碱生物合成甘氨酸甜菜碱等条目相关的蛋白质在滞育阶段显著上调表达。

3. KEGG富集分析

KEGG注释到64个差异蛋白，共富集到97条KEGG通路，对富集通路进行显著性分析发现，除与人类疾病相关的通路外，有3条通路显著富集到KEGG通路上，分别是核糖体、氧化磷酸化和逆行内源性大麻素信号。除上述显著富集的通路外，KEGG注释到的差异蛋白还主要富集到代谢途径、RNA转运等通路。根据富集结果，绘制富集到的KEGG通路的气泡图（只展示排前20的结果），结果见图6-36。图6-36中横坐标表示纵坐标代表的对应通路中差异表达的蛋白数与总蛋白数的比值，比值越大，说明差异蛋白在此通路中富集程度越高。点的颜色代表超几何检验的P，P越小，检验越可靠，越具有统计学意义。点的大小表示的是相应通路中差异表达蛋白的数量，点越大，则代表在通路内差异蛋白富集的数量越多。

13个富集到核糖体通路中的差异蛋白主要包括40S核糖体蛋白（RP）中的S10、S12、S18、S21、S28、SA和60S核糖体蛋白中的L13、L22、L23、L24、L28、L35、L38，有14个蛋白下调表达，结合GO富集结果，共14个差异蛋白富集到翻译条目中，其中13个蛋白下调表达，表明在滞育期间茶足柄瘤蚜茧蜂蛋白合成受到抑制。共10个差异蛋白与氧化磷酸化通路相关，在所有差异蛋白中，未发现与底物水平磷酸化有关的蛋白，因此推测滞育过程中起主要供能作用的反应是氧化磷酸化。共23个差异蛋白富集到代谢通路，主要包括多糖的生物合成与代谢、脂代谢、萜类化合物和聚酮的代谢，以及外源生物降解与代谢。

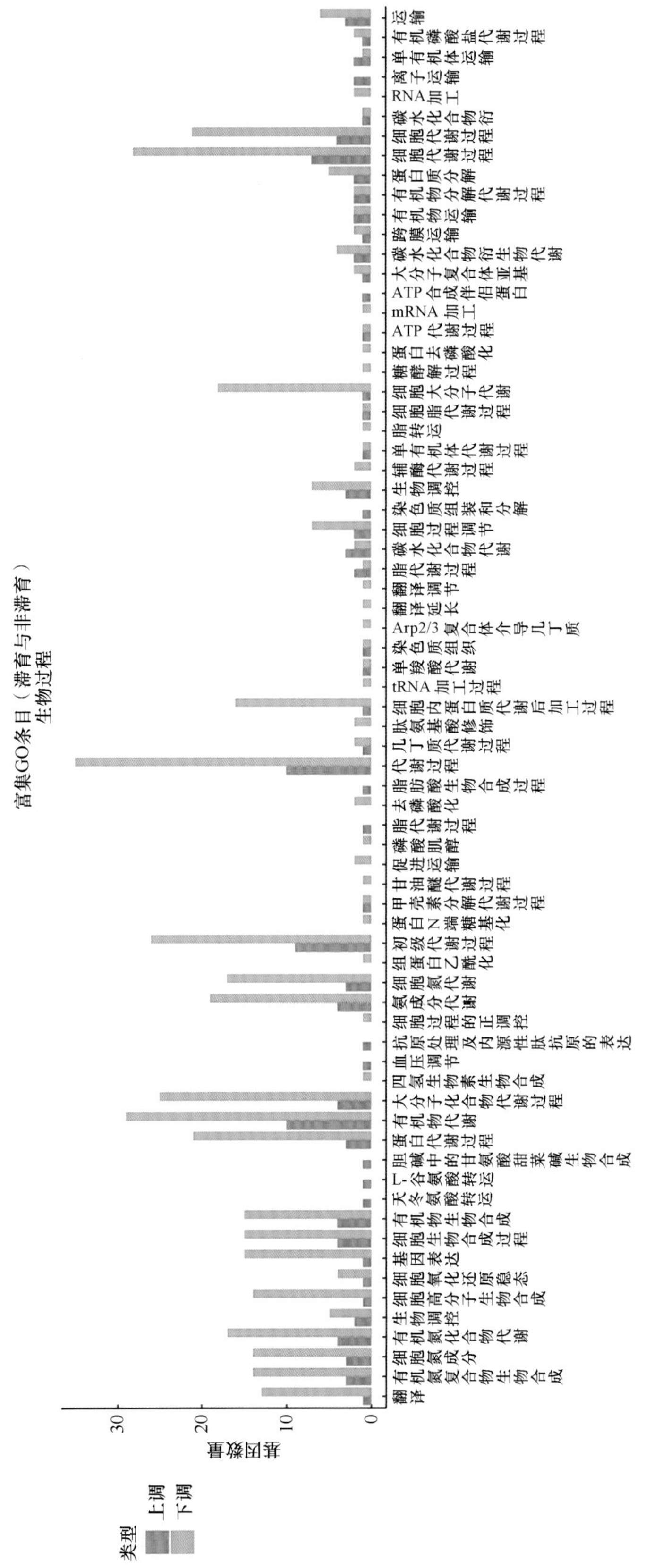
富集GO条目（滞育与非滞育）
生物过程
基因数量
0
10
20
30
类型
上调
下调

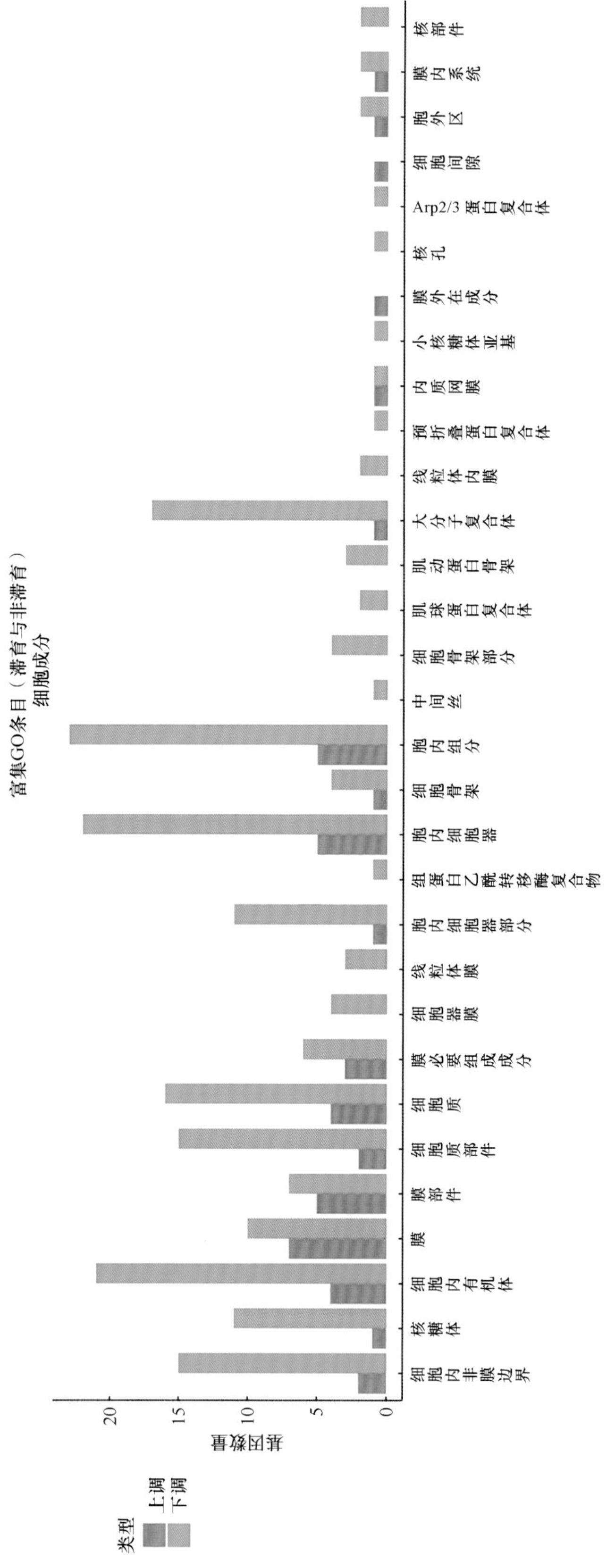
富集GO条目（滞育与非滞育）
细胞成分
类型
上调
下调
基因数量
0
5
10
15
20
细胞内非膜边界
核糖体
细胞内有机体
膜
膜部件
细胞质部件
细胞质
膜必要组成成分
细胞器膜
线粒体膜
胞内细胞器部分
组蛋白乙酰转移酶复合物
胞内细胞器
细胞骨架
胞内组分
中间丝
细胞骨架部分
肌球蛋白复合体
肌动蛋白骨架
大分子复合体
线粒体内膜
预折叠蛋白复合体
内质网膜
小核糖体亚基
膜外在成分
核孔
Arp2/3蛋白复合体
细胞间隙
胞外区
膜内系统
核部件

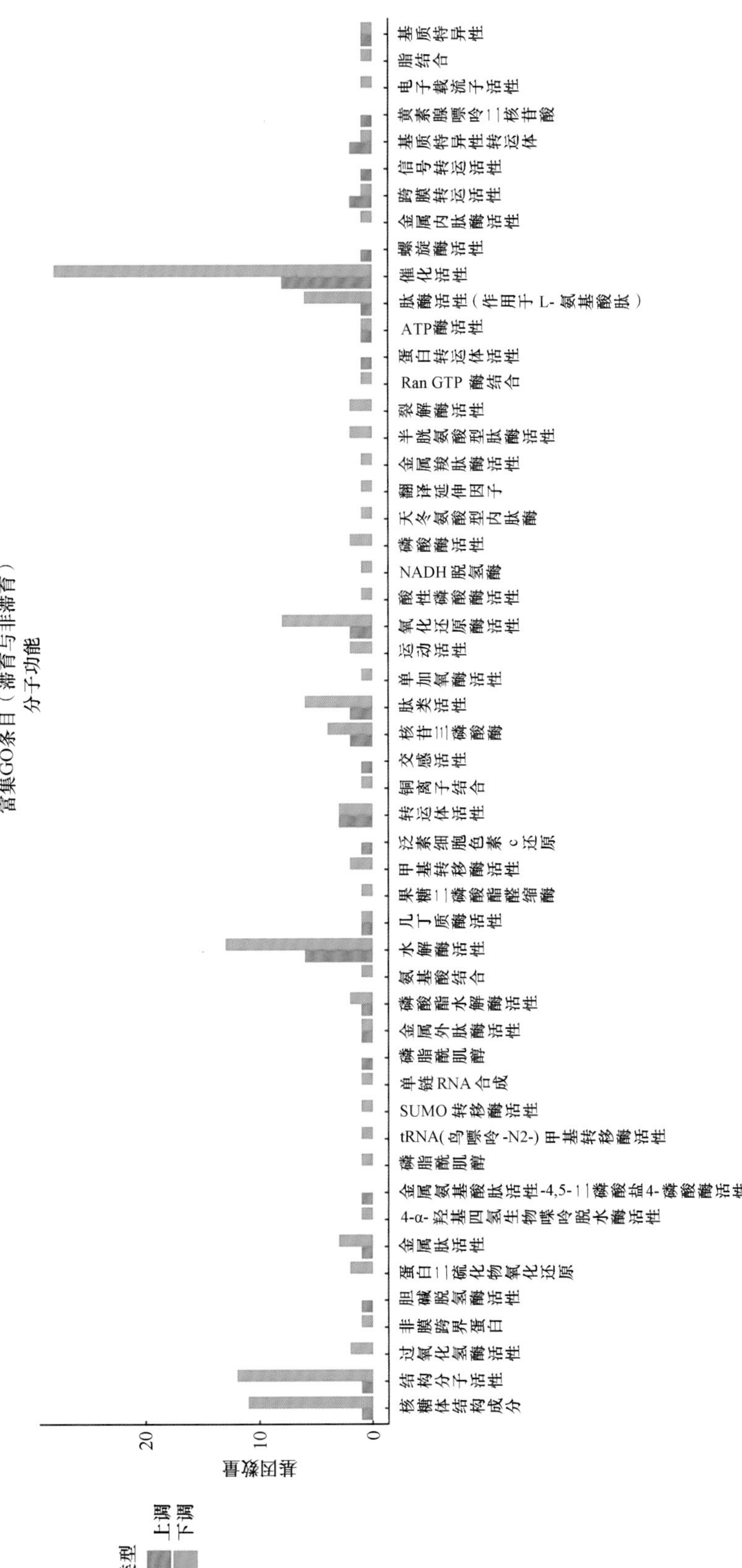

图6-35　茶足柄瘤蚜茧蜂滞育蛹与非滞育蛹上调与下调蛋白的GO功能富集

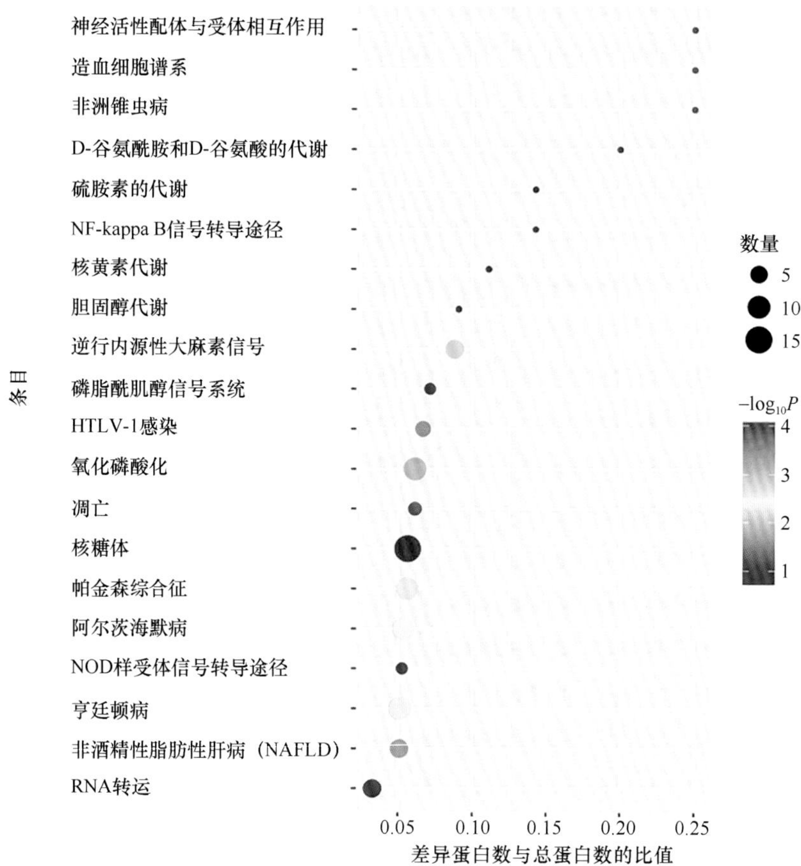

图6-36　茶足柄瘤蚜茧蜂滞育蛹与非滞育蛹差异表达蛋白KEGG富集气泡图

6.6.3　蛋白差异分析结果

蛋白质合成是细胞中最主要的耗能过程，在茶足柄瘤蚜茧蜂蛹滞育期间，与核糖体通路相关的蛋白下调表达，说明蛋白质合成过程受到抑制，此过程的减弱可以节省大量能量，以满足滞育调控和基本生命活动的耗能。除与蛋白质合成相关外，有研究发现，核糖体蛋白还对细胞增殖、分裂、分化起到调节作用。在黑腹果蝇中发现，核糖体蛋白*S2*基因的突变会导致卵子发育停滞，核糖体蛋白*S6*基因的突变则会导致黑色素瘤的形成、淋巴腺增生、血细胞的不正常分化。在人体中发现，核糖体蛋白S14和L17调控其本身的翻译过程，S14可以抑制自身转录，而L17可以抑制mRNA的翻译（徐晓红，2011）。在茶足柄瘤蚜茧蜂滞育蛹中，这些核糖体蛋白除与蛋白质合成相关外，可能也参与调控细胞发育，但茶足柄瘤蚜茧蜂滞育蛹中鉴定到的核糖体蛋白是否具有这样的功能，还需要进一步实验验证。

能量代谢是滞育昆虫成活的关键，滞育期间的营养储备水平直接影响昆虫的存活情况及滞育后的发育和生殖（张倩等，2019）。KEGG通路分析显示，茶足柄瘤蚜茧蜂蛹滞育相关蛋白在氧化磷酸化通路显著上调。在有氧条件下，氧化磷酸化作用是需氧细胞生物生命活动的主要能量来源，在细胞内的有机分子经氧化分解形成CO_2和H_2O，并释放出能量，使ADP和Pi合成ATP（王镜岩等，2008）。其中有10个与能量产生及转化有关的蛋白过表达。在本研究中发现的与茶足柄瘤蚜茧蜂滞育相关的蛋白质主要涉及还原型烟酰胺腺嘌呤二核苷酸（NADH）脱氢酶亚基（复合物）、细胞色素bc1复合物亚基、ATP合酶ε亚基、谷氨酸脱氢酶（GDH）等。

NADH脱氢酶催化由NADH至辅酶Q的电子传递过程，同时将电子由线粒体基质转移至膜间隙。细胞色素bc1复合物是线粒体呼吸电子传递链中的核心元素，可催化从辅酶Q到细胞色素c的电子传递过程，同时将质子由线粒体基质泵至膜间隙。

ATP合酶，又称F_0F_1-ATP酶，在细胞内催化能源物质ATP的合成（王镜岩等，2008）。在茶足柄瘤蚜茧蜂呼吸作用过程中通过电子传递链释放的能量先转换为跨膜质子（H^+）梯度，之后质子流顺质子梯度通过ATP合酶可以使ADP和Pi合成ATP。ε亚基有抑制酶水解ATP的活性，同时有堵塞H^+通道、减少H^+外泄的功能，这一功能保证了茶足柄瘤蚜茧蜂在滞育过程中ATP的顺利合成（倪张林，2001）。在环境胁迫条件下，能量需求增加，通过氧化磷酸化途径，能量产生增加，从而为滞育期间的茶足柄瘤蚜茧蜂提供更多的能量和营养物质，推断NADH脱氢酶、细胞色素bc1复合物、ATP合酶对茶足柄瘤蚜茧蜂的逆境生存和能量缓冲有积极作用。

谷氨酸脱氢酶是调控机体碳、氮代谢相互交叉的重要酶，催化氧化脱氨基作用，氨基酸脱氨基后形成的氨是有毒物质。绝大多数陆生动物将脱下的氨转变为尿素排泄。

GO富集结果显示，与天冬氨酸转运、L-谷氨酸转运条目相关的蛋白在滞育过程中上调表达，而天冬氨酸和谷氨酸是尿素形成的关键。线粒体中的谷氨酸脱氢酶将谷氨酸的氨基脱下，为氨甲酰磷酸的合成提供游离的氨；细胞质中的谷草转氨酶把谷氨酸的氨基转移给草酰乙酸，草酰乙酸再形成天冬氨酸进入尿素循环，谷氨酸为循环间接提供第二个氨基（王镜岩等，2008）。同时谷氨酸脱氢酶在茶足柄瘤蚜茧蜂滞育蛹中上调表达，表明滞育蛹体内将有更多的氨进入尿素循环。这可能是滞育蛹新陈代谢较弱，从而抑制了氨基酸的合成，导致氨过剩的结果。此外，有研究报道，滞育型棉铃虫幼虫可能通过在体内积累大量尿素达到抵御低温的作用（Zhang et al.，2013），茶足柄瘤蚜茧蜂滞育蛹也同样可能利用尿素来提高其耐寒性。

NADH产生于糖酵解和细胞呼吸作用中的柠檬酸循环，谷氨酸经过转化后可生成柠檬酸循环中间物质2-氧戊二酸，说明茶足柄瘤蚜茧蜂滞育对柠檬酸循环产生了显著影响。柠檬酸循环不仅为生命体提供能量，也是糖类、脂类和氨基酸三者之间相互转化的枢纽。茶足柄瘤蚜茧蜂在滞育期间代谢减弱，与正常发育的茶足柄瘤蚜茧蜂相比，产能必定减少，但机体仍需要热能来抵御低温。在低温环境下，生物体产热增加，散热减少。而试验证明，在滞育过程中，参与氧化磷酸化通路的蛋白上调表达，说明此过程中产生的一部分能量用于维持正常的生命活动，还有一部分产生热能。自然界适应冷环境的动物，利用氧化磷酸化解偶联的方式产生大量的热。它们的脂肪组织中有一种褐色脂肪组织含有产热素，又称解偶联蛋白，能构建一种被动质子通道，使质子流从内膜外流向基质但不经过F_0F_1复合体的F_0通道，而是又回到基质，结果产生热而不形成ATP（王镜岩等，2008）。我们推测滞育的茶足柄瘤蚜茧蜂脂肪组织中可能也存在这种"解偶联剂"，使得虫体在氧化磷酸化过程中既能满足生命活动所需的能量，又能保证足够的热量来抵御低温环境。但滞育的茶足柄瘤蚜茧蜂体内是否含有这样的物质，我们需进一步探究。

胆碱脱氢酶活性、胆碱生物合成甘氨酸甜菜碱条目相关蛋白在GO富集结果中显著上调，胆碱脱氢酶可催化底物合成甘氨酸甜菜碱，因此甘氨酸甜菜碱的含量在滞育的茶足柄瘤蚜茧蜂蛹中必然增加。在滞育条件下，茶足柄瘤蚜茧蜂受到水分胁迫，甜菜碱作为有机渗透剂可维持细胞渗透压，同时甜菜碱对酶有保护作用，不仅可以抵御冰冻胁迫，对有氧呼吸和能量代谢过程也有良好的保护作用。

本研究从蛋白质组整体层面阐明茶足柄瘤蚜茧蜂蛹滞育背后的多蛋白调控，重点筛选了与核糖体、能量代谢相关的滞育关联蛋白，并对能量代谢相关蛋白的功能进行了分析，有助于更好地理解茶足柄瘤蚜茧蜂蛹滞育的代谢机制，进一步扩展了对蚜茧蜂滞育机制的理解，为基于遗传或化学调控天敌滞育提供了新思路、新平台，具有重要的理论意义和潜在的应用价值。

6.7　茶足柄瘤蚜茧蜂蛹滞育相关的代谢组学

我们通过转录组测序和iTRAQ技术从mRNA及蛋白水平展示了茶足柄瘤蚜茧蜂蛹在滞育与非滞育条件下存在的差异，从基因和蛋白质层面探索差异出现的原因，而实际上细胞内许多生命活动是发生在代谢物层面的，如细胞信号释放、能量传递、细胞间通信等都是受代谢物调控的，更多地反映了细胞所处的环境。本节通过代谢组学对滞育与非滞育蛹进行研究，寻找两种条件下蛹的差异代谢物，从代谢物层面解释出现差异的原因。

6.7.1　茶足柄瘤蚜茧蜂代谢物提取

取100mg液氮研磨的茶足柄瘤蚜茧蜂滞育蛹与非滞育蛹组织样本，置于EP管中，加入500μL含0.1%甲酸的80%甲醇水溶液，涡旋振荡，冰浴静置5min，在15 000r/min、4℃条件下离心10min，取一定量的上清加质谱级水稀释至甲醇含量为53%，并置于离心管中离心10min，收集上清，通过进样LC-MS（液质联用）进行分析。从每个试验样本中取等体积样本混匀作为待测样本。空白样本为含0.1%甲酸的53%甲醇水溶液，处理过程与试验样本相同。

6.7.1.1　代谢物的鉴定

将滞育组与非滞育组2个处理共12个样本的.raw格式原始数据文件导入Compound Discoverer 3.1（CD）搜库软件中，进行保留时间、质荷比等参数的简单筛选，然后对不同样品根据保留时间偏差0.2min和质量偏差5ppm（$1ppm=10^{-6}$）进行峰对齐，使鉴定更准确，随后根据设置的质量偏差5ppm、信号强度偏差30%、信噪比3、最小信号强度100 000dBm、加和离子等信息进行峰提取，同时对峰面积进行定量，再整合目标离子，然后通过分子离子峰和碎片离子进行分子式的预测，并与mzCloud、mzVault和MassList数据库进行比对，用空白样本去除背景离子，并对定量结果进行归一化，最后得到数据的鉴定和定量结果。

6.7.1.2　代谢物数据质控、功能及分类注释

代谢组具有易受外界因素干扰且变化迅速的特点，因此，数据质量控制（QC）是获得可重复性和准确性代谢组结果的必要步骤。尤其是当样本量大的时候，样品上机检测需要一定的时间，代谢物检测过程中仪器的稳定性、信号响应强度是否正常就显得尤为重要。质控能够及时发现异常，应尽早解决问题，以保证最终采集数据的质量。

对鉴定到的代谢物进行功能和分类注释，主要的数据库包括KEGG、HMDB、LIPID MAPS等。通过利用这些数据库对鉴定到的代谢物进行注释，以了解不同代谢物的功能特性及分类情况。

6.7.1.3 差异代谢物筛选

由于代谢组数据具有高维度且变量间高度相关的特点，运用传统的单变量分析无法快速准确地挖掘数据内潜在的信息。因此代谢组数据分析需要运用多元统计的方法，如主成分分析（PCA）、偏最小二乘法判别分析（PLS-DA），在最大程度地保留原始信息的基础上对采集的多维数据进行降维和回归分析，然后进行差异代谢物的筛选及后续分析。PLS-DA是一种有监督的判别分析统计方法。该方法运用偏最小二乘回归建立代谢物表达量与样品类别之间的关系模型，来实现对样品类别的预测。建立各比较组的PLS-DA模型，经7次循环交互验证得到模型评价参数（R_2，Q_2），如果R_2和Q_2越接近1，表明模型越稳定可靠。

6.7.1.4 差异代谢物分析

我们对差异代谢物进行了聚类分析、相关性分析及*Z*-score分析。通过利用聚类分析可以判断在滞育与非滞育条件下茶足柄瘤蚜茧蜂蛹体内代谢物的代谢模式。代谢模式相似的代谢物可能具有相似的功能，可能共同参与同一代谢过程或者细胞通路。因此通过将代谢模式相同或者相近的代谢物聚成类，可以推测某些代谢物的功能。

不同代谢物之间具有协同或互斥关系，例如，与某类代谢物变化趋势相同，则为正相关；与某类代谢物变化趋势相反，则为负相关。差异代谢物相关性分析的目的是查看代谢物与代谢物变化趋势的一致性，通过计算所有代谢物两两之间的皮尔逊相关系数来分析各个代谢物间的相关性。

Z-score（标准分数）是基于代谢物的相对含量转换而来的值，用于衡量同一水平面上代谢物相对含量的高低。*Z*-score的计算是基于参考数据集（对照组）的平均值和标准差进行的，具体公式表示为

$$Z=(x-\mu)/\sigma \tag{6-5}$$

式中，x为某一具体分数，μ为平均数，σ为标准差。

6.7.2 代谢物定量结果

使用CD数据处理软件，对样本中检测到的色谱峰进行积分，其中每个特征峰的峰面积表示一个化合物的相对定量值，使用总峰面积对定量结果进行归一化，最后得到代谢物的定量结果。

6.7.2.1 QC样本质控

基于峰面积值来计算QC样本（QC样本由待测样本等量混合制成）之间的相关系数，QC样本相关性越高（R^2越接近1），说明整个检测过程稳定性越好，数据质量越高。QC样本相关性见图6-37。

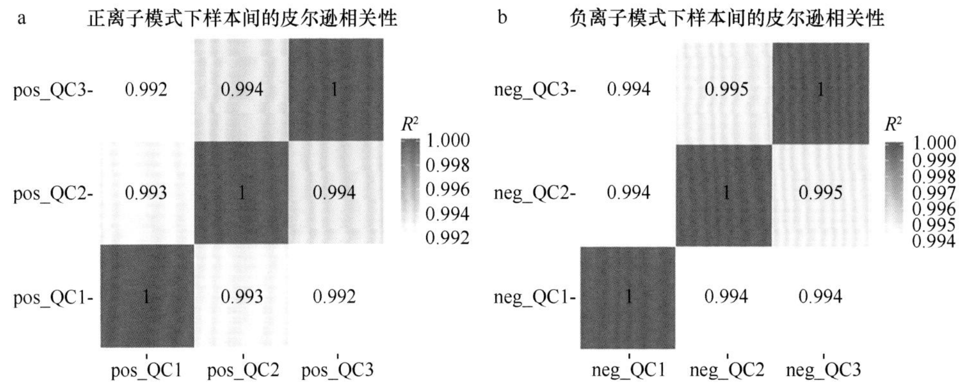

图6-37　QC样本相关性分析

6.7.2.2　总样品主成分分析

主成分分析（PCA）是将一组可能存在相关性的变量，通过正交变换转换为一组线性不相关变量的统计方法，转换后的这组变量即称为主成分。代谢组数据可以被认为是一个多元数据集，PCA则可以将代谢物变量按一定的权重通过线性组合进行降维，然后产生新的特征变量，通过主要新变量（主成分）的相似性对其进行归类，从总体上反映各组样本之间的总体代谢差异和组内样本之间的变异度大小。使用MetaX软件对数据进行对数转换及中心化格式化处理。

将所有试验样本和QC样本提取得到的峰，经紫外光谱处理后进行PCA分析。QC样本差异越小，说明整个方法稳定性越好，数据质量越高，体现在PCA图上就是QC样本的分布会聚集在一起，见图6-38。

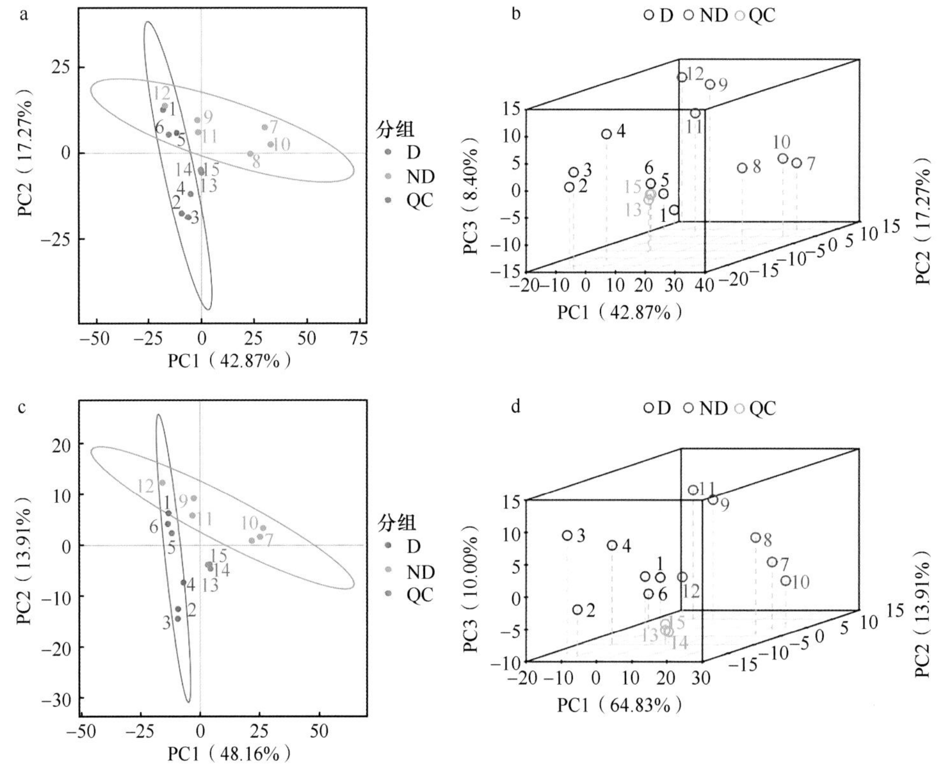

图6-38　总样品主成分分析

a、b. 正离子模式；c、d. 负离子模式

6.7.2.3　KEGG功能注释

在生物体内，不同代谢物相互协调行使其生物学功能，基于通路的分析有助于更进一步了解其生物学功能。通过通路分析可以确定代谢物参与的最主要的生化代谢途径和信号转导途径。KEGG数据库注释结果见图6-39。图6-39a代表正离子模式，图6-39b代表负离子模式。代谢物质主要集中在新陈代谢功能中，主要涉及碳水化合物代谢、氨基酸代谢、脂肪酸代谢、核苷酸代谢等。图6-39a显示，正离子模式下代谢物共参与五大类功能。在有机体系统中，消化系统涉及的代谢物质数量最多（18种），排泄系统涉及的代谢物数量最少（2种）。在环境信息处理过程中，三条通路涉及的代谢物数量基本相同，信号分子和相互作用途径中包含7种代谢物，信号转导途径也包含7种代谢物，膜运输途径包含8种代谢物。图6-39b显示，在负离子模式下，代谢物参与四大类功能，并未参与细胞过程。在有机体系统中，代谢物参与数最少的途径是环境适应，只有2种代谢物。在遗传信息加工功能中，与图6-39a相同，图6-39b中也只涉及一种途径——翻译，且代谢物数量都是4种。

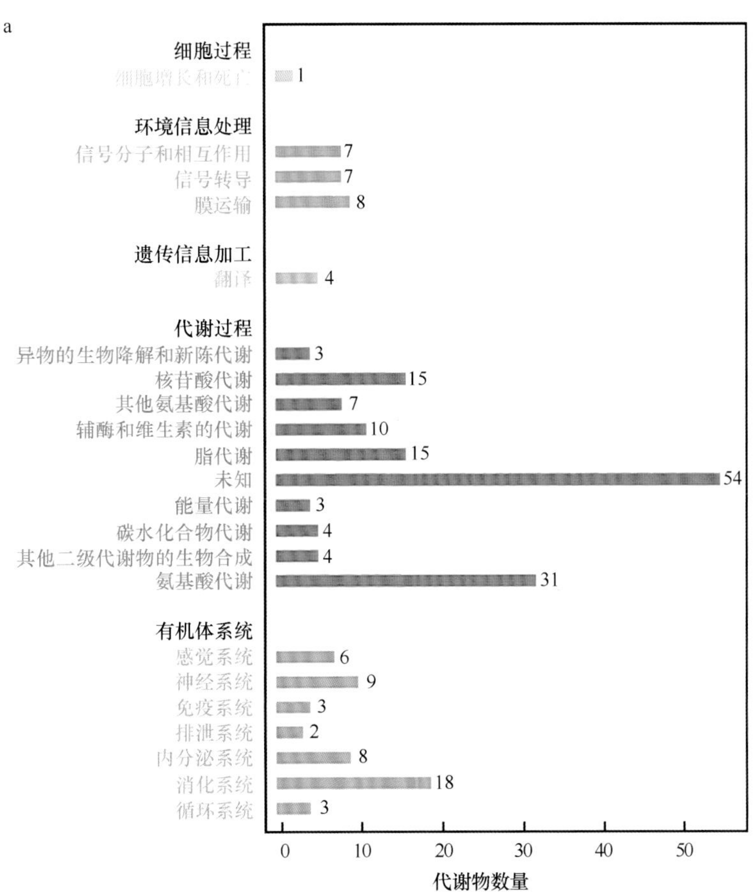

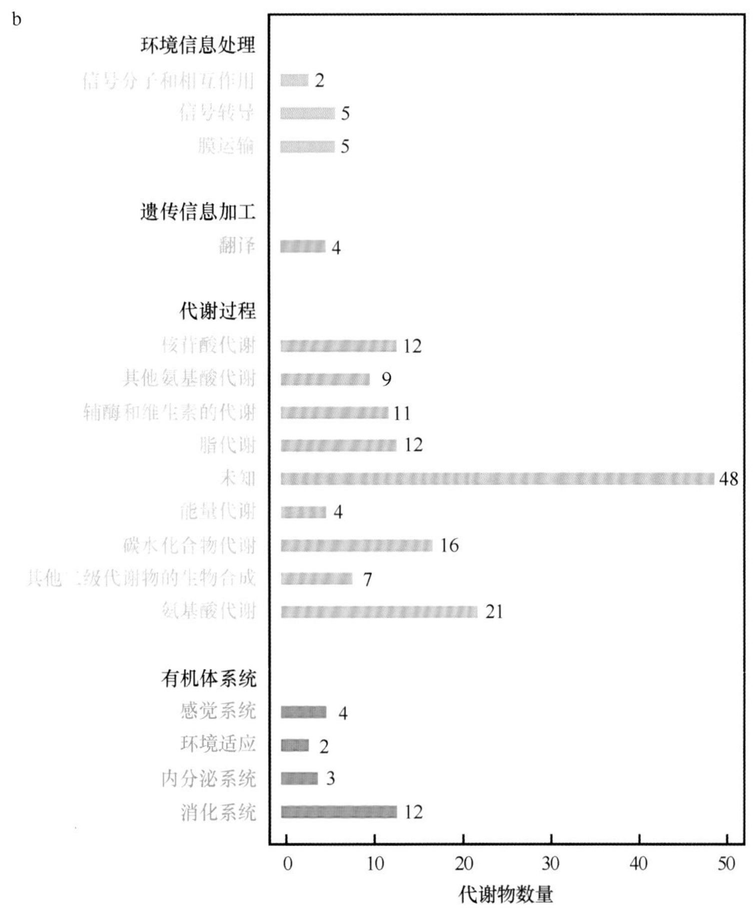

图6-39　KEGG功能注释

横坐标代表代谢物数量，纵坐标代表注释到的KEGG条目

6.7.3　差异代谢物筛选

6.7.3.1　主成分分析

采用主成分分析（PCA）的方法，观察两组样本之间的总体分布趋势（图6-40）。

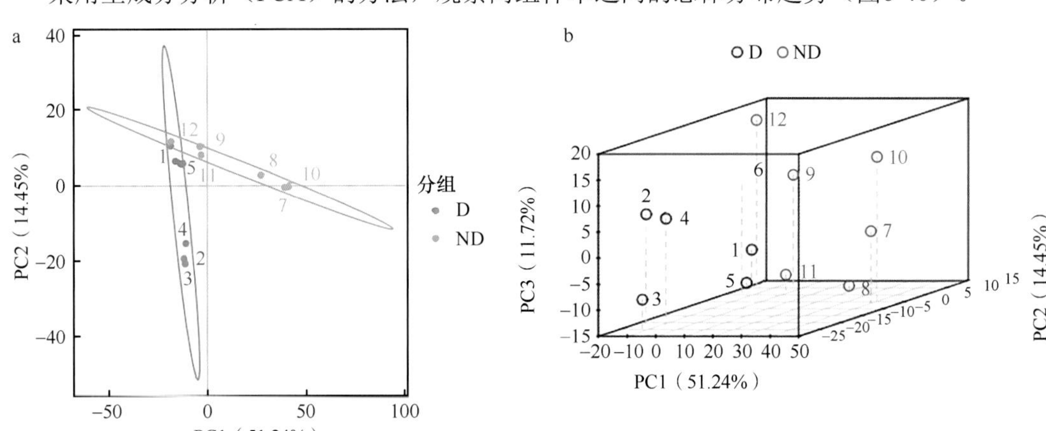

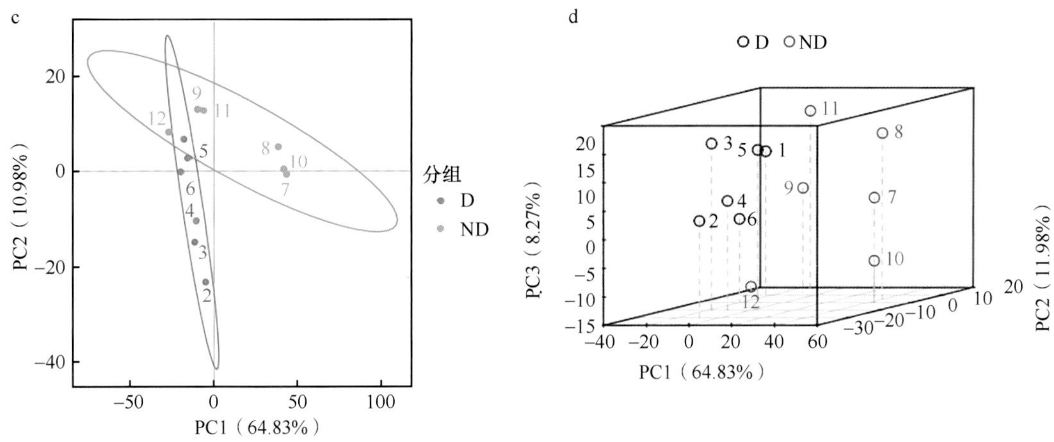

图6-40　主成分分析

a、b. 正离子模式，c、d. 负离子模式。图中横坐标PC1和纵坐标PC2分别表示排名第一和第二的主成分的得分，不同颜色的散点表示不同试验分组的样本，椭圆为95%的置信区间

6.7.3.2　差异代谢物分析

采用PLS-DA模型第一主成分的变量投影重要度（VIP），VIP值表示不同分组中代谢物差异的贡献率；差异倍数（FC）为每个代谢物在比较组中所有生物重复定量值的均值的比值；并结合*t*检验的*P*来寻找差异性表达代谢物，设置阈值为VIP＞1.0，差异倍数FC＞1.2或FC＜0.833且*P*＜0.05，FC＞1.2时差异代谢物显著上调，FC＜0.833时差异代谢物显著下调。筛选出的差异代谢物见表6-22。表6-22中显示，在正离子模式下，鉴定到的化合物共有613种，其中差异显著的代谢物有81种，包括39种显著上调的代谢物和42种显著下调的代谢物；在负离子模式下，鉴定到的化合物共419种，差异显著的代谢物有34种，显著上调与显著下调的代谢物各17种。

表6-22　代谢物差异分析结果

比较的样品对	鉴定化合物总数	差异显著的代谢物总数	显著上调的代谢物总数	显著下调的代谢物总数
正离子模式	613	81	39	42
负离子模式	419	34	17	17

对显著上调、下调的代谢物进行统计发现，非滞育组与滞育组相比，脂类代谢物在差异代谢物中占比较大，其中上调脂类代谢物18种，下调9种，包含溶血磷脂类、甘油磷脂类、羟脂肪酸支链脂肪酸酯。磷脂酰胆碱（PC）（17:1/17:1），4.88倍，PC（18:0/18:2），4.94倍；磷脂酰乙醇胺（PE）（18:0/18:2），3.05倍；一些溶血磷脂酰胆碱（LPC）和溶血磷脂酰乙醇胺（LPE）在滞育组中显著下调；溶血磷脂酸（LPA）（16:0），0.26倍；溶血磷脂酰丝氨酸（LPS）（20:4），0.075倍；溶血磷脂酰肌醇（LPI）在滞育组显著上调。

为直观显示差异代谢物的整体分布情况，我们绘制了差异代谢物火山图（图6-41），横坐标表示代谢物在不同分组中的表达倍数变化（$\log_2$Fold Change），纵坐标表示差异显著性水平（$-\log_{10}P$），火山图中每个点代表一个代谢物，显著上调的代谢物用红色点表示，显著下调的代谢物用绿色点表示，圆点的大小代表VIP值。

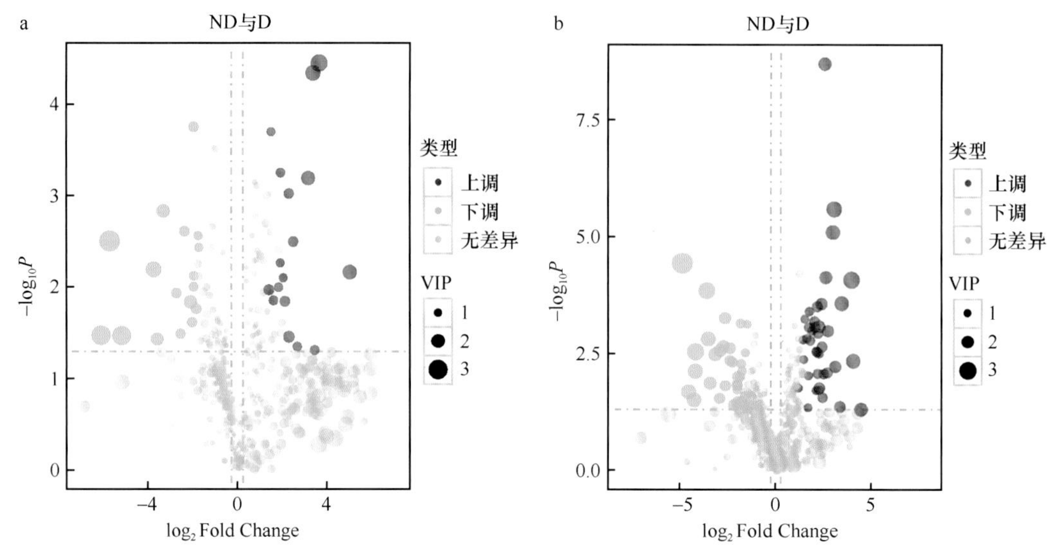

图6-41　差异代谢物火山图

a. 正离子模式下的火山图；b. 负离子模式下的火山图

6.7.3.3　差异代谢物聚类分析

我们对获得的滞育组与非滞育组差异代谢物进行层次聚类分析，得出同一比较对两组之间和组内代谢表达模式的差异情况，通过将代谢模式相同或者相近的代谢物聚成类，来推测某些代谢物的功能（图6-42）。

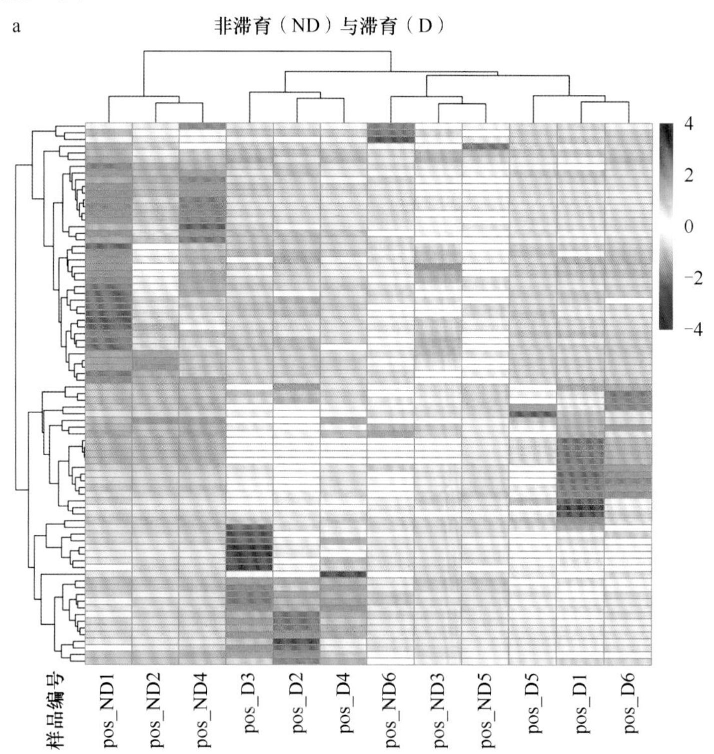

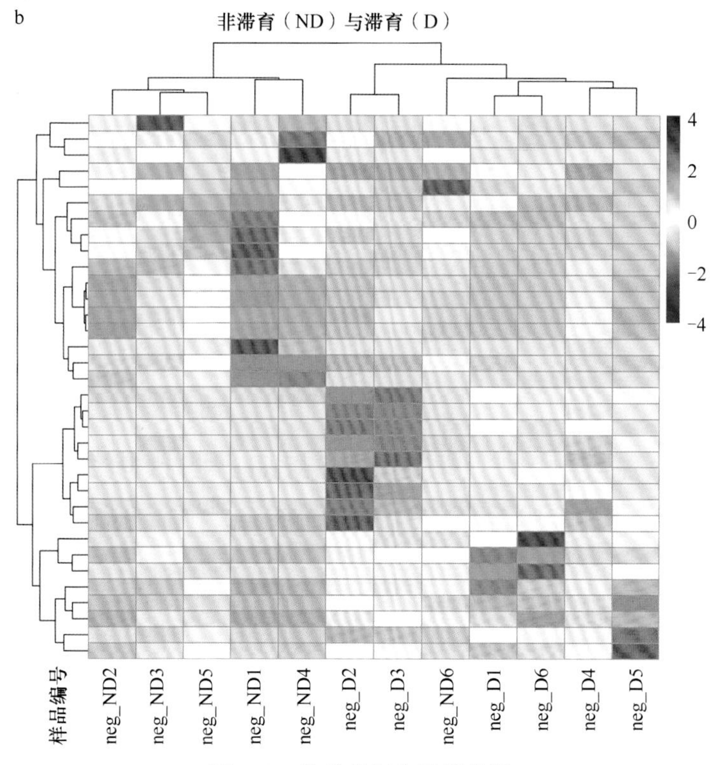

图6-42　差异代谢物聚类热图

a. 正离子模式下的差异代谢物聚类热图，b. 负离子模式下的差异代谢物聚类热图。纵向是样品的聚类，横向是代谢物的聚类，聚类枝越短代表相似性越高。通过横向比较可以看出组间代谢物含量聚类情况的关系

1. 差异代谢物相关性分析

在代谢物相关性分析中，当两个代谢物的线性关系增强时，正相关时趋于1，负相关时趋于-1。同时对代谢物相关性分析进行显著性统计检验，选用显著性水平$P<0.05$为显著相关的阈值。图6-43a为正离子模式下的差异代谢物相关性图，图6-43b为负离子模式下的差异代谢物相关性图。

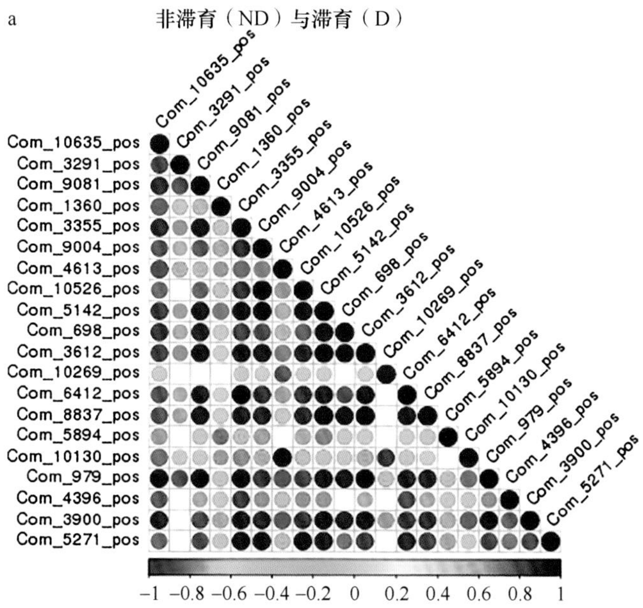

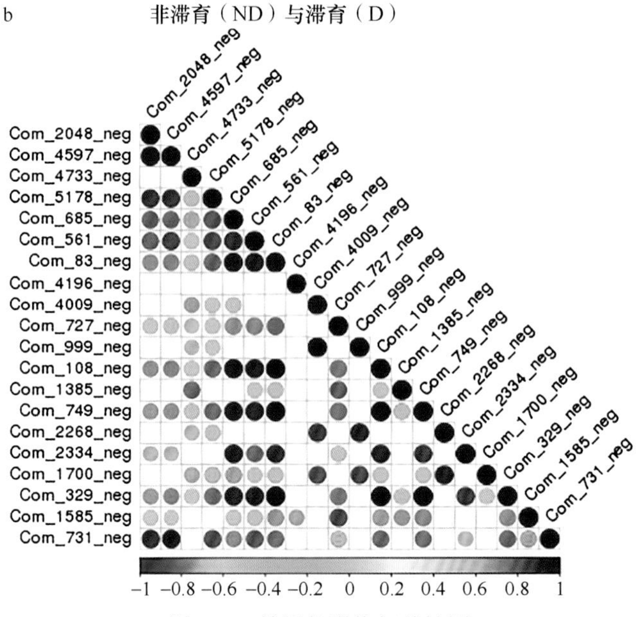

图6-43　差异代谢物相关性图

相关性最高为1，为完全的正相关（红色），相关性最低为-1，为完全的负相关（蓝色），没有颜色的部分表示$P>0.05$，图中展示的是按P从小到大排序的占前20位的差异代谢物的相关性

2. *Z*-score分析

图6-44a为正离子模式下的差异代谢物*Z*-score图，图6-44b为负离子模式下的差异代谢物*Z*-score图。

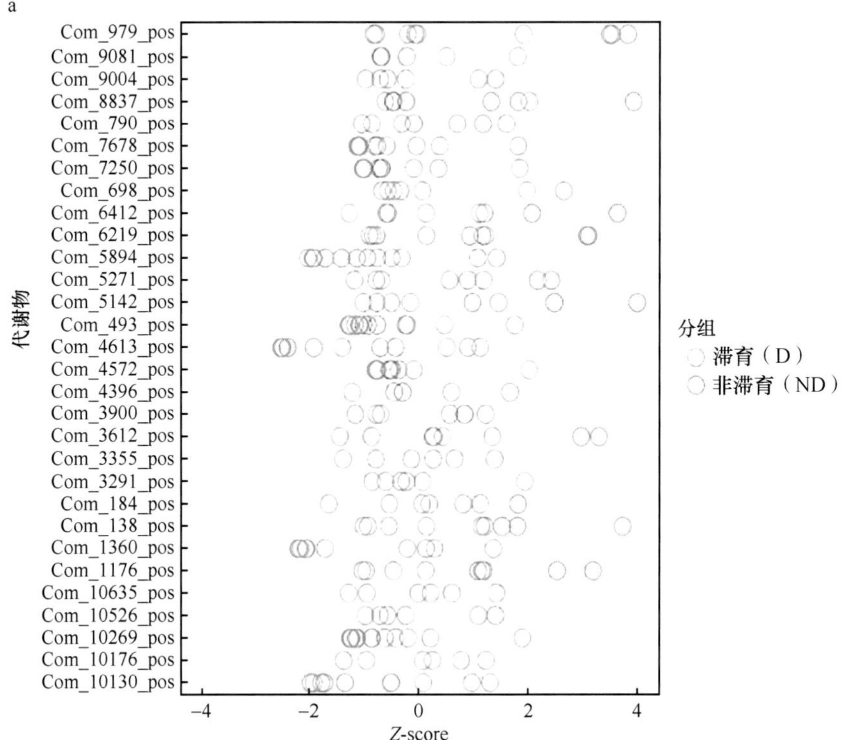

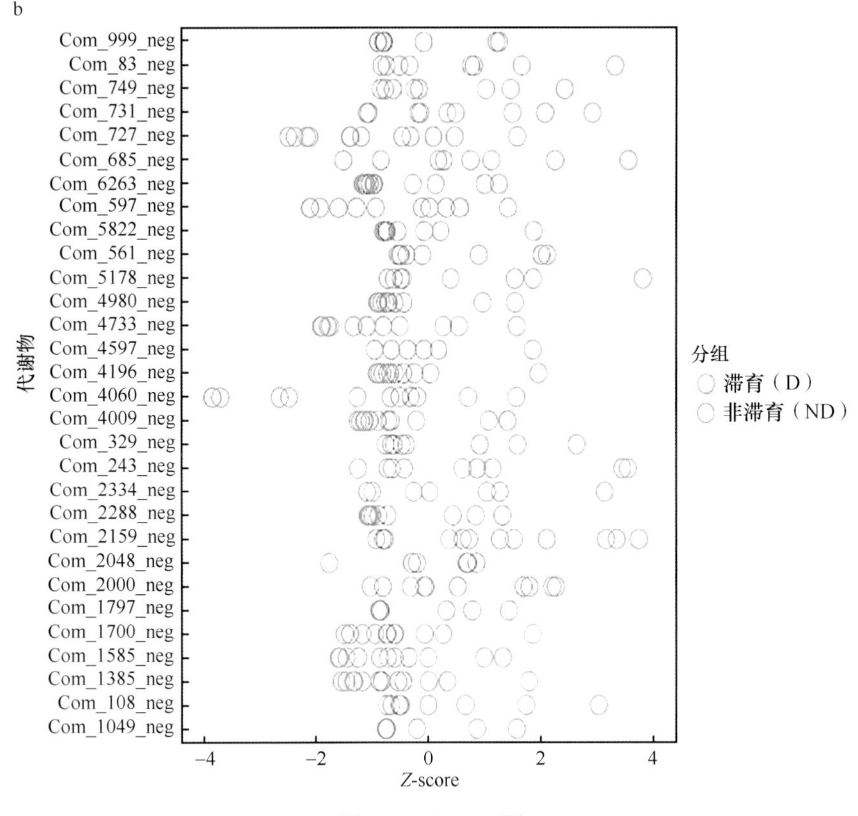

图6-44　*Z*-score图

横坐标为*Z*-score值，纵坐标表示差异代谢物，每个圆圈代表一个样本，图中只展示了Top 30（按*P*从小到大排序）的代谢物*Z*-score值。*Z*-score超出4或−4的样本无法展示

6.7.3.4　KEGG富集分析

对差异代谢物进行KEGG富集分析，共有10种差异代谢物被KEGG注释，代谢物共富集到22条通路，除富集到与人类疾病相关的通路外，代谢物主要富集在氨基酸代谢、核苷酸代谢、脂代谢、糖代谢等通路。在滞育过程中，氨基酸代谢通路中包含的代谢物有苯丙氨酸、乙酰组胺、胍丁胺、黄尿酸，其中苯丙氨酸、胍丁胺、黄尿酸表现为含量增加，乙酰组胺含量减少；核苷酸代谢通路中包含的主要代谢物有尿囊酸、黄嘌呤核苷、5′-磷酸尿苷，其中尿囊酸和黄嘌呤核苷含量增加，5′-磷酸尿苷含量减少；脂代谢通路中包含的代谢物有雌二醇、胆碱磷酸，其中雌二醇表现为含量上升，胆碱磷酸含量下降；糖代谢通路包含的代谢物有水苏糖，表现为含量减少。

图6-45a为正离子模式下的差异代谢物KEGG富集气泡图，图6-45b为负离子模式下的差异代谢物KEGG富集气泡图。

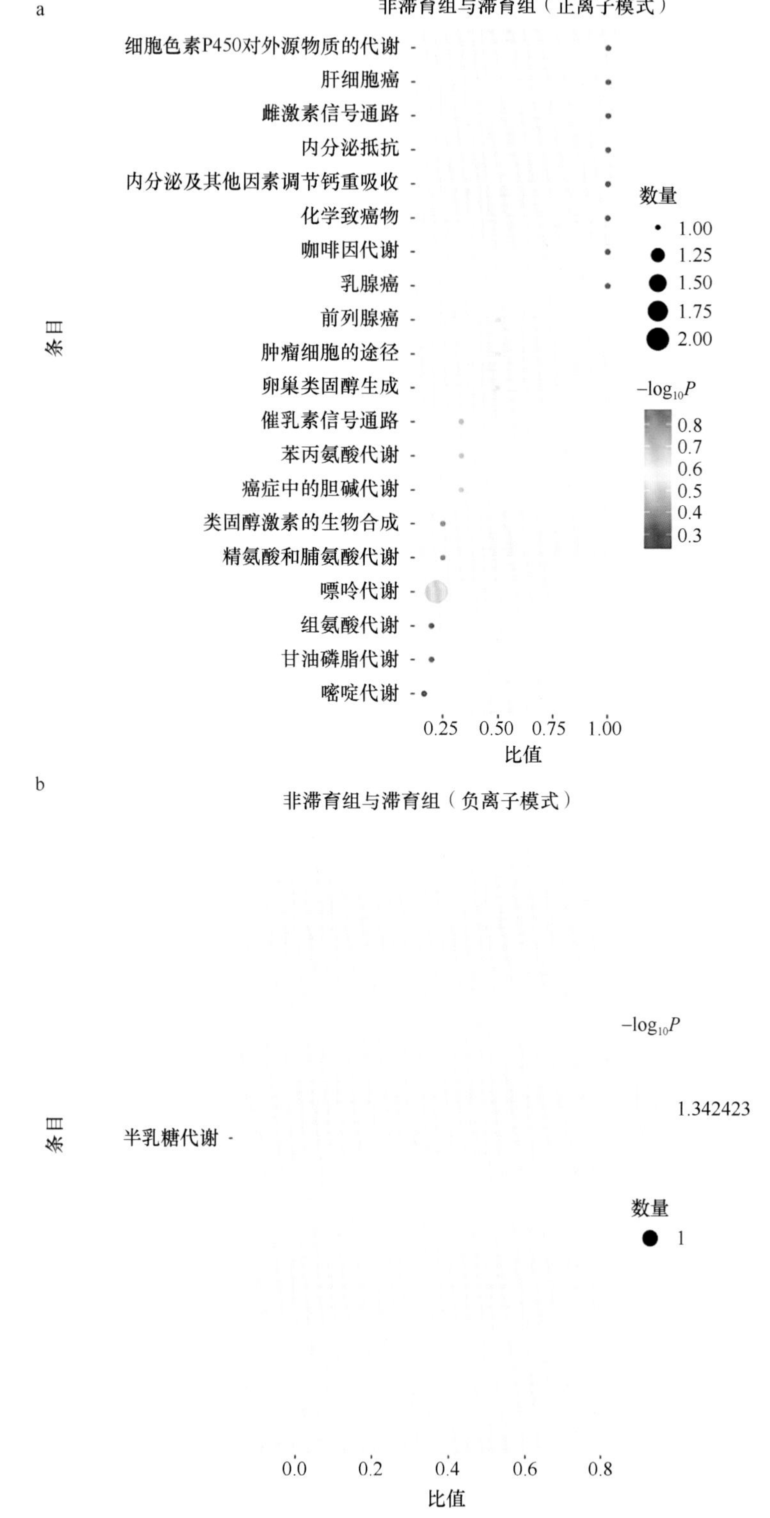

图6-45　KEGG富集气泡图

图中横坐标为x/y（相应代谢通路中差异代谢物的数目/该通路中鉴定出的总代谢物数目），值越大，表示该通路中差异代谢物富集程度越高。点的颜色代表超几何检验的P，值越小，说明检验的可靠性越大、越具统计学意义。点的大小代表相应通路中差异代谢物的数目，点越大，该通路内差异代谢物就越多

6.7.4 差异代谢物差异分析

脂类代谢物在差异代谢物中占比较大，主要包括溶血磷脂类、甘油磷脂类和羟脂肪酸支链脂肪酸酯。在滞育组中共有9种代谢物显著上调，18种代谢物显著下调。磷脂常与蛋白质、糖脂、胆固醇等其他分子共同构成脂双分子层，即细胞膜的结构。生物膜的许多特性，如作为膜内外物质的通透性屏障，参与膜内外物质的交换、信息传递、神经脉冲的传导等，都与磷脂和其他膜脂有关。

对有些昆虫进行冷处理或滞育，膜重建是非常普遍的（Hodkova et al.，2002；Kostal et al.，2003；Bashan and Cakmak，2005；Michaud and Denlinger，2006；Izumi et al.，2009）。通过提高磷脂中不饱和脂肪酸的占比及将脂肪酸链的长度缩短，从而对膜的组成进行调整，是许多昆虫在低温环境中保持膜流动性稳定的方式（Teets et al，2013）。溶血磷脂是将磷脂的一条脂肪酸链通过磷脂酶的水解作用去除而产生的，具有的极性比磷脂更强，在水环境下能够产生更小的微粒。尽管溶血磷脂在细胞膜总脂质中只占一小部分，但所起的作用不可忽视。当常规的细胞膜在动态平衡的状态下与过量的溶血磷脂接触，这些外源的脂类物质与磷脂双分子层整合到一起，膜的酰基链有序参数就会降低，而膜的流动性也会因此增加（Birgbauer and Chun，2006），因此渗透性更高。昆虫血液循环的主要搏动器官是背血管，溶血磷脂还能够嵌入膜的胆固醇中，通过液化，膜的流动性会增强，血管粥样硬化的发生概率也会降低（和小明，2006）。在对茶足柄瘤蚜茧蜂代谢组学进行研究时发现，一些溶血磷脂在滞育蛹中显著上调，如LPA、LPI、LPS等。LPA是迄今发现的一种最小、结构最简单的磷脂，主要通过溶血磷脂酰胆碱（LPC）产生，是磷脂代谢的一种产物（江波等，2002），越来越多的研究表明LPA不仅仅是生物膜的组成成分，还可作为一种细胞间的磷脂信使，通过激活G蛋白偶联受体（GPCR）来启动不同的信号通路，对细胞的生长、增殖、分化及细胞内信息传递产生多种影响，在维持机体正常的生理功能、参与各种病理过程的发生发展中均有着重要的作用（Sheng et al.，2015）。由此可知，这些溶血磷脂在茶足柄瘤蚜茧蜂滞育过程中含量的增加，可能能够增加生物膜的流动性，提高虫体的抗逆能力，保证内环境的稳定性。背血管功能的正常发挥是保持昆虫在低温环境中血液循环正常进行的前提条件，滞育蛹中溶血磷脂酸含量的增加，会降低血管粥样硬化的发生概率，更大程度上保证逆境条件下茶足柄瘤蚜茧蜂循环过程的稳定进行。

大肠杆菌和柳树都有很强的抵御低温的能力，其耐寒性主要与PC和PE的积累密不可分。对家蚕不同储藏温度与PC、PE含量关系的研究发现，在5℃条件下保存的滞育蚕卵，PC、PE的含量明显高于25℃条件下的含量。磷脂的含量越高，休眠也越易解除。在25℃条件下保存的滞育卵，在产卵后120d尚未见孵化，而在5℃保存40d后，蚕卵便开始解除滞育（吴大洋，1989）。但在茶足柄瘤蚜茧蜂滞育组中，代谢组学检测到的PC与PE显著下调，说明低温并没有使其体内PC、PE的含量升高，PC、PE起到的作用并不是增强虫体的抗寒性。根据前人研究，低温会使磷脂含量增加，而磷脂含量的升高，会使休眠更易解除。滞育的茶足柄瘤蚜茧蜂蛹中，PC、PE含量降低，那么我们大胆推测，其滞育解除更加困难，因此PC、PE可能与滞育的维持有关，但具体这两种磷脂在茶足柄瘤蚜茧蜂滞育蛹中起到怎样的作用，还需要继续研究。

在KEGG富集结果中，氨基酸代谢通路中包含的代谢物变化较明显，其中苯丙氨酸、胍丁胺、黄尿酸在滞育组中显著上调，表现为含量增加，乙酰组胺显著下调，表现为含量减少。苯丙氨酸属芳香族氨基酸。在体内大部分苯丙氨酸经苯丙氨酸羟化酶催化作用氧化成酪氨酸，并与酪氨酸一起合成重要的神经递质和激素，参与机体糖代谢和脂肪代谢（李良铸和李明晔，2006）。有研究表明，意大利蝗在滞育期间也出现苯丙氨酸积累的现象，但其与滞育有什么具体关系尚不明确（葛婧等，2014）。黑色素前体氨基酸指的就是苯丙氨酸，通过苯丙氨酸羟化酶，苯丙氨酸先转化为酪氨酸，然后经过多个反应过程转化为黑色素（郑娟霞等，2019）。茶足柄瘤蚜茧蜂蛹在滞育后体色呈棕黄色，而正常发育蛹体色呈亮黄色，滞育蛹明显较正常发育蛹体色深，说明滞育过程中一定有黑色素的沉淀，在滞育蛹中苯丙氨酸上调，因此我们推测，苯丙氨酸在茶足柄瘤蚜茧蜂滞育过程中与体内黑色素的积累有关。

胍丁胺（AGM）是精氨酸经细胞线粒体膜上的精氨酸脱羧酶（ADC）作用转化而来的。作为一种新型的神经递质，有多种生物学功能，如影响激素和递质的释放、促进淋巴细胞（如胸腺细胞）的增殖等。有研究证明，胍丁胺还有降低能量代谢的作用，低剂量注射胍丁胺能降低试验应激引发的大鼠体温的升高，而这一现象的出现可能与其能使能量代谢降低有关（熊资等，2016）。茶足柄瘤蚜茧蜂在滞育过程中，整体代谢呈低水平状态，当然能量代谢也呈低水平状态。在滞育过程中，胍丁胺呈显著上调，因此我们推测，胍丁胺含量的增加，能够降低茶足柄瘤蚜茧蜂在滞育过程中的能量代谢，具体可能是通过影响一些递质的释放来控制能量代谢的作用过程。

黄尿酸，即4,8-二羟喹啉-2-羧酸，是色氨酸代谢的最终产物之一。尿素是氨基酸的最终产物，上文讲到，尿素的积累有抵御低温的作用，那么我们是否可以猜测，黄尿酸在茶足柄瘤蚜茧蜂蛹滞育过程中的积累也有助于提高虫体的耐寒性？但其在滞育蛹中发挥的具体作用尚不清楚。我们还发现，当维生素B_6含量降低时，会导致犬尿氨酸羟化酶、犬尿氨酸氨基转移酶等酶的活性下降，从而引起黄尿酸含量增多。因此，滞育条件下黄尿酸的增加可能是维生素B_6降低引起的。维生素B_6作为多种酶的辅酶，与营养物质的代谢有密切关系。其作为转氨酶和脱羧酶的辅酶，在氨基酸代谢过程中参与氨基酸的转氨、脱羧等作用；维生素B_6还是糖原磷酸化酶的辅酶，为糖异生途径提供碳架，维持血糖浓度，在碳水化合物代谢过程中发挥作用；在脂肪酸代谢和mRNA的合成过程中，维生素B_6也起到一定作用；通过影响多巴胺等神经物质的合成，维生素B_6还可以对神经系统的发育和功能产生影响。维生素B_6参与糖代谢、氨基酸代谢及脂肪酸代谢，这些代谢速率的减慢，与维生素B_6含量的降低有一定的关系，而维生素B_6含量的降低，又引起黄尿酸含量的增加，在茶足柄瘤蚜茧蜂滞育过程中形成一个循环，共同维持蛹在不利环境中的生存。

组胺是由组氨酸在脱羧酶的作用下产生的，有强烈的舒血管作用。昆虫的背血管由心脏和动脉两部分组成，是推动血液循环最主要的器官（许再福，2009）。在茶足柄瘤蚜茧蜂滞育期间，乙酰组胺下调表达，导致血管收缩，血流量减少，散热减少。昆虫在滞育期间处于不进食状态，仅依赖前期虫体自身的能量物质储存维持基本的生命活动，因此减少不必要的能量损耗是滞育条件下昆虫正常生长的先决条件。乙酰组胺含量的下降，是茶足柄瘤蚜茧蜂响应耐寒机制的体现。

在茶足柄瘤蚜茧蜂滞育蛹代谢物中，羟脂肪酸支链脂肪酸酯（FAHFA）既有下调又有上调，其在滞育过程中起到的作用尚不明确。但有研究发现，羟脂肪酸支链脂肪酸酯是发现较晚的新型脂类代谢物，其功能还不是很清楚。但是在脂肪组织选择性过表达葡萄糖转运载体4转基因小鼠中发现，羟脂肪酸支链脂肪酸酯比正常小鼠脂肪组织中高16倍，这提示FAHFA可能在胰岛素-葡萄糖稳态调节中发挥重要作用（陈贤为等，2015）。或许在滞育蛹中FAHFA也作为信号分子来参与代谢稳态的调节。

在KEGG中富集到的差异代谢物中，雌二醇在滞育过程中显著上调。雌二醇（estradiol），也称“动情素”“求偶素”。因为它有很强的性激素作用，所以认为它或它的酯实际上是卵巢分泌的最重要的性激素（马春艳等，2002）。在茶足柄瘤蚜茧蜂滞育过程中雌二醇起到的具体作用我们不是很清楚，但其含量增加，我们可以通过生物技术手段对其进行提取分离，用于性诱剂的开发及人类疾病的治疗，对于生物防治的发展具有重要意义。

水苏糖是天然存在的一种四糖，是一种可以显著促进双歧杆菌等有益菌增殖的功能性低聚糖，能迅速改善消化道内环境，有益于增强肠道的消化功能。在滞育的茶足柄瘤蚜茧蜂蛹中，水苏糖下调表达，含量降低，限制其消化功能的发挥。在滞育条件下，昆虫处于不进食状态，其消化水平必然降低，这与水苏糖在滞育蛹体内的含量变化相符。此外，水苏糖还可作为免疫促进剂，具有调节免疫功能的作用。在实验室饲喂茶足柄瘤蚜茧蜂成虫时，我们使用的是20%的蜂蜜水，或许可以在蜂蜜水中加入一定量的水苏糖，以此来达到提高茶足柄瘤蚜茧蜂免疫力与消化能力的目的，增强其生命活力，有利于更广泛地应用茶足柄瘤蚜茧蜂来进行生物防治。

6.8　转录组学、蛋白质组学与代谢组学联合分析

本研究对茶足柄瘤蚜茧蜂滞育蛹与非滞育蛹进行了转录组学、蛋白质组学、代谢组学分析，综合三个组学数据从转录、蛋白和代谢水平对滞育进行阐释，从而更全面、更系统地对滞育进行了解。发现并分析了一些在茶足柄瘤蚜茧蜂滞育过程中起重要作用的基因、蛋白、标志代谢物，以及它们发挥作用的通路。

非滞育（ND）组与滞育（D）组相比，共筛选出上调差异表达基因19 201个，下调差异表达基因19 141个；GO注释到25 666个差异基因，这些基因主要集中于代谢过程，包括脂代谢、氨基酸代谢等，还有信号转导、结合功能、催化活性；KEGG通路数据库富集到的差异基因有7944个，共映射到228个通路，这些基因主要集中在碳水化合物代谢、脂代谢、信号转导等途径中。根据筛选出的基因，我们主要得出以下结论：磷酸果糖激酶基因和磷酸甘油酸激酶基因在滞育过程中上调表达，推测茶足柄瘤蚜茧蜂在滞育过程中依赖糖酵解途径转换能量；甘油醛-3-磷酸脱氢酶基因、醛缩酶基因、磷酸烯醇式丙酮酸羧激酶基因在滞育过程中下调表达，我们猜测在茶足柄瘤蚜茧蜂滞育过程中糖异生途径处于被抑制状态；海藻糖酶基因下调表达，海藻糖合酶基因上调表达，导致海藻糖积累，糖原合酶基因上调表达，糖原积累，与脂肪一样作为储备能源物质，参与能量代谢，海藻糖作为保护剂与糖原相互转化，参与滞育调节；参与柠檬酸循环的限速酶基因——异柠檬酸脱氢酶基因下调表达，在滞育过程中维持低能量代谢；苹果酸脱氢酶基因上调表达，与NAD的合成及利用有关，也可能是应对滞育环境条件的一种应激方式；编码40S核糖体蛋白S11的基因在滞育过程中上调表达，表明滞育过程中耗氧水平较低；细胞色素c氧化酶亚基6C的基因上调表达，我们推测茶足柄瘤蚜茧蜂在滞育过程中主要通过氧化磷酸化来提供能量；脂肪酸合成酶基因上调表达，脂肪酸合

成酶在滞育开始阶段对脂肪进行储存，以提高抗逆能力。超长链脂肪酸延伸酶基因和β-酮脂酰-ACP还原酶基因上调表达，茶足柄瘤蚜茧蜂在滞育过程中生殖力和生存力并不会受到抑制，并能够促进不饱和脂肪酸的合成，提高昆虫体壁的保水性和抗逆性；细胞色素P450酶系中，*CYP3A*基因上调表达，对滞育与脂肪酸代谢有促进作用；尿苷二磷酸糖基转移酶基因表达量增加，与信号转导、受体识别有关；甘油激酶基因上调表达，主要作为抗冻保护物质来增强耐寒性；*Sos*基因对MAPK信号通路的影响主要是影响ERK的活性；ERK通过参与昆虫在低温条件下的代谢，控制山梨醇、甘油等醇类物质的合成；*Rac1*基因下调表达，细胞增殖受到抑制；与胰岛素信号通路相关的基因还参与脂肪积累及能量积累。

在蛋白质组学研究中，共鉴定到135个差异蛋白、其中包含38个上调蛋白、97个下调蛋白，主要与糖代谢、脂代谢、蛋白质代谢等代谢过程，氨基酸转运、能量产生与转化，以及各种代谢酶等有关。GO注释到的差异蛋白数为90个，富集到154个条目，共有44个GO条目显著富集，主要参与有机物代谢、高分子代谢、蛋白质代谢等。与天冬氨酸转运、L-谷氨酸转运、胆碱脱氢酶活性、胆碱生物合成甘氨酸甜菜碱等条目相关的蛋白质在滞育阶段显著上调表达。KEGG注释到64个差异蛋白，共富集到97条KEGG通路，核糖体、氧化磷酸化和逆行内源性大麻素信号3条通路显著富集。在茶足柄瘤蚜茧蜂蛹滞育期间，有13个富集到核糖体通路中的差异蛋白，这些蛋白主要包括40S核糖体蛋白中的S10、S12、S18、S21、S28、SA和60S核糖体蛋白中的L13、L22、L23、L24、L28、L35、L38，有14个蛋白下调表达，结合GO富集结果，共14个差异蛋白富集到翻译条目中，其中13个蛋白下调表达，表明在滞育期间茶足柄瘤蚜茧蜂蛋白合成受到抑制。有10个与能量产生及转化有关的蛋白过表达。在本研究中发现的与茶足柄瘤蚜茧蜂滞育相关的蛋白质主要涉及还原型烟酰胺腺嘌呤二核苷酸（NADH）脱氢酶亚基（复合物）、细胞色素bc1复合物亚基、ATP合酶ε亚基、谷氨酸脱氢酶（GDH）等。NADH脱氢酶、细胞色素bc1复合物、ATP合酶对茶足柄瘤蚜茧蜂的逆境生存和能量缓冲有积极作用。在所有差异蛋白中，未发现与底物水平磷酸化有关的蛋白，因此推测滞育过程中起主要供能作用的反应是氧化磷酸化。共23个差异蛋白富集到代谢通路，主要包括多糖的生物合成与代谢、脂代谢、萜类化合物和聚酮的代谢，以及外源生物降解与代谢。与天冬氨酸转运、L-谷氨酸转运条目相关的蛋白在滞育过程中上调表达，而天冬氨酸和谷氨酸是尿素形成的关键，茶足柄瘤蚜茧蜂滞育蛹也利用尿素来提高其耐寒性。胆碱脱氢酶活性、胆碱生物合成甘氨酸甜菜碱条目相关蛋白在GO富集结果中显著上调，胆碱脱氢酶可催化底物合成甘氨酸甜菜碱，因此甘氨酸甜菜碱的含量在滞育的茶足柄瘤蚜茧蜂蛹中必然增加。

在滞育条件下，茶足柄瘤蚜茧蜂受到水分胁迫，甜菜碱作为有机渗透剂可维持细胞渗透压，同时甜菜碱对酶有保护作用，不仅可以抵御冰冻胁迫，对有氧呼吸和能量代谢过程也有良好的保护作用。在正离子模式下，鉴定到的化合物共有613种，其中差异显著的代谢物有81种，包括39种显著上调的代谢物和42种显著下调的代谢物；在负离子模式下，鉴定到的化合物共有419种，差异显著的代谢物有34种，显著上调与显著下调的代谢物各17种。非滞育组与滞育组相比，脂类代谢物在差异代谢物中占比较大，其中上调脂类代谢物18种，下调9种，包含溶血磷脂类、甘油磷脂类、羟脂肪酸支链脂肪酸酯。磷脂酰胆碱（PC）

（17:1/17:1），4.88倍；PC（18:0/18:2），4.94倍；磷脂酰乙醇胺（PE）（18:0/18:2），3.05倍；一些溶血磷脂酰胆碱（LPC）和溶血磷脂酰乙醇胺（LPE）在滞育组中显著下调；溶血磷脂酸（LPA）（16:0），0.26倍；溶血磷脂酰丝氨酸（LPS）（20:4），0.075倍；溶血磷脂酰肌醇（LPI）在滞育组显著上调。这些溶血磷脂在茶足柄瘤蚜茧蜂滞育过程中含量的增加，可能能够增加生物膜的流动性，提高虫体的抗逆能力，保证内环境的稳定性。背血管功能的正常发挥是昆虫在低温环境中保持血液循环正常进行的前提条件，滞育蛹中溶血磷脂酸含量的增加会降低血管粥样硬化的发生概率，更大程度上保证逆境条件下茶足柄瘤蚜茧蜂循环过程的稳定进行。

滞育的茶足柄瘤蚜茧蜂蛹中，PC、PE含量降低，那么我们大胆推测，其滞育解除更加困难，因此PC、PE可能与滞育的维持有关。对差异代谢物进行KEGG富集分析，共有10种差异代谢物被KEGG注释，代谢物共富集到22条通路，除富集到与人类疾病相关的通路外，代谢物主要富集在氨基酸代谢、核苷酸代谢、脂代谢、糖代谢等通路。在滞育过程中，氨基酸代谢通路中包含的代谢物有苯丙氨酸、乙酰组胺、胍丁胺、黄尿酸，其中苯丙氨酸、胍丁胺、黄尿酸表现为含量增加，乙酰组胺含量减少；核苷酸代谢通路中包含的主要代谢物有尿囊酸、黄嘌呤核苷、5′-磷酸尿苷，其中尿囊酸和黄嘌呤核苷含量增加，5′-磷酸尿苷含量减少；脂代谢通路中包含的代谢物有雌二醇、胆碱磷酸，其中雌二醇表现为含量上升，胆碱磷酸含量下降；糖代谢通路包含的代谢物有水苏糖，表现为含量减少。在滞育蛹中苯丙氨酸上调，我们推测，苯丙氨酸在茶足柄瘤蚜茧蜂滞育过程中与体内黑色素的积累有关；在滞育过程中，胍丁胺呈显著上调，含量增加，能够降低茶足柄瘤蚜茧蜂在滞育过程中的能量代谢，具体可能是通过影响一些递质的释放来控制能量代谢的作用过程；滞育条件下黄尿酸的增加可能是维生素B_6降低引起的，黄尿酸在茶足柄瘤蚜茧蜂蛹滞育过程中的积累也有助于提高虫体的耐寒性；乙酰组胺含量的下降，是茶足柄瘤蚜茧蜂响应耐寒机制的体现；在滞育蛹中FAHFA也作为信号分子来参与代谢稳态的调节；在茶足柄瘤蚜茧蜂滞育过程中雌二醇起到的具体作用我们不是很清楚，但其含量增加，我们可以通过生物技术手段对其进行提取分离，用于性诱剂的开发及人类疾病的治疗，对于生物防治的发展也具有重要意义；在滞育的茶足柄瘤蚜茧蜂蛹中，水苏糖下调表达，含量降低，限制其消化功能的发挥。在实验室饲喂茶足柄瘤蚜茧蜂成虫时，我们使用的是20%的蜂蜜水，或许可以在蜂蜜水中加入一定量的水苏糖，以此来达到提高茶足柄瘤蚜茧蜂免疫力与消化能力的目的，增强其生命活力，以利于大规模扩繁，从而更广泛地应用茶足柄瘤蚜茧蜂来进行生物防治。

6.8.1　差异基因与差异代谢物表达相关性分析

将转录组分析得到的有显著差异的基因与代谢组学分析得到的有显著差异的代谢物基于皮尔逊相关系数进行相关性分析，以度量差异基因与差异代谢物之间的关联程度。当相关系数小于0时，称为负相关；大于0时，称为正相关。图6-46展示了Top 50的差异代谢物（按*P*从小到大排序）和Top 100的差异基因（按*P*从小到大排序）；纵向代表差异基因聚类，横向代表差异代谢物聚类；聚类枝越短代表相似性越高，蓝色表示负相关，红色表示正相关。相关性分析结果如下。

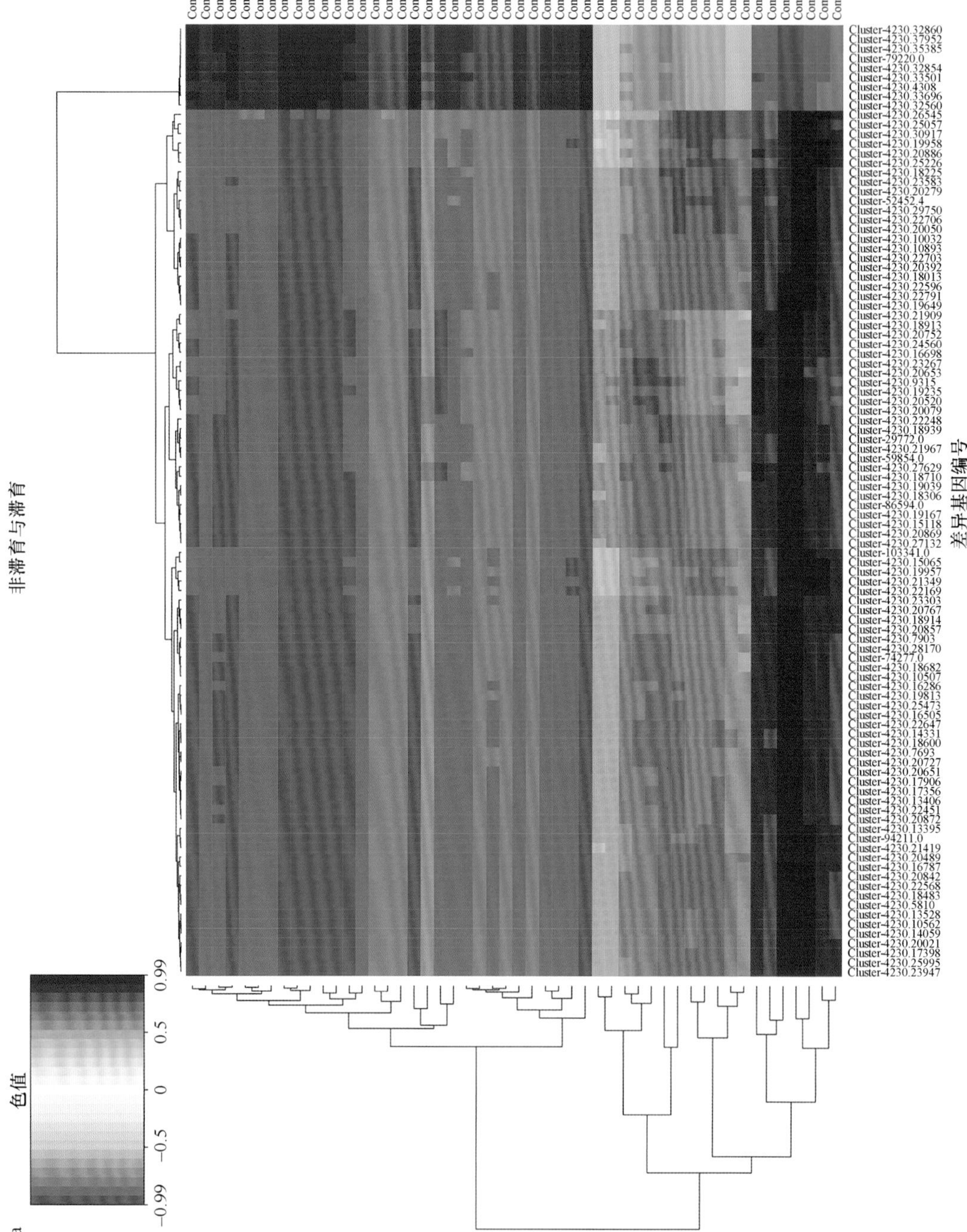
差异代谢物编号
差异基因编号
非滞育与滞育
色值
0.99
0.5
0
−0.5
−0.99
a

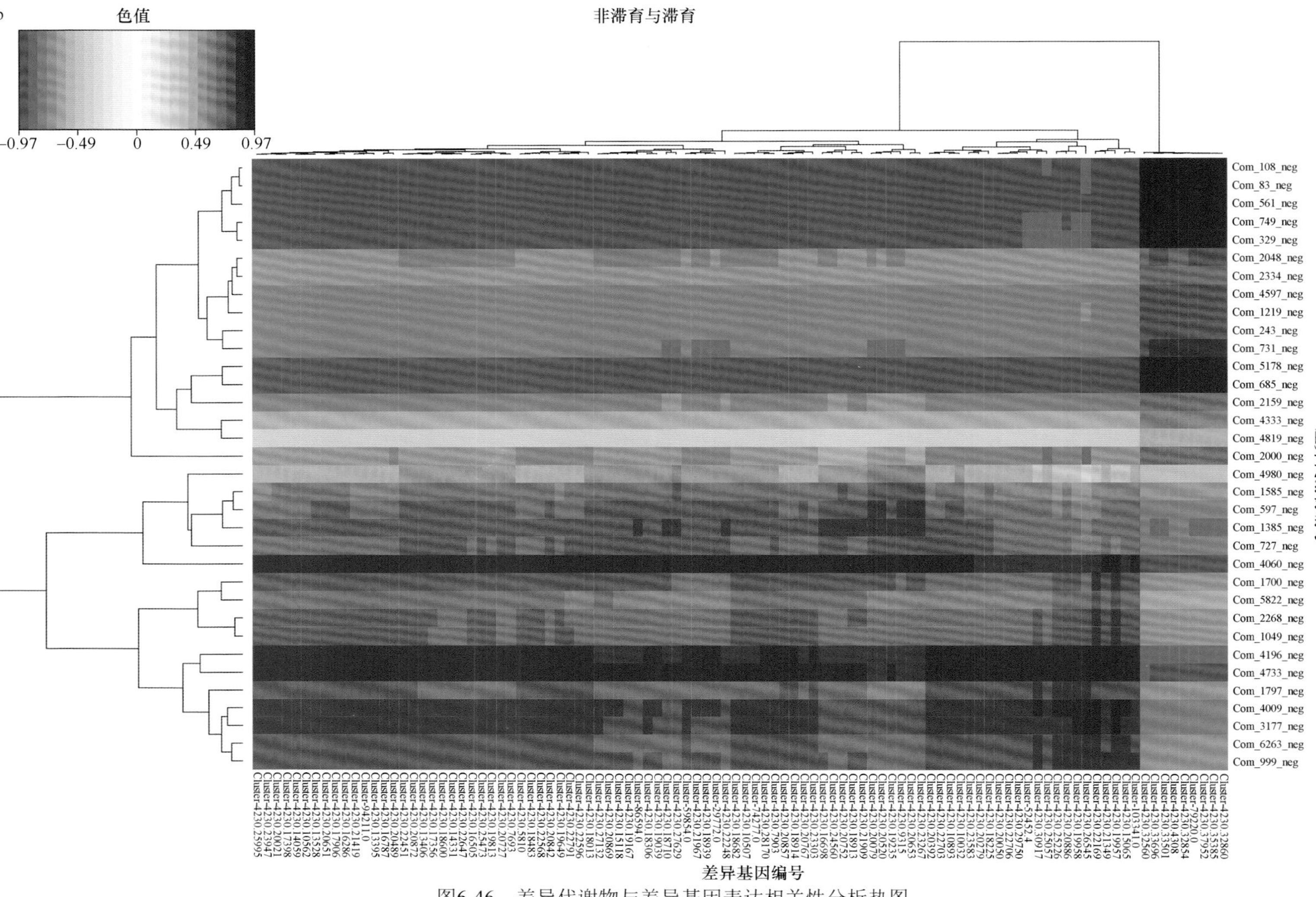

图6-46　差异代谢物与差异基因表达相关性分析热图

a. 正离子模式；b. 负离子模式

6.8.2　差异基因与差异代谢物通路分析

将得到的所有差异基因与差异代谢物同时向KEGG通路数据库映射，获得它们共同的通路信息，确定差异代谢物和差异基因共同参与的主要生化途径及信号转导途径。图6-47中横坐标为该通路中富集到的差异代谢物或差异基因与该通路中注释到的代谢物或基因个数的比值，比值越大，说明差异代谢物（差异基因）在此通路中富集程度越高。在正离子模式下，差异代谢物与差异基因共同富集到的通路共17条，主要有色氨酸代谢、嘧啶代谢、组氨酸代谢、精氨酸和脯氨酸代谢、类固醇激素生物合成、苯丙氨酸代谢、嘌呤代谢等。负离子模式下，差异代谢物与差异基因共同富集到的通路只有一条半乳糖代谢通路。

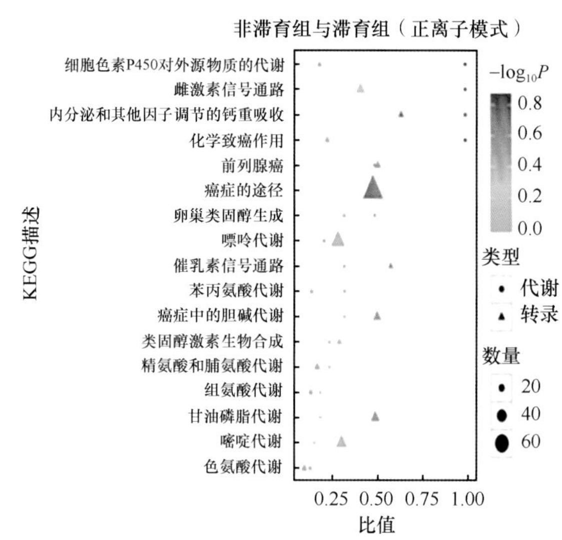

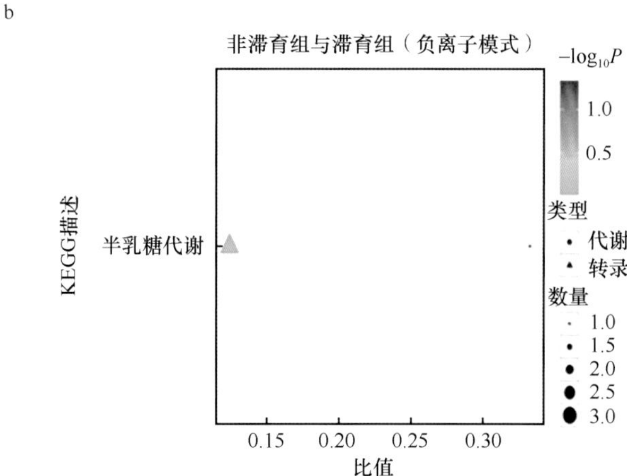

图6-47　差异基因与差异代谢物KEGG通路关联分析

a. 正离子模式；b. 负离子模式。纵坐标为代谢组-转录组共同富集到的KEGG通路。数量：通路中富集的代谢物或基因的个数。P的大小由圆点或三角图形的颜色所表示，其大小与检验的可靠性相关，P值越大代表越不可靠

由茶足柄瘤蚜茧蜂转录组学结果得出，差异基因主要富集在脂代谢、氨基酸代谢、碳水化合物代谢等途径；代谢组检测结果发现，差异代谢物主要富集在氨基酸代谢、核苷酸代

谢、脂代谢、糖代谢等通路。对茶足柄瘤蚜茧蜂的差异基因和差异代谢物进行转录组学与代谢组学联合分析，结果发现正离子模式下主要富集通路为氨基酸代谢，包括色氨酸代谢、组氨酸代谢、精氨酸和脯氨酸代谢、苯丙氨酸代谢，脂代谢包括类固醇激素生物合成，核苷酸代谢包括嘌呤代谢和嘧啶代谢。负离子模式下，差异代谢物与差异基因共同富集到的通路只有一条半乳糖代谢通路。由此我们可知转录组与在代谢组在氨基酸代谢、脂代谢、糖代谢等代谢途径中关联程度较高。

生物膜功能与脂类代谢物关系密切，如磷脂和膜脂能够协助传导神经脉冲，参与构成物质交换的屏障等。生物膜在低温环境中能够保持膜的流动性，也与不饱和脂肪酸的含量密切相关。氨基酸代谢产物——苯丙氨酸在茶足柄瘤蚜茧蜂滞育过程中与体内黑色素的积累有关，胍丁胺含量的增加，能够降低茶足柄瘤蚜茧蜂在滞育过程中的能量代谢，具体可能是通过影响一些递质的释放来控制能量代谢的作用过程。还有一些氨基酸代谢产物，如乙酰组胺、黄尿酸等含量的变化，是茶足柄瘤蚜茧蜂响应耐寒机制的表现。

在茶足柄瘤蚜茧蜂滞育过程中，一些代谢过程变化较大，这些反应可能是引起滞育的原因，也可能是维持滞育的条件。差异基因和差异代谢物在这些途径中时，才有其特定的作用与意义。本章我们主要对差异基因及差异代谢物富集的途径进行了说明，并没有涉及具体的基因或代谢物，基因和代谢物的具体功能还需要进一步的试验验证。

第三篇

草地害虫绿色防控技术应用示范

第 7 章　天然草原蝗虫绿色防控技术应用示范

7.1　绿色防控技术的生产应用

7.1.1　利用绿僵菌防治草原蝗虫

中国农业科学院植物保护研究所张泽华团队研制高浓度油剂、饵剂、可湿性粉剂等剂型，以及喷洒专用设备，成功进行野外试验，推广应用面积累计达近亿公顷。1998～2001年，内蒙古自治区草原工作站与中国农业科学院生物技术研究所合作，进行了绿僵菌防治草原蝗虫的效果试验、配套技术、示范推广等工作。1999年，在锡林郭勒盟镶黄旗对绿僵菌防治草原蝗虫进行了试验示范，绿僵菌油剂防治后第8天的虫口减退率达50.8%，防治效果达48.0%；饵剂防治后第15天的防治效果均在80.3%以上。绿僵菌防治草原蝗虫，一般用量为孢子粉100g/hm^2（每克含5.0×10^{5}个孢子），油剂的用量为2000mL/hm^2；配制油剂时，按色拉油：煤油为3：7调成混合油，1000mL/hm^{2}超低量喷雾。绿僵菌饵剂用量1.5g/m^2（每克含4.0×10^{7}个孢子）是经济、科学的。施药适期为草原蝗虫3龄始盛期。绿僵菌对湿度的要求比较严格，生长发育要求空气相对湿度在93%以上，其复合油剂研制成功后，在相对空气湿度为35%条件下即可感染蝗虫。一般，空气湿度相对较大有利于绿僵菌的生长发育，在内蒙古呼伦贝尔市、兴安盟、通辽市、赤峰市、锡林郭勒盟等常年降水量相对较多的地区可使用绿僵菌。

中国农业科学院草原研究所对4种绿僵菌对内蒙古草原蝗虫的防治效果进行了研究，结果（表7-1）如下：采用不同的绿僵菌乳油超低量喷雾，蝗虫接触了该真菌后，真菌就可穿透蝗虫的体壁，进入蝗虫的体内繁殖，或是产生毒素，或是菌丝长满蝗虫体内使蝗虫死亡。施用绿僵菌11d后，对草原蝗虫的防治效果在65.28%～76.91%，而且其对草原蝗虫有较好的持续控制效果，在施药后第2年防治效果也可达到60%，可持续有效地把草地蝗虫种群控制在经济受害水平以下，使持续、低耗、安全的蝗灾治理成为可能。推广应用结果表明，对于密度相对较高（10～50头/m^2）的蝗虫为害区，使用绿僵菌防治比较适宜。

表7-1　4种绿僵菌对草原蝗虫的防治效果

处理小区	虫口基数	药后3d			药后7d			药后11d		
		虫口数	减退率/%	防效/%	虫口数	减退率/%	防效/%	虫口数	减退率/%	防效/%
绿僵菌Ⅰ	32	25.5	20.31	18.69	14	57.81	55.12	6.5	79.69	76.91
绿僵菌Ⅱ	31	26	16.13	14.42	18	43.55	39.95	8	74.19	70.67
绿僵菌Ⅲ	36	29	19.44	14.30	29	36.11	32.03	11	69.44	65.28
绿僵菌Ⅳ	31	26.5	14.52	12.77	20	40.32	36.51	8.5	72.58	68.84

注：绿僵菌Ⅰ～Ⅳ分别为CQMa102、CQMa117、CQMa120和CQMa1284，有效浓度为100亿个孢子/mL（重庆大学生产）

7.1.2　利用植物源农药防治草原蝗虫

印楝素是从印楝植物中提取的对昆虫纲8目200种农牧业害虫有杀虫活性的高效、广谱、低毒植物源杀虫剂，它具有拒食、内吸和抑制生长发育等作用，对害虫防治效果好，而且不污染环境，有很好的应用前景。森得保，又名绿得保，是苏云金芽孢杆菌（*Bacillus thuringiensis*）与阿维菌素复合而成的粉剂，开始被用于防治森林害虫，现已得到广泛应用。

通过试验研究了生物农药印楝素对草原蝗虫的控制作用及有效施用浓度和施用方法，防治结果见表7-2。该试验为有效控制蝗虫为害、保护天敌、发展无公害生产提供了科学依据，对大面积推广“绿色植保”具有典型的指导意义。

表7-2　0.3%印楝素、1%苦参碱和4.5%氯氰菊酯对草原蝗虫的防治效果

处理小区	虫口基数	药后3d			药后7d			药后11d		
		虫口数	减退率/%	防效/%	虫口数	减退率/%	防效/%	虫口数	减退率/%	防效/%
0.3%印楝素	33	8.5	74.24	73.72	4	87.88	87.11	1	96.97	96.56
1%苦参碱	37	12	67.57	66.91	9	75.67	74.12	2.5	93.24	92.32
4.5%氯氰菊酯	41	3	92.68	92.53	2	95.89	94.82	0	100	100

印楝素乳油含量0.3%，由四川省成都绿金生物科技有限责任公司生产；森得保可湿性粉剂由0.18%阿维菌素和苏云金芽孢杆菌（100亿个活孢子/g）组成，由浙江省乐清市绿得保生物有限公司生产提供。供试蝗虫为内蒙古自治区乌兰察布市四子王旗天然草原的优势种蝗虫，主要种类为亚洲小车蝗，占80%，其他蝗虫有宽须蚁蝗、痂蝗和毛足棒角蝗等，它们对草原的危害均很大。室内试验所用蝗蝻为亚洲小车蝗3龄蝗蝻，于7～8月采自四子王旗草原，为温室饲养的无病种群。

7.1.3　利用杀虫真菌及3种植物源农药防治草原蝗虫

应用4种绿僵菌、白僵菌、0.3%印楝素、1%苦参碱和森得保粉剂8种生物农药对草原蝗虫进行田间药效对比试验，各制剂用量见表7-3。研究表明，0.3%印楝素、1%苦参碱和森得保粉剂防治效果显著好于其他5种生物杀虫剂，药后11d防效都达到90%以上（表7-4、表7-5）。几种杀蝗绿僵菌油悬浮剂11d防效达到65%以上，白僵菌油悬浮剂防效较差。杀蝗绿僵菌、印楝素、苦参碱和森得保几种药剂均为低毒的生物农药及植物源农药，作为有机磷和菊酯类等化学农药的替代品用于草原蝗虫的防治。

表7-3　田间小区试验制剂用量

药剂处理	每亩用量	每100亩小区用量	施药方法
0.3%印楝素乳油	10mL	1L	常量喷雾
1%苦参碱水剂	20～30mL	3L	常量喷雾
森得保可湿性粉剂	2g	200g	常量喷雾
绿僵菌油悬浮剂Ⅰ	50mL	5L	超低量喷雾
绿僵菌油悬浮剂Ⅱ	50mL	5L	超低量喷雾
绿僵菌油悬浮剂Ⅲ	50mL	5L	超低量喷雾
绿僵菌油悬浮剂Ⅳ	50mL	5L	超低量喷雾
白僵菌油悬浮剂	50mL	5L	超低量喷雾
4.5%高效氯氰菊酯乳油	10～50mL	5L	常量喷雾

表7-4 小区笼罩试验结果

处理小区	虫口基数	药后3d			药后7d			药后11d		
		虫口数	减退率/%	防效/%	虫口数	减退率/%	防效/%	虫口数	减退率/%	防效/%
绿僵菌Ⅰ	50	36	28.00	26.53cC	19	62.00	52.17cC	8	84.00	81.39bB
绿僵菌Ⅱ	50	39	22.00	20.41cC	23	54.00	52.08cdCD	10	80.00	76.74bcBC
绿僵菌Ⅲ	50	41	18.00	16.33dD	27	46.00	43.75eD	13	74.00	69.77dC
绿僵菌Ⅳ	50	38	24.00	22.45cC	26	48.00	45.83deD	11	78.00	74.42cdBC
白僵菌	50	43	16.00	15.12dD	38	24.00	20.83fE	26	42.00	36.58eD
0.3%印楝素	50	6	88.00	87.75aA	0	100	100aA	0	100	100aA
1%苦参碱	50	8	84.00	83.67aA	2	96.00	95.65abAB	0	100	100aA
森得保粉剂	50	15	70.00	69.39bB	5	90.00	89.13bB	2	96.00	95.35aA

表7-5 小区试验结果

处理小区	虫口基数	药后3d			药后7d			药后11d		
		虫口数	减退率/%	防效/%	虫口数	减退率/%	防效/%	虫口数	减退率/%	防效/%
绿僵菌Ⅰ	32	25.5	20.31	18.69cC	14	57.81	55.12cC	6.5	79.69	76.91bB
绿僵菌Ⅱ	31	26	16.13	14.42dCD	18	43.55	39.95dD	8	74.19	70.67bcBC
绿僵菌Ⅲ	36	29	19.44	14.30cdCD	29	36.11	32.03eD	11	69.44	65.28cC
绿僵菌Ⅳ	31	26.5	14.52	12.77dD	20	40.32	36.51deD	8.5	72.58	68.84cBC
白僵菌	35	29	17.14	15.45cdCD	33	18.57	13.37fE	23.5	32.86	23.70dD
0.3%印楝素	33	8.5	74.24	73.72aA	4	87.88	87.11aA	1	96.97	96.56aA
1%苦参碱	37	12	67.57	66.91aA	9	75.67	74.12bB	2.5	93.24	92.32aA
森得保粉剂	37	14	62.16	61.39bB	12	67.57	65.49bB	3.5	91.54	90.25aA

7.1.4 利用牧禽防治草原蝗虫

牧禽治蝗是一项生物防虫技术，与传统的化学防蝗措施相比，具有防效高、见效快、成本低、无公害等优点，对有效保护草地资源、控制草原退化、发展草地畜牧业和维护生态平衡具有重要意义。以下以牧鸡治蝗为例进行介绍。

适宜区域：适宜在我国北方蝗虫发生较为严重或发生集中的天然草原及农牧交错区应用。牧鸡治蝗的技术要点：牧鸡的饲养管理、防疫灭病、鸡舍建设、雏鸡训练、放牧管理等是该项技术的关键。①治蝗区域的划分及规模。要做好防前调查，当蝗虫进入2龄，虫口密度不少于30头/m^2，以1000亩放养牧鸡400～500只为宜，过大不易管理和放牧，过小则成本高、收益低。②鸡舍搭建与育雏。搞好雏鸡牧前饲养管理是放牧成功的关键，因为雏鸡抗性差，抵抗力弱，在管理上必须严格要求；注意做好牧鸡的日常管理及防疫措施。鸡种选择适应性强、易于调教、个体较小、捕食量较大的为宜。育雏在搭建的鸡舍进行，放牧过程则采用流动鸡舍。③放牧管理。牧鸡时间选择在蝗虫发生较为严重的6～8月。牧鸡过程分两个阶段进行：第一阶段为训练阶段，即在牧鸡初期使鸡逐渐适应野外环境条件，进行调教；第二阶段为放牧阶段，即鸡群经适当训练后进入正式放牧期。④牧鸡治蝗效果评价。依据测定的日食蝗虫量、日增重、放牧半径、防虫效果、产草量对比等进行测算。根据牧鸡治蝗资金投入、产出，计算产出比及经济效益等。

在内蒙古自治区乌兰察布市四子王旗采用牧鸡治蝗，于2008年和2009年防治草原蝗虫面积达750亩，见图7-1～图7-3、表7-6和表7-7。对下列指标进行测定：①日食蝗虫量；②日增重；③放牧半径；④防虫效果；⑤产草量对比。计算挽回牧草损失量。

图7-1　牧鸡饲养

图7-2　牧鸡野外防前调查试验

图7-3　牧鸡野外田间防蝗试验

表7-6　牧鸡治蝗效果

年份	牧鸡数量/只	防治面积/hm^2	防前虫口密度/（头/m^2）	防后虫口密度/（头/m^2）	灭效/%
2008	500	16.7	21	4.5	78.60
2009	1000	33.3	24.5	5.6	77.10
平均			22.75	5.05	77.85

表7-7　牧鸡挽回牧草损失统计

年份	平均鲜草产量/g		单位面积挽回牧草损失		挽回牧草损失总量/kg
	牧鸡区	对照区	（g/m^2）	（kg/亩）	
2008	150.4	81.5	68.9	45.9	22 950
2009	168.6	92.8	75.8	50.6	50 600
平均	159.5	87.15	72.35	48.3	36 775

鸡种选择与牧鸡效果评价见图7-4，获得的经济效益和生态效益如下：计算牧鸡治蝗共投入资金、产出、投入产出比等。通过牧鸡防治草原蝗虫后，经产草量调查测定，防治1亩草原蝗虫一年可减少牧草损失45～50kg，防治面积达1000亩，可减少牧草损失大于4.0×10^2kg，年可挽回经济损失20万元以上。项目结束后，加上鸡销售收入，投入产出比约为1∶3.2，经济效益显著。应用牧鸡治蝗技术，不仅能有效控制虫害，减少牧草损失，而且不污染草地生态环境和畜产品，同时鸡粪散播在草地上还能增加草地土壤肥力，促进牧草良好生长。牧鸡治蝗试验示范，增强了牧民群众的生物防治观念，为社会提供了绿色环保食品，对活跃市场经济、满足人民生活需要起着积极作用。

牧鸡治蝗是一种有效的生物灭治蝗虫方法，在灭治蝗虫并减少草地牧草损失的同时，通过牧鸡的饲养还能取得可观的经济收入，在广大草原区和农区草地均值得推广。

图7-4　鸡种选择与牧鸡效果评价

7.1.5　利用生态治理技术防治草原蝗虫

1950年以后，我国通过采取“改治并举”的措施，使东亚飞蝗的滋生区，由新中国成立之初的520万hm^2压缩到20世纪末的166.7万hm^2左右，353.3万hm^2蝗区得到了有效改造。通过改土整地，模式化种植苜蓿、冬枣、中草药等特种植物，上枣下草、上粮下鱼，种植替代性特种植物等，提高植被覆盖度，切断蝗虫食物链，创造不利于蝗虫栖息、繁殖，而有利于蝗虫天敌繁殖的良性生态环境，达到控害目标。美国也提倡种植一些蝗虫不喜食的植物，或者种植可以吸引天敌的植物来控制蝗虫。

蝗虫是维持草原生态系统平衡的重要因素之一，其存在的合理性是与草场植被状况密切相连的，只有虫口密度达到草场难以承受的水平时才能对草场形成危害。受气候干旱、超载过牧、生态环境恶化等诸多因素的影响，蝗虫在内蒙古草原上危害严重。近些年草原蝗虫发生和为害情况表明，由于水分及温度的限制，蝗虫在荒漠草原或草甸草原一般不会形成大的灾害，而多在干旱和植被稀疏的草场发生。草原蝗虫综合防治技术应用表明，单纯依靠化学药剂或单纯依靠某一种措施从根本上解决蝗虫灾害的可能性很小。要控制草原蝗虫的为害，对其进行综合防治是一种较为科学有效的途径和措施。根据草原蝗虫自身的特点，因时、因地制宜地采取多种措施保护和恢复草场植被，破坏其滋生的生态环境，以降低草原蝗虫的危害。对于低密度（<10头/m^2）蝗区，一般使用生态治理的方法。经过8年的生态治理，除局部地区外，内蒙古草原蝗虫的发生面积、虫口密度等指标均发生了不同程度的下降，综合治理工作取得了较好的生态、经济和社会效益。近年来我国治蝗主要的生态改造技术如下：①防沙固田，广泛植树造林和人工筑巢，保护益鸟；②调整植物布局，种植蝗虫厌食植物；③兴修水利，改善蝗区生态环境；④对草地实行科学管理、合理利用、严格保护；⑤增加植被覆盖度，营造不利于蝗虫发生的生境；⑥使用生防制剂调控蝗虫种群，保护多种自然天敌；⑦适时耕作，秋冬耕地，杀死越冬蝗卵。总之，生态治理是治理蝗灾的根本性措施，需要提倡，也需要开展更为深入的研究，以解决目前实施该措施的成本过高、难度过大等问题。

技术要点：选择蝗虫易发区种植柠条、簸箕柳、白蜡条等蝗虫不喜食的植物，恶化蝗虫的食物结构。同时保护和利用天敌，种植一些开花植物吸引天敌，充分利用自然天敌的控制作用。时间从夏蝗孵化开始至成虫羽化产卵结束。试验效果理想，可以把蝗虫控制在2～5头/m^2。

适宜区域：主要在我国北方蝗虫发生较为严重的农牧交错区应用。

虽然由于蝗虫发生区目前大多是草原或者湿地生态系统，不适宜进行改造，生态治理技术一般难度大，但是生态治理可以保护环境，保护天敌，可以充分发挥自然界的控制因素，因此在适宜改造的地区成为防治蝗灾的根本性技术。可持续治理策略由于符合环境保护、可持续农业发展、低耗能等要求，是当前和今后的必然趋势。

7.1.6 利用多项技术集成防治草原蝗虫

7.1.6.1 绿僵菌与化学农药协调防治草原蝗虫

在室内测定了低浓度的联苯菊酯与金龟子绿僵菌对亚洲小车蝗的协同致死作用。结果表明（表7-8），低浓度联苯菊酯与金龟子绿僵菌混合施用时对亚洲小车蝗表现出明显的协同作用。混合施用与单独施用联苯菊酯相比对亚洲小车蝗的致死中时（LT_{50}）分别缩短了约70.62d、25.88d、10.83d；混合施用与单独施用金龟子绿僵菌相比对亚洲小车蝗的LT_{50}分别缩短了3.44d、3.10d、1.83d。研究表明，混合施用浓度为联苯菊酯5mg/L+金龟子绿僵菌10^7个孢子/mL用于防治比较理想。

表7-8 单独施用联苯菊酯或金龟子绿僵菌及混合施用对亚洲小车蝗成虫的毒力

处理		供试虫数	截距	斜率（*S*）	*P*	LT_{50}/d	95%置信区间
联苯菊酯	1mg/L	30	3.39±0.13	0.51±0.26	0.99	74.71	40.27～85.42
	5mg/L	30	3.87±0.11	0.48±0.21	0.92	28.51	18.63～66.12
	10mg/L	30	4.19±0.03	0.47±0.19	0.92	12.87	9.63～29.32
金龟子绿僵菌	10^6个孢子/mL	30	1.80±0.16	3.64±0.34	0.89	7.53	6.90～8.31
	10^7个孢子/mL	30	1.74±0.26	4.30±0.36	0.63	5.73	5.24～6.20
	10^8个孢子/mL	30	2.81±0.05	3.72±0.32	0.71	3.87	3.34～4.36
联苯菊酯+金龟子绿僵菌	1mg/L +10^6	30	3.64±0.32	2.23±0.23	0.97	4.09	3.40～4.74
	5mg/L +10^7	30	4.04±0.02	2.29±0.23	0.12	2.63	2.00～3.20
	10mg/L +10^8	30	4.23±0.11	2.47±0.25	0.24	2.04	1.47～2.59

注：表中“1mg/L +10^6”表示联苯菊酯浓度1mg/L+绿僵菌浓度10^6个孢子/mL复配防治，余同

联苯菊酯大田施用的常用浓度为200～250μg/mL，我们选择的3个浓度处理对亚洲小车蝗的毒杀作用都较低。不同浓度金龟子绿僵菌对亚洲小车蝗的致病力不同，随着浓度的增加，菌剂的致病力增加，LT_{50}也缩短。从防效上看，施用金龟子绿僵菌达到90%的死亡率需要12d以上，效果比化学农药慢很多。与单独施用金龟子绿僵菌相比，低浓度的联苯菊酯与金龟子绿僵菌混合施用的效果明显，混合施用后LT_{50}不同浓度分别缩短了3.44d、3.10d、1.83d，而且在10d就可以达到90%的死亡率。从经济和防效上考虑，浓度为联苯菊酯5mg/L+金龟子绿僵菌10^7孢子/mL用于防治比较理想。

绿僵菌与农药混合施用可以结合双方的优点，一方面可以解决真菌杀虫剂致死缓慢问题，另一方面可以很大程度上减少污染，缓解害虫对化学农药产生抗药性问题。试验所使用的化学杀虫剂的剂量只是正常用量的1/20，绿僵菌与之混合施用后的效果却很明显，在速效性和杀虫率方面都有了较大的提高。虽然化学农药在一定程度上会降低绿僵菌的孢子萌发率，但同时也降低了害虫自身的抵抗力，使之更容易被绿僵菌寄生。另外，为了减少化学农药对病原真菌孢子萌发的影响，是否可以在施用化学农药一段时间后再使用真菌杀虫剂，以及采用何种混合比例才能达到更好的增效作用，这些都需要今后进一步研究。外界环境对绿僵菌的防效影响很大。对于地下害虫，土壤中的微生物和土壤理化性质也影响孢子的存活及萌

发。今后应该着重加强绿僵菌生态学方面的研究，这是应用绿僵菌防治草原蝗虫的基础。

7.1.6.2　白僵菌与植物源农药协调防治草原蝗虫

不同浓度白僵菌吐温溶液对亚洲小车蝗蝗蝻、成虫的致病力测定结果表明，处理浓度越高，白僵菌对亚洲小车蝗的致死中时（LT_{50}）值越小；不同浓度白僵菌油悬浮剂对亚洲小车蝗蝗蝻、成虫的致病力测定结果表明，菌液处理的蝗虫校正死亡率均超过80%，蝗虫浸泡于油剂后，身体表面布满油，且不易挥发，导致蝗虫呼吸困难，5d后全部死亡。

白僵菌与植物源农药（阿维菌素、联苯菊酯、印楝素和苦参碱）混合施用防治亚洲小车蝗3～4龄蝗蝻的增效作用为生产实践及应用提供了科学依据。研究表明，利用低剂量的生物制剂与病原真菌混用比单独使用病原真菌的杀虫效果要好，具有协同防治作用，其机制是农药通过影响昆虫外骨骼的发育，使真菌杀虫剂更易侵入虫体。

在室内用药液浸虫法测定了2株球孢白僵菌与印楝素复配对亚洲小车蝗的致病力，结果表明，稀释10^7倍的印楝素与1.56×10^6个孢子/mL吉林白僵菌复配对亚洲小车蝗的致病力效果最好，致死中时（LT_{50}）为4.86d。

由表7-9可知：印楝素对亚洲小车蝗的毒力效果明显，随浓度的增加，试虫的死亡率也增加，稀释10^5倍、稀释10^6倍、稀释10^7倍的印楝素分别在7d、9d、11d校正死亡率达到80%以上。不同浓度吉林白僵菌与内植白僵菌对亚洲小车蝗致病力较强，试验进行到第5天，内植白僵菌各个浓度的校正死亡率已经达到60%以上。虽然试验进行到第11天，2种白僵菌的校正死亡率都达到50%以上，但是吉林白僵菌到第7天时校正死亡率大部分才超过50%，说明吉林白僵菌发挥药效作用的开始时间较晚。根据试验观察，蝗虫感染白僵菌后，食量下降，反应迟钝，活动明显减弱，并伴随有抽搐现象，死亡虫体僵化，显示出一般真菌病的典型特征，多数产生菌丝和大量白色分生孢子。

表7-9　2种白僵菌及印楝素对亚洲小车蝗的校正死亡率

菌株	药物浓度	处理组内不同天数的校正死亡率/%			
		5d	7d	9d	11d
印楝素	稀释10^4倍	100	100	100	100
	稀释10^5倍	67	80	92	100
	稀释10^6倍	56	69	80	91
	稀释10^7倍	33	61	67	82
吉林白僵菌	1.65×10^9	41	84	100	100
	3.35×10^8	37	53	72	81
	2.65×10^7	26	53	64	68
	1.56×10^6	19	29	45	51
内植白僵菌	1.90×10^9	98	98	100	100
	2.32×10^8	83	92	100	100
	1.23×10^7	77	80	97	100
	1.16×10^6	67	78	80	85

注：表中“1.65×10^9”表示白僵菌浓度为1.65×10^9个孢子/mL，余同

由表7-10可以看出，不同浓度白僵菌孢子对亚洲小车蝗的致死中时同样表现出接种白僵菌孢子剂量越高，LT_{50}越短的规律，最高剂量处理与最低剂量处理之间的LT_{50}相差近3d。对试验数据进行回归分析，相关系数均在0.80以上。

表7-10　2种白僵菌及印楝素对亚洲小车蝗的致死中时

菌株	孢子浓度	直线回归方程	相关系数（r）	LT_{50}/d
印楝素	稀释10^4倍	y=4.7982+1.1442x	0.8615	1.72
	稀释10^5倍	y=4.1233+2.3468x	0.8077	3.54
	稀释10^6倍	y=4.0468+2.2852x	0.8379	4.03
	稀释10^7倍	y=3.7411+2.3479x	0.9662	4.92
吉林白僵菌	1.65×10^9	y=5.0999+1.9960x	0.8329	1.30
	3.35×10^8	y=4.0434+2.6849x	0.9510	3.30
	2.65×10^7	y=3.8958+2.4140x	0.9830	3.43
	1.56×10^6	y=3.5598+2.4411x	0.9825	4.99
内植白僵菌	1.90×10^9	y=7.2049+0.0304x	0.0235	0.13
	2.32×10^8	y=4.8906+1.7907x	0.9479	1.24
	1.23×10^7	y=4.1159+2.1603x	0.9750	2.20
	1.16×10^6	y=3.9670+3.4563x	0.9650	2.96

7.1.6.3　绿僵菌与植物源农药协调防治草原蝗虫

绿僵菌作为一种新型生物农药，在防治病虫害上与化学农药相比，具有寄主范围广，致病力强，对人、畜、农作物无毒，无残毒，菌剂易生产，持效期长等优点，具有广阔的应用前景。但是由于真菌制剂是活孢子，其对昆虫的侵染致死存在潜伏期，杀虫作用较慢，为了解决这个问题，许多学者尝试了昆虫病原真菌与其他杀虫剂混用的试验研究。研究结果（表7-11、表7-12）表明，低剂量的杀虫剂与病原真菌混用，比单独使用病原真菌的杀虫效果要好，机制和生物制剂与病原真菌混用相同。作者研究了绿僵菌与不同浓度的植物源农药（印楝素和苦参碱）混合施用防治亚洲小车蝗的增效作用，为生产实践及应用提供科学依据。

表7-11　单独使用植物源农药或金龟子绿僵菌及混合施用对亚洲小车蝗成虫的毒力

处理	供试虫数	截距	斜率	相关系数	LT_{50}/d	95%置信区间
苦参碱	30	1.92±0.02	0.34±0.02	0.9774	＜15.00	10.17～25.42
印楝素	30	1.99±0.03	0.30±0.02	0.9649	＜15.00	8.63～21.36
绿僵菌	30	1.76±0.05	0.80±0.06	0.9687	5.08	4.52～8.24
苦参碱+绿僵菌	30	2.22±0.03	0.43±0.03	0.9699	3.27	5.74～7.31
印楝素+绿僵菌	30	2.30±0.02	0.36±0.03	0.9698	1.91	0.96～3.25

表7-12　田间试验结果

处理小区	虫口基数	药后3d			药后5d			药后11d		
		虫口数	减退率/%	防效/%	虫口数	减退率/%	防效/%	虫口数	减退率/%	防效/%
绿僵菌	38	29.5	22.37	19.97bB	22.5	40.79	37.01bB	6.5	82.89	80.56bB
苦参碱+绿僵菌	36	25	30.56	28.41aA	13.5	62.50	59.24aA	3	91.67	90.53aA
印楝素+绿僵菌	41	26.5	35.37	31.24aA	13	68.29	65.54aA	2.5	93.90	93.07aA

在实验室中测定了植物源农药印楝素和苦参碱与绿僵菌混用对亚洲小车蝗的致死作用。试验结果表明，印楝素和苦参碱与绿僵菌混合施用时对亚洲小车蝗有很好的毒力作用。和苦参碱及印楝素混合施用与单独施用绿僵菌相比，对亚洲小车蝗的LT_{50}分别缩短了约1.81d和3.17d；田间小区试验表明，植物源农药与绿僵菌混合施用可用于田间防治亚洲小车蝗。

我们所用的是低浓度印楝素和苦参碱，此浓度下对亚洲小车蝗的杀虫作用很弱，高浓度的印楝素和苦参碱会降低绿僵菌的孢子萌发率，即降低绿僵菌的杀虫活性。低浓度的印楝素和苦参碱与绿僵菌混用的2个处理，菌剂的致病力增加，LT_{50}也缩短。研究表明，植物源农药与绿僵菌混合施用可用于田间防治亚洲小车蝗。

植物源农药印楝素和苦参碱是高效、广谱、低毒杀虫剂，本身对蝗虫也有很好的防治作用。植物源农药与绿僵菌混合施用有以下优点：第一，可以解决真菌杀虫剂致死缓慢问题，缩短杀虫时间，提高杀虫效率；第二，植物源农药和绿僵菌都是低毒的生物农药，可以很大程度上减少化学污染，缓解害虫对化学农药产生抗药性的问题。虽然植物源农药和化学农药一样，会在一定程度上降低绿僵菌的孢子萌发率，但是同时也大大降低了害虫的免疫力，使之更容易被绿僵菌寄生。试验结果表明，绿僵菌和植物源农药混合施用时对亚洲小车蝗毒杀效果很好，这在蝗虫的生物防治中有重要意义。

从近年来内蒙古地区虫病草等有害生物发生情况分析，今后相当长一段时间内生物成灾仍不可避免，必须树立打持久战的思想，坚持综合治理的原则，不断改造生态环境，集成各项生物防治措施，逐步实现草原有害生物的可持续控制。

草地有害生物综合防治是根据草地生态自然环境和有害生物发生动态，运用成熟的技术和方法，因地制宜地组织配套、加以应用，把有害生物种群维持在经济损害水平之下。草原蝗虫防治技术集成见图7-5，草地有害生物综合防治是一项系统性工程，涉及专业知识多，社会影响大，且防治工作本身具有较强的科学性、复杂性和时效性。它除了运用生物、物理、生态、化学等方法来防治草地有害生物，还必须有一个严密的组织领导、充足的物资储备、成熟的防治技术、到位的技术服务、农牧民群众的积极参与作为有力的保障。在“预防为主、综合防治”植保方针的指引下，按照“治标与治本并举，防治效果与环境保护并重”的原则，根据多年来草地有害生物综合防治的经验，制定了切实可行的草地有害生物综合防治措施。

图7-5　草原蝗虫防治技术集成

目前国内外大多数学者主张采用综合防治措施来控制草地有害生物，即以生态学为基础，强调害虫与环境、环境与防治措施的统一性和协调性，在策略上强调从实际出发，采取几种主要的并可以相互配合、补充的针对性措施，做到安全、经济、有效地将草地有害生物控制在不足为害的水平之下。在加强有害生物灾害的规律性研究、完善监测预测机制等工作的同时，完善有害生物灾害的综合治理技术，确定主要防治措施，辅助多种防治方法实现草地有害生物的可持续治理（主打调控式）。目前，主要通过施用生物农药、结合生态治理、保护天敌昆虫，配合施用少量化学农药等措施实现草地有害生物的可持续治理。

综上所述，现阶段蝗虫仍是全球范围内严重威胁农牧业生产的重大害虫，在我国存在的问题也不尽相同。尽管对蝗虫的发生规律研究多年，但是对影响蝗虫发生的关键因素仍不十分清楚，而只有深入研究蝗虫的暴发规律，才能提出更为合理的防治对策与技术。目前蝗虫防治技术的主要进展集中在生物防治技术和信息支持技术方面。大力发展生物治蝗、生态治蝗技术和信息化管理蝗灾技术，必将促进我国蝗灾的可持续治理。实际上，蝗虫防治不仅仅是自然科学和技术问题，也是一个社会性的系统工程，建设良好的基础设施、资金来源渠道和人才队伍，对于保障蝗虫防治工作的顺利进行同样重要。基于已有的工作基础，建设以有效、低耗、环境友好（绿色防控）为目标的蝗害可持续治理系统工程是蝗虫可持续治理发展的历史趋势。

7.1.6.4　利用天敌防治草原蝗虫

蝗虫的治理中保护天敌资源是不可缺少的一部分。蝗虫的天敌在减少静态蝗虫群集和减小群集种群的增长速度方面具有不可忽视的作用。蝗虫在自然界中的天敌种类很多，除去病原微生物外还包括天敌昆虫、蜘蛛、鸟类、爬行动物、两栖动物等八大类、500多种生物，而且，在蝗虫的各个生育时期都存在蝗虫的天敌。研究表明，黑卵寄生蜂对蝗卵的寄生率达10%～25%；蜘蛛一天内能咬死1～2龄蝗蝻7～8头；平均每只鸡每天可捕食50只蝗虫。这些天敌对蝗虫能起到很好的控制作用。根据刘小华和陈贻云于1993年的调查，蝗虫天敌共计有139种。根据郝伟等（2007）对黄河滩区东亚飞蝗天敌种类的调查，东亚飞蝗的天敌有104种。蔡建义和田方文（2005）对沿海蝗区的调查表明，蝗虫天敌有81种，其优势类群为蜘蛛、蚂蚁、蛙。丰富的天敌资源，对于抑制蝗虫高密度发生、维护草地生态平衡具有不可低估的作用。保护和利用天敌的措施主要是严禁滥捕滥杀、避免大量使用化学农药而误杀天敌、种植开花植物招引天敌、创造适宜天敌的生存环境。总之，通过各种措施保护蝗虫的天敌，实现天敌资源的永续利用。

7.2　综合治理策略与分区施策实践

7.2.1　综合治理策略的提出

蝗虫的综合治理策略，是从生物与环境的整体观念出发，本着预防为主的指导思想，以及安全、有效、经济、简易的原则，因地制宜，综合运用生态防治、生物防治、化学防治等蝗灾治理措施，把蝗虫控制在不足为害的水平之下，以保证人畜健康和达到增加生产的目的。草原蝗虫综合防治技术体系见图7-6，蝗灾的综合治理并不是将几种防治措施简单叠加，而是要利用蝗虫不同种类、各个生长期的不同生物学特性，因地、因时制宜，合理运用物理、化学、生物、生态的方法，将各种防治措施交替、交叉、混合使用，将化学防治与生态防治、生物防治相结合，并逐渐加大生物防治和生态防治的比例。同时要依靠科技进步和技术创新，加快防蝗治蝗新技术的研究与开发，提高治蝗技术含量，把蝗虫的综合治理技术提高到一个新阶段。

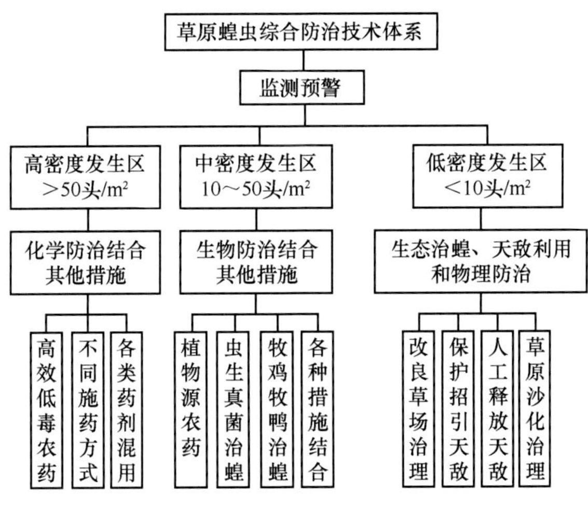

图7-6　草原蝗虫综合防治技术体系

7.2.2　分区施策技术要点

根据草原生态环境的特点，从整体出发，结合草原保护建设，因地制宜地采取包括害虫防治在内的各种综合措施，改变蝗虫发生的适宜环境，对生态系统及其牧草-害虫-天敌食物链的功能流进行合理的调节和控制，变对抗为利用，变控制为调节，化害为利，从整体上达到防御草原虫灾的目的。同时要加强草原虫灾的联防，统一相邻地区的治蝗时间。草原蝗虫生物防治配套技术集成与应用见图7-7。

图7-7　草原蝗虫生物防治配套技术集成与应用

依据草原蝗虫的发生情况，配合各种防治措施：第一，在害虫低密度发生区，可以采用生态治蝗、天敌利用和物理防治这3种措施对害虫进行控制；第二，在害虫中密度发生区，可以采用生物农药（杀虫真菌、植物源农药）、天敌控制这些措施对害虫进行控制；第三，在害虫高密度发生区，可以采用高效、低毒和低残留的化学农药，生物农药（杀虫真菌、植物源农药）和低浓度化学农药混用的措施对蝗虫进行控制。

第 8 章　人工草地草地螟绿色防控技术应用示范

8.1　绿色防控技术的生产应用

针对近年来草地草地螟发生与为害逐年加重，严重制约农牧业生产和草原生态安全的现状，我们在掌握其发生为害特点和灾变规律的基础上，研发了草地螟的优势天敌扩繁及保护利用技术，并通过对天敌昆虫防治效果的研究，制定出以生物防控技术为核心的生态控制草地螟技术方案，有效控制了草地螟的发生、为害，实现了恢复草原生态环境质量的总体目标。

针对草地螟科学防治的生产实际需求，根据农业害虫灾变及绿色防控技术要求，通过系统调查草地螟及天敌生物类群，研究草地螟及其天敌的空间分布格局，揭示其暴发成灾与天敌保护利用的生态学机制，研发有效的生态调控、生物防治手段，创建了草地螟绿色防控技术体系，能够有效控制草地螟的为害，保护了北方边疆生态脆弱农牧区和草地生态系统的安全。通过对草地螟及天敌的系统研究，已经形成了一套包括天敌昆虫繁殖和释放利用的技术、白僵菌防治草地螟的技术、性诱剂防治草地螟的技术及杀虫真菌和生物农药混用技术等各种技术措施配套协同防治草地螟的技术体系，使草地螟得到了有效控制，降低了化学农药的使用量与残留量，为减少环境污染、恢复草原生态奠定了重要基础。

8.1.1　利用白僵菌防治草地螟

白僵菌是发展历史较早、普及面积大、应用最广的一种真菌杀虫剂，主要用于防治玉米螟和松毛虫，其寄生虫种类达700多种，还有多种螨类也受其寄生。

野外调查发现，草地螟越冬虫茧有13%～25%的幼虫被寄生，以致翌年不能化蛹或羽化。课题组自内蒙古、山西、河北等地采集的草地螟越冬虫茧分离得到了多株白僵菌，经室内毒力测定，筛选出了几株对草地螟幼虫毒力较高的菌株，委托吉林省农业科学院植物保护研究所生产，并进行了田间大面积防治，见图8-1。

图8-1　白僵菌田间防治效果评价试验

8.1.2　利用天敌防治草地螟

草地螟的寄生性天敌主要有寄生蝇20余种，寄生蜂67种（主要有10余种）。目前，室内大量饲养、繁殖的主要是伞裙追寄蝇和草地螟阿格姬蜂，二者在田间的自然控制作用可达60%以上。释放伞裙追寄蝇和草地螟阿格姬蜂可以实现对草地螟的持续控制。在明确草地螟天敌种类、寄生方式和控制作用的基础上，创造有利于天敌种群增长的田间环境条件。例如，在草地螟幼虫密度低时不使用化学农药，以减少或避免杀伤天敌；在农田周边种植保护林、绿肥或牧草等，降温、提湿，提供寄生蝇等天敌所需的补充营养或庇护场所，提高其对草地螟的控制效果，见图8-2。

图8-2　草地螟阿格姬蜂田间应用效果评价

技术要点：草地螟是一种间歇性暴发成灾的害虫，对我国农牧业生产造成了重大危害。根据草地螟的发生特点，对其开展了生物防治技术研究，提出了利用人工繁殖寄生性天敌结合性诱剂取代化学农药防治草地螟的技术措施。首先，立足调查和寻找本土天敌资源，发现和筛选出了草地螟的多种天敌，其中双斑截尾寄蝇、黑袍卷须寄蝇为优势天敌。然后，研究了寄蝇的行为学、生物学、生态学及人工繁殖技术，并筛选出人工繁殖的替代寄主，取得了良好的防治效果。

适宜区域：适宜在我国北方的农区、牧区、农牧交错带及天然草原区应用。

8.1.3　利用性诱剂+灯诱防治草地螟

性诱剂（性信息素诱杀剂）是利用昆虫的性外激素，引诱同种异性昆虫，达到诱杀或迷向的效果，影响正常害虫的交尾，从而减少其种群数量，达到防治的效果。使用性诱剂可有效控制玉米螟、向日葵螟、甜菜夜蛾、斜纹夜蛾、菜蛾等害虫。课题组自主研发的依据二元组分和三元组分的草地螟性诱剂能够对草地螟起到较好的诱杀作用，从而能够控制草地螟田间种群，见图8-3和图8-4。

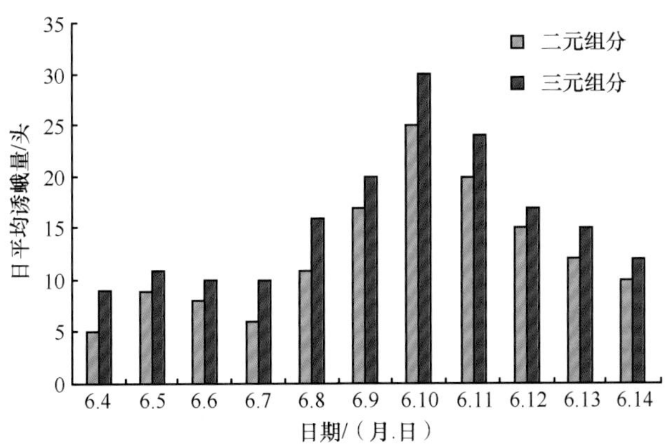

图8-3　6月性信息素二元及三元组分组合物的田间诱蛾活性

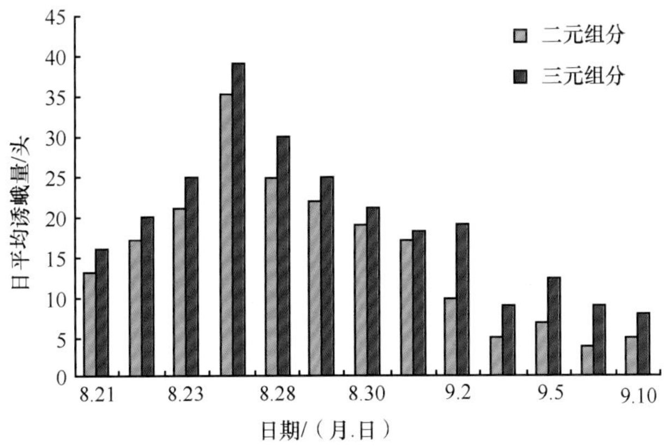

图8-4　8～9月性信息素二元及三元组分组合物的田间诱蛾活性

6月和8～9月各出现一次诱蛾高峰期，6月出现在6月10日；8月出现在8月26日，而这两次高峰的出现分别处在草地螟越冬代和第二代成虫盛发期。无论是二元还是三元组分诱蛾效果均很明显，其中三元组分6月和8～9月日平均诱蛾量最高分别达到30头和39头，从数据分析来看，三元组分日平均诱蛾量总体高于二元组分。因此从两次田间诱蛾试验中可以得出，三元组分的诱芯诱蛾效果优于二元组分，为较佳组分。结合室内生物测定结果及田间诱蛾试验复筛确定三元组分诱芯的诱蛾效果较佳，具有大面积推广应用的前景。

灯诱是利用害虫的趋光性，在人工草地中装黑光灯或频振式杀虫灯，可诱杀害虫成虫，减小田间成虫发生量，减少下一代的发生。它既可用来直接诱杀害虫，也可作为害虫预测预报用。新型的佳多频振式杀虫灯运用光、波、色、味4种诱杀方式，选用了能避天敌习性，但对植食性害虫有极强的诱杀力的光源、波长、波段，对天敌相对安全，对害虫诱杀量大，诱杀种类多，很适宜在大面积的人工草地应用。根据对频振式杀虫灯、太阳能杀虫灯和高压汞灯诱杀草地螟杀虫效果的分析，从防效、经济效益和生态安全等因素综合评价，确定频振式杀虫灯是诱杀草地螟成虫的首推产品，每盏灯控制面积为3.0hm^2（高秆作物）至4.0hm^2（矮秆作物）；设置高度，一般低矮植物以70～80cm为宜，高秆植物以齐或超出作物顶端为最宜。

由于两种防控技术都是对草地螟成虫起作用，因此本课题组经过研究，将两种防控技术有机地组装到一起，有效增强了两种单项技术的防控效果，达到了“1+1＞2”的防控效果，通过田间应用，形成了一套适合于防控草地螟成虫的物理诱控防治技术组合方案（图8-5）。

图8-5　草地螟性诱剂+灯诱田间效果评价试验

8.1.4　利用虫菌互补防治草地螟

利用天敌昆虫对白僵菌不易感的特性，以及天敌昆虫搜寻寄主时的飞行能力，使其携带白僵菌对草地螟进行协作防治，解决白僵菌不接触不起效的生产问题，增加白僵菌对草地螟的侵染率，提高杀灭量，降低草地螟种群密度。

应用技术要点：主要利用室内扩繁的草地螟寄生性天敌——伞裙追寄蝇和草地螟阿格姬蜂与白僵菌配合防治草地螟。在草地螟幼虫发生3龄前施用白僵菌，菌剂亩用量120g，喷施后7d释放伞裙追寄蝇和草地螟阿格姬蜂，达到综合防治。

8.1.5　利用白僵菌+性诱剂防治草地螟

利用性诱剂将成虫种群吸引到指定区域，通过灭杀雌成虫降低草地螟的产卵量，减小草地螟种群密度。待没有灭杀的幼虫孵化以后，喷洒白僵菌对其进行防治。

应用技术要点：在田间防治中，草地螟性诱剂的诱捕器之间相隔25m，每个性诱捕器与田边距离不少于5m，根据草地螟发生情况设置诱捕器数量。待幼虫孵化以后在田间施用杀虫真菌白僵菌。

8.1.6　利用白僵菌与植物源农药混用防治草地螟

利用白僵菌与植物源农药（如印楝素、苦参碱等）混用，对草地螟进行防治，可以减少化学农药的使用量，减轻环境污染，提高菌剂的杀虫效率，快速控制草地螟的为害。

8.1.6.1　白僵菌及植物源农药应用

1. 白僵菌及植物源印楝素复配方法

（1）白僵菌水剂配制方法

在水桶中加入2kg洗衣粉和30kg菌粉，加入清水充分搅拌均匀形成悬浮液，将悬浮液倒入药桶中。将药桶中的药液量定容到100L，搅拌均匀，施药面积为250亩。

（2）白僵菌水剂+印楝素配制方法

在水桶中加入1kg洗衣粉和15kg菌粉，加入清水充分搅拌均匀形成悬浮液，再在悬浮液中加入1.25L印楝素搅拌均匀倒入药桶中，将药桶中的药液量定容到100L，搅拌均匀，施药面积为250亩。

（3）施药器械与方法

小面积防治可采用背负式喷雾器进行；大面积防治则需采用超低量喷雾施药，喷药器械以拖拉机为动力。

（4）施药时期

在16:00后，天气转凉或阴天时作业，效果理想。

（5）田间试验调查

在防治前1d和药后3d、7d、12d、20d各调查一次。采用“Z”字形取样方法。统计每株植株上不同虫龄的虫数，计算防治效果。

（6）草地螟白僵菌的田间防效

采用筛选得到的高毒力白僵菌菌粉（与吉林省农业科学院植物保护研究所合作生产，含量为300亿个孢子/g）、白僵菌和印楝素复配对草地螟进行田间防治试验，菌剂亩用量120g，地点设在内蒙古自治区乌兰察布市四子王旗和沙尔沁试验场的苜蓿试验田示范区，面积共400亩。白僵菌吉Ⅱ与印楝素复配对草地螟的防治效果较好，药后第3天的防效达到86.80%，第5天的防效略有降低，但之后第7天的防效高达90.80%，均高于白僵菌吉Ⅰ、白僵菌吉Ⅱ和对照组。白僵菌吉Ⅰ和吉Ⅱ对草地螟的防效在第3天时分别为75.10%和75.20%，第7天时分别达到81.00%和82.50%，基本达到防治效果，但不如白僵菌吉Ⅱ与印楝素复配对草地螟的防效高，见表8-1。

表8-1 白僵菌吉Ⅰ、白僵菌吉Ⅱ、白僵菌吉Ⅱ与印楝素复配对草地螟致病力的田间试验

处理小区	虫口基数	药后3d			药后5d			药后7d		
		虫口数	减退率/%	防效/%	虫口数	减退率/%	防效/%	虫口数	减退率/%	防效/%
白僵菌吉Ⅰ	43.7	15.3	64.99	75.10	12.7	70.94	76.10	11	74.80	81.00
白僵菌吉Ⅱ	51.7	18	65.18	75.20	16	69.10	74.70	12	76.80	82.50
印楝素+吉Ⅱ	36.0	6.7	81.39	86.80	6	83.30	86.30	4.7	86.94	90.80
CK	55.3	77.7	−40.50		67.4	−21.90		73.3	−32.50	

2. 白僵菌与印楝素复配对草地螟的增效研究

利用白僵菌防治草地螟的为害，虽然具有效果明显、持效期长、容易大量生产、防治成本低的优点，但是白僵菌在生产中应用时也暴露出杀虫速度较慢的缺点。为此，人们在筛选强毒菌株的同时，还开展了其制剂与生物源农药复配的研究，以期提高白僵菌制剂的防治效果。不同杀虫剂之间的合理复配被认为是降低害虫抗性较为有效的措施，不仅可以提高单一杀虫剂的药效，还能合理降低防治成本。采用Sun-Johnson法，对球孢白僵菌菌株与印楝素进行最佳配比初筛，然后采用数学模型对复配剂的共毒系数与复配剂中单剂的比例关系进行拟合，计算出最佳理论配比，提高了筛选结果的准确性。探讨白僵菌与印楝素复配对草地螟防治的增效作用。

球孢白僵菌菌株为从草地螟僵死幼虫虫尸分离提纯，经过毒力测试筛选出的编号为S3的球孢白僵菌，僵虫采自内蒙古自治区乌兰察布市。供试草地螟为人工饲养的3～4龄幼虫。3%印楝素乳油由四川省成都绿金生物科技有限责任公司提供。

将S3菌株的孢子都稀释成浓度为每毫升含1×10^6～1×10^8个孢子（1‰吐温-80溶液溶解），印楝素也稀释1万～100万倍。采用浸蘸法对3～4龄草地螟幼虫进行处理。将草地螟幼虫分别在不同菌株不同浓度的孢子悬浮液中浸渍10s，每个浓度处理10头幼虫，3个重复。同时用加吐温-80的无菌水与稀释2倍后的印楝素分别作对照处理。接种后的幼虫移入底部垫有两层湿润滤纸的干净培养皿内，用保鲜膜将培养皿封好，在薄膜上扎小孔通气。置于25℃、相对湿度为50%的恒温光照培养箱培养。连续10d每天观察、记载死亡成虫数，虫尸均置于无菌培养皿内保湿，凡一周后其表面长出球孢白僵菌菌丝或分生孢子者，判定为白僵菌死亡。统计死亡率和校正死亡率，用Excel软件计算致死中浓度（LC_{50}）、95%置信区间和毒力回归方程。

3. 混剂的配制与最佳配比的筛选

首先测定出两种单剂的LC_{50}值，假设经毒力测定A、B两单剂的致死中浓度分别为a和b，再根据等效线法中相加作用线的六等分点法，将两种单剂按$a/5b$、$a/2b$、a/b、$2a/b$、$5a/b$混合，这5个配比混剂的浓度分别为$(a+5b)/6$、$(a+2b)/3$、$(a+b)/2$、$(2a+b)/3$、$(5a+b)/6$。

根据单剂的毒力测定结果，先配制两单剂的致死中浓度药液7×10^7个孢子/mL白僵菌菌株S3与14mg/mL印楝素，再按体积比1∶5、1∶2、1∶1、2∶1、5∶1混合，即得5个不同配比（白僵菌∶印楝素），分别为1∶10、1∶4、1∶2、1∶1、5∶2（质量比，下同）的混剂药液。各复配制剂再用1‰吐温-80溶液稀释为3个系列浓度梯度。采用浸润法感染草地螟幼虫

（试验方法同上），统计死亡率和校正死亡率，用Excel软件计算致死中浓度（LC_{50}）、95%置信区间和毒力回归方程及共毒系数。

4. 田间试验

试验地点安排在呼和浩特市沙尔沁乡苜蓿试验基地。药剂施用时期为草地螟3龄左右幼虫。虫口密度为30～50头/m^2。试验共设3个处理：白僵菌菌株S3，印楝素和白僵菌菌株S3的混合液，清水对照。每个处理设3次重复，共计10个小区，每小区面积为500m^2，小区采用随机排列，每小区间隔为10m。

5. 增效作用的测定

按Sun-Johnson法计算各混剂的共毒系数，若混剂的共毒系数接近100，表示此混剂作用类似联合作用；若共毒系数显著大于100，表示有增效作用；若共毒系数小于100，则表示有拮抗作用。

毒力指数（toxicity index，TI）、实测毒力指数（actual toxicity index，ATI）、理论毒力指数（theoretical toxicity index，TTI）和共毒系数的计算方法分别如下。

假定某一单剂A的毒力指数为100，则与之混配的B单剂的实测毒力指数（ATI）为

$$\text{ATI}=\text{A单剂的}LC_{50}\times\text{B单剂的}LC_{50}\times 100 \tag{8-1}$$

$$\text{混剂实测毒力指数}=\text{A单剂的}LC_{50}\times\text{混剂的}LC_{50}\times 100 \tag{8-2}$$

$$\begin{aligned}&\text{混剂理论毒力指数（TTI）}=\text{A单剂的毒力指数}\times\text{A单剂在混剂中}\\&\text{的百分含量}+\text{B单剂毒力指数}\times\text{B单剂在混剂中的百分含量}\end{aligned} \tag{8-3}$$

$$\text{共毒系数（CTC）}=\text{（混剂实测毒力指数/TTI）}\times 100 \tag{8-4}$$

运用DPS软件对配方中一种有效成分的质量分数（K）进行反正弦转换，得反正弦值[$X=\arcsin(K)^{1/2}$]，共毒系数Y与X之间的关系应用DPS软件进行一元二次方程拟合，根据所拟合的数学模型计算出最佳配比。

6. 田间试验分析

田间小区试验于施药前进行虫口基数调查，在施药后第3天、第5天、第7天分别对各处理进行防后调查。虫口密度采用标准样框法（样框面积1m^2）调查，采用“Z”字形取样，记录试验期间气象资料和活虫数等。计算虫口减退率，以空白对照处理区虫口减退率计算防治效果，计算公式如下：

$$\text{虫口减退率（\%）}=\text{（施药前活虫数}-\text{施药后活虫数）/施药前活虫数}\times 100 \tag{8-5}$$

$$\text{防治效果（\%）}=\text{（处理虫口减退率}-\text{对照区虫口减退率）/（1}-\text{对照区虫口减退率）}\times 100 \tag{8-6}$$

对照试验结果进行方差分析，用Duncan’s新复极差测验法比较处理间防治效果差异的显著性。

8.1.6.2 白僵菌与印楝素配合防控技术

1. 试剂、复配的方法

白僵菌与印楝素单剂对草地螟幼虫的致死中浓度（LC_{50}）、95%置信区间和毒力回归方程见表8-2，由LC_{50}可知，白僵菌对草地螟幼虫的毒力比印楝素高，白僵菌对草地螟幼虫的毒力为印楝素的2倍多。

表8-2　白僵菌与印楝素单剂对草地螟幼虫的毒力

试药	回归方程	相关系数	95% 置信区间 /（mg/mL）	致死中浓度 /（mg/mL）
白僵菌	y=4.347 5+0.170 3x	r=0.959 439	0.04 ～ 1 041.96	6.77
印楝素	y=4.206 7+0.191 4x	r=0.973 609	9.00E−9 ～ 2.25E+10	13.94

在测定了供试虫对单剂毒力反应的基础上，根据单剂的毒力测定结果，设定5个配比（白僵菌：印楝素）为1：10、1：4、1：2、1：1、5：2。

白僵菌与印楝素各配比复配剂的毒力及其共毒系数见表8-3。由表8-3可以看出，在所设5个配比1：10、1：4、1：2、1：1、5：2中，1：2混剂的增效作用最大，共毒系数高达327.51，1：1混剂的增效作用仅次于1：2混剂，共毒系数为325.30，其他1：10、1：4、5：2各配比的共毒系数依次为165.47、249.04和141.35，均表现为增效作用。

表8-3　白僵菌与印楝素混配对草地螟幼虫的毒力与共毒系数

配比	回归方程	相关系数	致死中浓度/（mg/mL）	95%置信区间/（mg/mL）	共毒系数
A	y=3.5345+0.3790x	r=0.9527	7.36	0.50～108.17	
B	y=4.6522+0.0839x	r=0.9999	13.90	0.00～106.76	
1（A：B=1：10）	y=3.1180+0.4837x	r=0.9357	7.77	1.2550～48.17	165.47
2（A：B=1：4）	y=3.3895+0.4381x	r=0.9513	4.74	0.81～27.70	249.04
3（A：B=1：2）	y=1.4399+1.0127x	r=0.9998	3.28	1.46～7.37	327.51
4（A：B=1：1）	y=4.4151+0.1685x	r=0.9999	2.96	0.05～192.19	325.30
5（A：B=5：2）	y=3.4096+0.4208x	r=0.9746	6.02	0.68～53.24	141.35

注：A为7×10^7个孢子/mL白僵菌菌株S3，B为14mg/mL印楝素

2. 复配制剂田间防效

由表8-4可知，白僵菌菌株S3与印楝素复配对草地螟的杀伤效果较好，药后第3天的防效达到86.80%，第5天的防效略有降低，但之后第7天的防效高达90.80%，高于单独用白僵菌菌株S3和对照组（CK）。差异显著性分析表明，混合施用印楝素、白僵菌与单独施用白僵菌间防效的差异显著。

表8-4　白僵菌与印楝素复配田间试验

处理小区	虫口基数	药后3d			药后5d			药后7d		
		虫口数	减退率/%	防效/%	虫口数	减退率/%	防效/%	虫口数	减退率/%	防效/%
S3	43.7	15.3	65.00	75.10bB	12.7	70.90	76.10bB	11	74.80	81.00bB
印楝素+S3	36	6.7	81.39	86.80aA	6	83.30	86.30aA	4.7	87.80	90.80aA
CK	55.3	77.7	−40.50		67.4	−21.90		73.3	−32.50	

8.1.6.3　植物源农药与白僵菌混合施用的优点

植物源农药与白僵菌混合施用有以下优点：①可以解决真菌杀虫剂致死缓慢问题，缩短

杀虫时间，提高杀虫效率；②植物源农药和白僵菌都是低毒的生物农药，可以很大程度上减少化学污染，缓解害虫对化学农药产生抗药性的问题。

虽然植物源农药和化学农药一样，会在一定程度上降低白僵菌的孢子萌发率，但是同时也大大降低了害虫的免疫力，使之更容易被白僵菌寄生。

杀虫剂的合理复配被认为是克服或延缓害虫抗性的有效措施之一，并且可以提高药效、降低成本。通常复配制剂“最优”配方的筛选方法是设置一系列梯度配比，分别对单剂和每一配比进行毒力测定，本试验采用Sun-Johnson法，对球孢白僵菌菌株与印楝素进行最佳单剂组合和最佳配比初筛，然后采用数学模型对复配剂的共毒系数与复配剂中单剂的比例关系进行拟合，利用数学模型计算出7×10^7个孢子/mL白僵菌菌株S3与14mg/mL印楝素的最佳理论配比是3978：1，可达到的最大共毒系数为333.61，室内毒力测定和田间药效试验结果表明，白僵菌菌株S3与印楝素复配可以协同提高对草地螟幼虫的毒力。

另外，作者根据致死中浓度（LC_{50}）（或LD_{50}）确定测试配比的方法，增加配方筛选的可靠性和科学性。研究农药复配的增效作用，需要设置一系列配比，根据等效线法中相加作用线的六等分点设置5个配比，可以较全面地代表农药复配中两单剂的混合增效情况。白僵菌和植物源农药混合施用可提高对草地螟幼虫的毒杀效果，这在草地螟的生物防治中具有广阔的应用前景。

8.1.7　利用农业+生态措施防治草地螟

实施田间生态控制，减少虫源量，采取中耕除草和种植诱集带灭（避）卵控制技术，压低下一代虫量。据文献记载，草地螟在19科53种植物上选择产卵的寄主，以藜科、菊科、蓼科、豆科、伞形科杂草和禾本科中的狗尾草、稗草等寄主着卵比率和着卵量较高，这些杂草也是农田及人工草地杂草优势种。针对草地螟喜欢在灰菜、猪毛菜等杂草上产卵的习性，要采取生态性措施，彻底消除阔叶型杂草。实践证明，消灭草荒可使田间虫量减少30%以上。消灭荒地、田边、地头的草地螟喜食杂草，改变草地螟栖息地的环境，掌握适当耕除杂草时期可有效降低田间草地螟落卵量，达到降低田间幼虫密度的目的，可降低防治成本，提高整体防治时效和杀灭效果。

8.2　绿色防控技术集成与推广应用

研究集成了以绿色防控为核心技术的草原害虫及生物防治技术体系，对草原害虫施以虫菌互补防控、天敌保护与利用，并以生态调控结合天敌保育防治措施，实施“防治与调控并举”的草地害虫科学防控措施，在内蒙古、宁夏、甘肃等地推广应用。

8.2.1　草地螟绿色防控技术集成

将上述各项技术从时间、空间等多角度进行组合、集成，形成一套切实可行的草地螟绿色控害技术体系，进而实现对草地螟的持续有效控制（图8-6）。

依据田间草地螟的发生情况，主要采取以下3种配套防治措施（图8-7）。

图8-6　草地螟综合防治技术集成

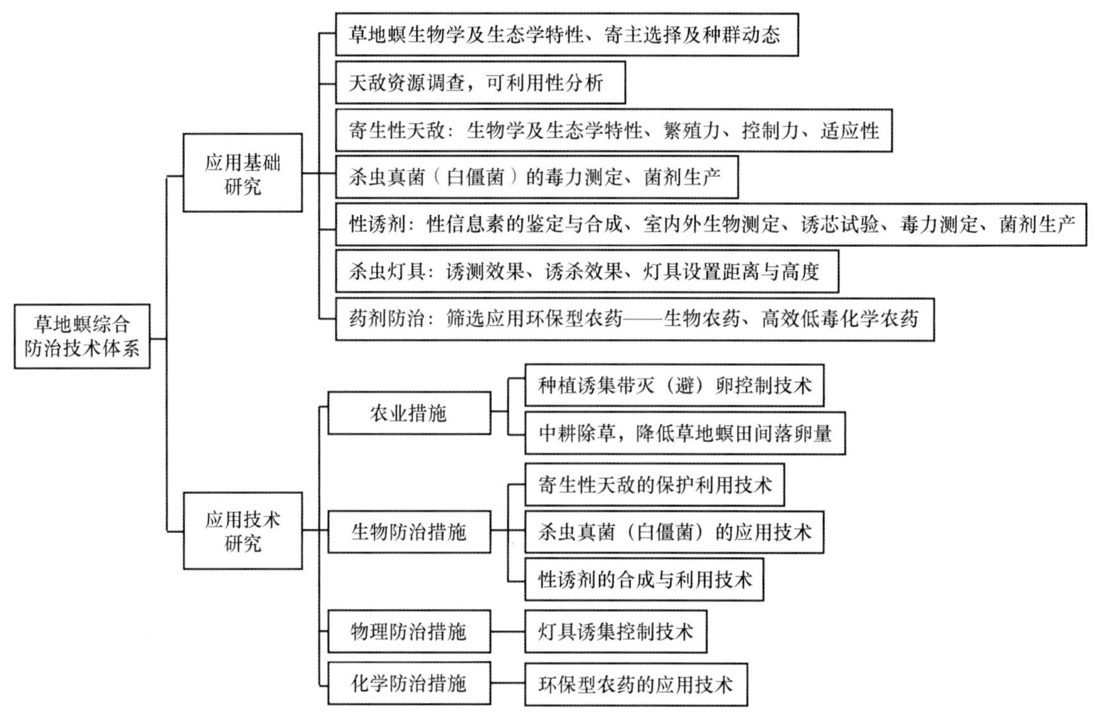

图8-7　草地螟综合防治技术体系

第一，在草地螟低密度发生区（虫口密度为10～30头/m^{2}或更少），采用草地螟寄生性天敌保护利用，不进行人为防治。

第二，在草地螟中密度发生区（虫口密度为30～100头/m^2），采用寄生性天敌和白僵菌互补防控草地螟技术，以及白僵菌+性诱剂防控草地螟技术。

第三，在草地螟高密度发生区（虫口密度在100头/m^{2}以上），采用白僵菌和植物源农药复配防控技术。

8.2.2　不同地区推广应用效果

针对近年来我国草地重大害虫发生与为害逐年加重，严重制约农牧业生产和草原生态安全的现状，中国农业科学院草原研究所在掌握其发生为害特点和灾变规律的基础上，研发了草地主要害虫等的优势天敌扩繁及保护利用技术，并通过对天敌昆虫及真菌类杀虫剂防治效果的研究，制定出以生物防控技术为核心的生态控制草地虫害治理技术方案，有效控制了草地害虫等重大生物灾害的发生，实现了恢复草原生态环境质量的总体目标，见图8-8。

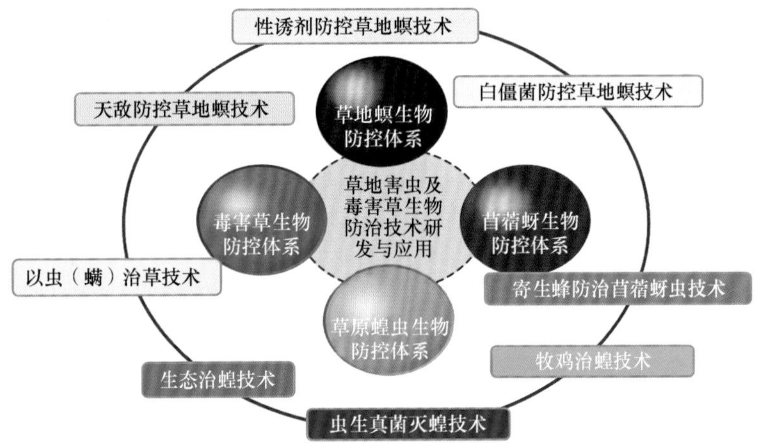

图8-8　防治技术集成与应用推广

该新技术在内蒙古、宁夏、甘肃等省（区）通过建立试验核心区和技术示范推广区等方式进行推广应用。到第3年，累计推广应用面积达到7950万亩，实现总经济效益达32 019.06万元。该项成果在经济效益计算年限内，平均每年能为社会增加11 584.70万元的经济效果；用于该项科研成果的每1元研制费用，平均每年可以为社会增加3.33元的纯收益，经济效益明显。

采用“草地害虫及毒害草生物防控技术研发与应用”技术防治与之前的化学防治相比，害虫和毒害草发生面积及为害程度不断降低，草原生态环境明显改善，经济、生态和社会效益显著。部分地区的实施情况如下。

第一，在锡林郭勒盟的东乌珠穆沁旗、太仆寺旗等地推广应用。主要在不同类型草原区、农牧交错区等天然草地、人工草地进行推广应用。天然草地主要利用喷施绿僵菌和植物源农药及牧鸡治蝗技术防治草原蝗虫；人工草地应用性诱剂、频振式杀虫灯等措施诱杀草地螟；施用天敌和生态调控，使草原生态环境得到明显改善，农牧业增产增收。3年共推广应用技术181.05万hm^2，挽回牧草产量损失29.77万t，实现新增纯收益18 677.61万元，总经济效益11 640.71万元。应用该项技术提高了草地植被覆盖度和农作物产量，对草场可持续发展和草地生态环境的保护起到了重要的作用，提升了农牧民对草原病虫害的绿色控害技术理念，其经济、生态及社会效益十分显著。

第二，在兴安盟的乌兰浩特、科尔沁右翼前旗、科尔沁右翼中旗、阿尔山等地推广应用。利用大型机械喷施白僵菌和植物源农药、性诱剂诱捕及生态措施防治蝗虫、草地螟，施用天敌和生态措施防控等，减少了化学农药的用量，使草原生态环境得到明显改善，农牧业增产增收。3年共推广应用技术984万亩，挽回牧草产量损失8.46万t，实现新增纯收益5867.62万元，总经济效益3684.15万元。应用该项技术提高了草地植被覆盖度和农作物产量，为该区域畜牧业生产的稳定发展确保了良好的基础环境条件，提升了农牧民对草原病虫害的绿色控害技术理念。

第三，在甘肃大业牧草科技有限责任公司推广应用该技术，牧草产量明显提高，使当地的草地生态环境得到明显改善，农牧业增产增收。3年共推广应用技术70.35万亩，挽回牧草产量损失0.86万t，实现新增纯收益419.76万元，总经济效益263.56万元。应用该项技术提高了草地植被覆盖度和农作物产量，对草场可持续发展和草地生态环境的保护起到了重要的作用。

8.2.3　技术推广应用前景

8.2.3.1　组织管理模式

中国农业科学院草原研究所与各项目承担单位通力合作，组织各推广单位设立了兴安盟、乌兰察布市、呼和浩特市3个核心示范区，18个重点推广县，以及58个技术应用重点乡（镇）。将各中心技术推广区设置成为功能有别的技术推广单元，侧重实施不同的主体技术，通过各中心技术推广区向周边地区进行技术辐射，以点带面，逐步成片；对已成熟的、效益好的相关技术进行组装、集成，见图8-9。

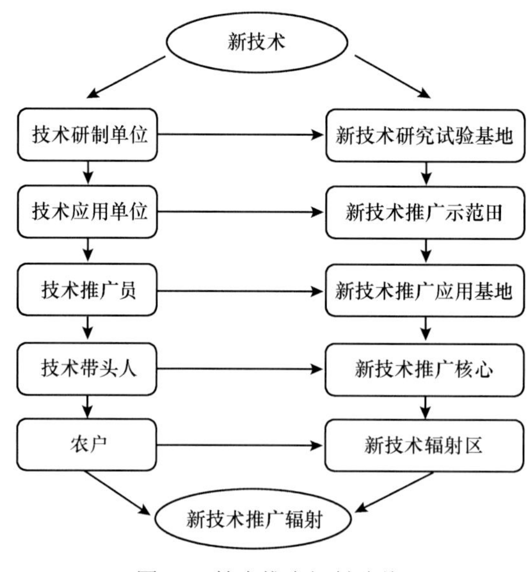

图8-9　技术推广辐射路线

在项目实施过程中，成立了技术推广领导小组，中国农业科学院草原研究所与各主要完成单位签订了项目合作协议，并负责协调各完成单位的任务分工；各主要完成单位与技术推广单位均有长期的合作关系，配合默契，上述这些组织协调工作的顺利开展，保证了技术推广工作的正常运作。同时技术推广工作还十分注意以服务于地方经济建设为宗旨，征得有关部门的支持也是技术推广工作获得成功的一条经验，见图8-10。

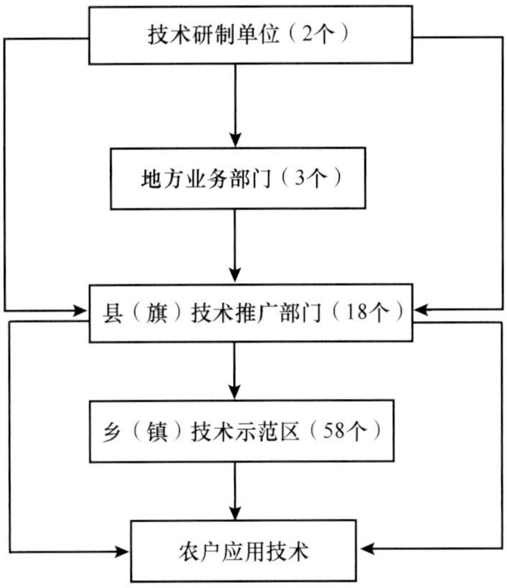

技术研制单位（2个）

地方业务部门（3个）

县（旗）技术推广部门（18个）

乡（镇）技术示范区（58个）

农户应用技术

图8-10　组织网络

8.2.3.2　主要技术指标

项目实施前，技术推广区大多以化学防治为主控制草地害虫为害，存在防效持效期短、害虫再猖獗、农药残留污染等问题，项目实施后，技术推广区主要采用以生物防治为主的综合防治措施，有害生物防效期由项目实施前的1～2周延长到实施后的1～2年。草地虫害发生率由项目实施前的70%～80%下降到实施后的20%～30%，综合生防效果由项目实施前的10%提高到实施后的75%以上，牧草产量由项目实施前的232.1kg/亩提高到实施后的242.3kg/亩，项目实施后化学农药的用量降低15%～20%，实现了在降低化学农药施用量的同时，对草地螟和蝗虫等草地害虫有效控制。该成果在内蒙古的呼和浩特市、包头市、呼伦贝尔市、赤峰市、兴安盟、锡林郭勒盟、巴彦淖尔市、乌兰察布市、鄂尔多斯市、阿拉善盟等，以及新疆、宁夏、甘肃、河北等5个省（区）的14个县（市、区）58个乡（镇）进行推广应用，累计推广面积达7950万亩，实现总经济效益32 019.06万元，年经济效益11 584.70万元，取得了显著的经济、生态效益。

相关成果在推广应用过程中得到中央电视台农业频道、内蒙古电视台、《内蒙古日报》等主流媒体的大力宣传，引起了基层农牧民、技术推广人员及地方相关管理部门的广泛关注和认可，取得了显著的社会效益。

8.2.3.3　技术推广机制

目前，已初步形成了以中国农业科学院草原研究所为核心技术提供者，省（区）、市（盟）、县（旗）草原站，植保站及农牧局为技术推广者，农户为技术应用者的技术推广应用网络。更为突出的是，通过本项研究成果的大范围推广与应用，必将在很大程度上提高我国草原的生产能力，为农业生产及草地畜牧业的稳步发展提供科学决策，同时对改善生态环境具有非常重要的作用。随着新技术的进一步推广应用，必将取得更大的经济、社会及生态效益。

参考文献

安涛, 张洪志, 韩艳华, 等. 2017. 烟蚜茧蜂滞育关联基因的转录组学分析. 中国生物防治学报, 33(5): 604-611.

白重庆, 于红妍, 侯秀敏. 2019. 0.5%虫菊・苦参碱防治草原毛虫药效试验. 青海草业, 28(4): 18-20.

白素芬, 陈学新, 程家安, 等. 2003. 菜蛾盘绒茧蜂多分DNA病毒的特性及其对小菜蛾幼虫的生理效应. 昆虫学报, 46(4): 401-408.

白晓拴, 刘爱萍, 高书晶. 2016. 内蒙古地区常见苜蓿害虫. 呼和浩特: 内蒙古大学出版社.

蔡建义, 田方文. 2005. 滨州市东亚飞蝗优势天敌类群发生规律. 中国植保导刊, 26(9): 33-34.

曹晨霞, 韩琬, 张和平. 2016. 第三代测序技术在微生物研究中的应用. 微生物学通报, 43(10): 2269-2276.

曹艺潇, 刘爱萍. 2010. 不同温湿度对草地螟白僵菌的致病力影响. 草原与草坪, 30(4): 68-70.

常静, 周晓榕, 李海平, 等. 2015. 绿僵菌与3种杀虫剂混用对沙葱萤叶甲的协同作用. 农药学学报, 17(1): 54-59.

陈海霞, 罗礼智, 李桂亭. 2007. 双斑截尾寄蝇对草地螟寄生的主要生物学特征及饲养技术. 植物保护, 33(3): 122-124.

陈贤为, 徐枢枢, 赵越超, 等. 2015. 支链脂肪酸酯. 肿瘤代谢与营养电子杂志, 2(4): 25-28.

邓建华, 吴兴富, 宋春满, 等. 2006. 田间小棚繁殖烟蚜茧蜂的繁蜂效果研究. 西南农业大学学报（自然科学版）, 28(1): 66-69, 73.

刁治民, 何长芳. 1993. 青海草原毛虫核型多角体病毒的初步研究. 青海畜牧兽医杂志, 21(2): 3-6.

丁惠梅, 马罡, 武三安, 等. 2011. 滞育昆虫小分子含量变化研究进展. 应用昆虫学报, 48(4): 1060-1070.

董帅. 2012. 基于转录组学的小菜蛾脑神经肽的鉴定与表达规律研究. 杭州: 浙江大学硕士学位论文.

董雁军. 1989. 应用蝗虫微孢子虫在内蒙古典型草原防治蝗虫的初步试验. 北京: 北京农业大学硕士学位论文.

杜桂林, 马崇勇, 洪军, 等. 2016. 草原沙葱萤叶甲发生趋势及植物源农药田间防治效果. 植物保护, 42(4): 253-256.

高书晶, 韩海斌, 王宁, 等. 2016. 温湿度对亚洲小车蝗飞行能力及主要能源物质利用的影响. 草业科学, 33(7): 1410-1417.

高书晶, 韩靖玲, 刘爱萍. 2011a. 亚洲小车蝗和黄胫小车蝗不同地理种群的RAPD遗传分化研究. 华北农学报, 26(2): 94-100.

高书晶, 李东伟, 刘爱萍, 等. 2011b. 不同地理种群的亚洲小车蝗mtDNA COⅠ基因序列及其相互关系. 草地学报, 19(5): 846-851.

高书晶, 李东伟, 刘爱萍, 等. 2012. 基于线粒体16S rRNA基因亚洲小车蝗7个地理种群的遗传变异分析. 华北农学报, 27(4): 54-59.

高书晶, 刘爱萍, 韩静玲, 等. 2011c. 不同地理种群的亚洲小车蝗mtDNA ND1基因序列及其相互关系. 应用昆虫学报, 48(4): 811-819.

高书晶, 刘爱萍, 徐林波, 等. 2010a. 杀蝗绿僵菌与植物源农药混用对亚洲小车蝗的杀虫效果. 农药, 49(10): 757-759.

高书晶, 刘爱萍, 徐林波, 等. 2010b. 印楝素和阿维・苏云菌对草原蝗虫的防治效果试验. 现代农药, 9(2): 44-46.

高书晶, 刘爱萍, 徐林波, 等. 2011d. 8种生物农药对草原蝗虫的田间防治效果评价. 草业科学, 28(2): 304-307.

高书晶, 刘爱萍, 徐林波, 等. 2012. 4种牧鸡防治草原蝗虫效果研究. 中国植保导刊, 32(6): 16-19.

高书晶, 特木尔, 魏云山, 等. 2013. 种群密度对亚洲小车蝗能源物质含量的影响及飞行能耗与动态. 应用昆虫学报, 50(4): 1055-1061.

高雪珂. 2019. 棉蚜茧蜂调控棉蚜生长发育及生理代谢研究. 北京: 中国农业科学院博士学位论文.
高玉红, 郭线茹, 罗梅浩, 等. 2006. 烟实夜蛾滞育蛹和非滞育蛹生化特性的比较研究. 河南农业大学学报, 40(6): 627-629, 645.
葛婧, 任金龙, 赵莉. 2014. 意大利蝗越冬卵游离氨基酸变化研究. 新疆农业科学, 51(10): 1840-1844.
古丽曼, 李慧, 张希山, 等. 2007. 新疆乌苏市草地叶甲的生物学特性和防治试验. 新疆畜牧业, 23(S1): 31-32.
郭利娜, 郭文超, 吐尔逊, 等. 2011. 温度与取食对越冬后马铃薯甲虫飞行能力的影响. 植物保护, 37(5): 56-61.
郭晓霞, 郑哲民. 2002. 菜粉蝶不同发育期酯酶同工酶的比较研究. 昆虫学报, 45(3): 401-403.
郭雪娜, 诸葛斌, 诸葛健. 2002. 甘油代谢中甘油激酶的研究进展. 微生物学报, 42(4): 510-513.
韩海斌, 姜珊, 王建梅, 等. 2018. 伞裙追寄蝇滞育诱导的温光周期条件和低温贮藏. 中国生物防治学报, 34(3): 342-347.
韩海斌, 谭瑶, 李艳艳, 等. 2019. 不同寄主植物对黏虫体内能源物质的影响. 植物保护, 45(2): 143-147.
郝伟, 江新林, 张冬菊, 等. 2007. 黄河滩区东亚飞蝗天敌种类及其消长规律. 昆虫知识, 44(3): 406-409.
和小明. 2006. 磷脂的营养作用及生理调控功能. 饲料博览, 18(6): 37-40.
贺华良, 宾淑英, 吴仲真, 等. 2012. 基于Solexa高通量测序的黄曲条跳甲转录组学研究. 昆虫学报, 55(1): 1-11.
黄传贤, 李维琪, 刘芳政, 等. 1981. 西伯利亚蝗的一种昆虫痘病毒. 植物保护, 7(5): 12.
黄凤霞, 蒋莎, 任小云, 等. 2015. 烟蚜茧蜂脂代谢相关的滞育相关蛋白差异表达分析. 中国生物防治学报, 31(6): 811-820.
黄海广, 刘爱萍, 兰爱琴, 等. 2011. 茶足柄瘤蚜茧蜂生物学特性初步研究. 环境昆虫学报, 33(3): 372-377.
黄海广, 张玉慧, 刘爱萍, 等. 2012. 茶足柄瘤蚜茧蜂寄生苜蓿蚜影响因子研究. 中国植保导刊, 32(4): 5-8.
江波, 江林涌, 周汉良. 2002. 磷脂酸和溶血磷脂酸的生理功能. 生理科学进展, (2): 159-162.
姜珊. 2018. 伞裙追寄蝇滞育相关蛋白的差异表达. 兰州: 甘肃农业大学硕士学位论文.
蒋湘, 买买提明, 张龙. 2003. 夜间迁飞的亚洲小车蝗. 草地学报, 11(1): 75-77.
康爱国, 张莉萍, 沈成, 等. 2006. 草地螟寄生蝇与寄主间的关系及控害作用. 昆虫知识, 42(5): 709-712.
康爱国, 张跃进, 姜玉英, 等. 2007. 草地螟成虫产卵行为及中耕除草灭卵控害作用研究. 中国植保导刊, 27(11): 5-7.
李红, 罗礼智, 胡毅, 等. 2008. 伞裙追寄蝇和双斑截尾寄蝇对草地螟的寄生特性. 昆虫学报, 51(10): 1089-1093.
李良铸, 李明晔. 2006. 现代生化药物生产关键技术. 北京: 化学工业出版社: 145.
李明天. 2014. 菜蛾盘绒茧蜂寄生对小菜蛾幼虫神经肽转录水平的影响. 杭州: 浙江大学硕士学位论文.
李欣欣. 2013. 棉铃虫滞育和非滞育蛹免疫差异研究. 武汉: 华中农业大学硕士学位论文.
李馨, 刘海虹. 2001. 中红侧沟茧蜂多分DNA病毒基本特征研究. 中国病毒学, 16(4): 373-376.
李玉艳. 2011. 烟蚜茧蜂滞育诱导的温光周期反应及滞育生理研究. 北京: 中国农业科学院硕士学位论文.
李玉艳, 张礼生, 陈红印. 2010. 生物因子对寄生蜂滞育的影响. 昆虫知识, 47(4): 638-645.
李增智. 2015. 我国利用真菌防治害虫的历史、进展及现状. 中国生物防治学报, 31(5): 699-711.
林炜, 刘玉娣, 侯茂林. 2007. 不同地理种群二化螟滞育和解除滞育幼虫的抗逆性酶活性比较. 植物保护, 33(5): 84-87.
刘爱萍, 曹艺潇, 徐林波, 等. 2011a. 内蒙古地区草地螟白僵菌不同地区遗传多样性分析. 草地学报, 19(2): 340-345.
刘爱萍, 曹艺潇, 徐林波, 等. 2011b. 人工合成草地螟雌蛾性信息素的初步筛选. 应用昆虫学报, 48(3): 790-795.
刘爱萍, 陈红印, 何平. 2006. 草地害虫及防治. 北京: 中国农业科学技术出版社.
刘爱萍, 侯天爵. 2004. 草地病虫害及防治. 北京: 中国农业科学技术出版社.

刘爱萍, 黄海广, 高书晶, 等. 2012. 白僵菌与生物农药混用对亚洲小车蝗的生物活性研究. 现代农药, 11(2): 50-53.
刘爱萍, 黄海广, 徐林波, 等. 2012. 茶足柄瘤蚜茧蜂对苜蓿蚜的寄生功能反应. 环境昆虫学报, 34(1): 69-74.
刘红亮, 郑丽明, 刘青青, 等. 2013. 非模式生物转录组研究. 遗传, 35(8): 955-970.
刘辉, 李克斌, 尹姣, 等. 2007. 群居型与散居型东亚飞蝗飞行能力的比较研究. 植物保护, 33(2): 34-37.
刘玲, 郭安红. 2004. 2004年内蒙古草原蝗虫大发生的气象生态条件分析. 气象, 30(11): 55-57.
刘流, 贺莉芳, 刘晖, 等. 2010. 昆虫滞育的研究进展. 安徽农业科学, 38(14): 7409-7411.
刘鹏程, 时敏, 陈亚锋, 等. 2008. 菜蛾盘绒茧蜂多分DNA病毒EP-1-like基因克隆、原核表达与多克隆抗体制备方法. 环境昆虫学报, 30(1): 33-38.
刘世贵, 任大胜, 刘德明, 等. 1984. 草原毛虫核型多角体病毒的首次发现. 四川草原, 5(2): 50-52.
刘世贵, 任大胜, 杨志荣, 等. 1988. 草原毛虫核型多角体病毒杀虫剂配伍组分筛选. 四川草原, 9(4): 37-42, 25.
刘小华, 陈贻云. 1993. 广西蝗虫天敌调查初报. 广西植保, 2: 28-32.
刘兴龙, 李新民, 刘春来, 等. 2009. 大豆蚜研究进展. 中国农学通报, 25(14): 224-228.
刘遥, 张礼生, 陈红印, 等. 2014. 苹果酸脱氢酶与异柠檬酸脱氢酶在滞育七星瓢虫中的差异表达. 中国生物防治学报, 30(5): 593-599.
刘莹, 王娜, 张赞, 等. 2012. 五种鳞翅目害虫中抗药性相关基因的转录组学分析. 应用昆虫学报, 49(2): 317-323.
刘柱东, 龚佩瑜, 吴坤君, 等. 2004. 高温条件下棉铃虫化蛹率、夏滞育率和蛹重的变化. 昆虫学报, 47(1): 14-19.
马春艳, 郭丽丽, 梁前进, 等. 2002. 双酚-A和17β-雌二醇对人乳腺癌细胞生长的影响. 中国环境科学, (5): 25-28.
麦迪·库尔曼, 郭宏. 2015. 塔城天然草原养鸡生物治蝗新品种效果试验. 新疆畜牧业, 31(4): 59-62.
南宫自艳, 高宝嘉, 刘军侠, 等. 2008. 四种松毛虫不同地理种群遗传多样性的等位酶分析. 昆虫学报. 51(4): 417-423.
倪张林. 2001. 利用突变研究叶绿体ATP合酶ε亚基的结构与功能. 全国植物光合作用、光生物学及其相关的分子生物学学术研讨会论文摘要汇编. 北京: 中国植物学会.
潘建梅. 2002. 内蒙古草原蝗虫发生原因及防治对策. 中国草地, 24(6): 66-69.
秦启联, 程清泉, 张继红, 等. 2012. 昆虫病毒生物杀虫剂产业化及其展望. 中国生物防治学报, 28(2): 157-164.
任程, 蒋湘, 石旺鹏. 2004. 蝗虫微孢子虫防治青藏高原蝗虫对主要天敌种群数量的影响. 黑龙江畜牧兽医(4): 11-13.
任小云, 齐晓阳, 安涛, 等. 2016. 滞育昆虫营养物质的积累、转化与调控. 应用昆虫学报, 53(4): 685-695.
任竹梅, 马恩波, 郭亚平. 2003. 不同地域小稻蝗mtDNA部分序列及其相互关系. 昆虫学报, 46(1): 51-57.
申光茂, 豆威, 王进军. 2014. 橘小实蝇羧酸酯酶基因*BdCAREB1*的克隆及其表达模式解析. 中国农业科学, 47(10): 1947-1955.
石旺鹏, 严毓骅, 朱恩林, 等. 2001. 海南省撂荒地生态系统飞蝗的持续控制. 植物保护学报, 28(3): 207-212.
时敏, 陈学新. 2015. 我国寄生蜂调控寄主生理的研究进展. 中国生物防治学报, 31(5): 620-637.
苏春芳, 刘爱萍, 高书晶, 等. 2014. 温度和湿度对草地螟阿格姬蜂飞行能力的影响. 中国生物防治学报, 30(5): 612-617.
苏春芳, 唐贵明, 刘爱萍, 等. 2015. 温湿度对草地螟阿格姬蜂飞行能源物质利用的影响. 中国生物防治学报, 31(2): 187-192.
孙程鹏. 2018. 茶足柄瘤蚜茧蜂的人工繁育及滞育特性研究. 呼和浩特: 内蒙古农业大学硕士学位论文.

孙程鹏, 李钢铁, 刘爱萍. 2017a. 茶足柄瘤蚜茧蜂的发育起点温度和有效积温研究. 中国植保导刊, 37(2): 34-39.
孙程鹏, 李钢铁, 刘爱萍. 2017b. 茶足柄瘤蚜茧蜂人工繁殖技术研究. 中国植保导刊, 37(7): 46-49.
孙程鹏, 刘爱萍, 李钢铁. 2017c. 不同寄主植物对苜蓿蚜生长发育的影响. 中国植保导刊, 37(12): 12-15.
孙程鹏, 王建梅, 韩海斌, 等. 2017d. 伞裙追寄蝇滞育期间主要物质含量变化研究. 中国植保导刊, 37(4): 15-19.
邰丽华, 贾建宇, 王塔娜, 等. 2011. 内蒙古中东部地区亚洲小车蝗3个种群的遗传多样性分析. 华北农学报, 26(1): 122-126.
谈倩倩. 2016. 大猿叶虫滞育准备期滞育相关蛋白和基因的鉴定及功能分析. 武汉: 华中农业大学博士学位论文.
唐斌, 魏苹, 陈洁, 等. 2012. 昆虫海藻糖酶的基因特性及功能研究进展. 昆虫学报, 55(11): 1315-1321.
特木尔布和, 乌日图, 金小龙, 等. 2005. 蚜虫对苜蓿危害的初步研究. 内蒙古草业, 17(4): 56-59.
田畴, 贺答汉, 李进跃. 1987. 荒漠草原害虫沙蒿金叶甲的发生与防治. 植物保护, 13(5): 25-26.
田畴, 赵立群, 贺答汉, 等. 1988. 荒漠草原三种叶甲的生物学及其防治. 中国草地, 10(5): 24-27.
王方海, 龚和, 钦俊德. 1998. 滞育和非滞育棉铃虫血淋巴中蛋白质含量及图谱的比较. 昆虫学报, 41(4): 426-430.
王洪亮. 2007. 滞育麦红吸浆虫的化学物质变化与分子机理研究. 杨凌: 西北农林科技大学博士学位论文.
王建梅, 刘爱萍, 高书晶, 等. 2013a. 草地螟曲阿格姬蜂的寄生功能反应. 中国生物防治学报, 29(3): 338-343.
王建梅, 刘爱萍, 高书晶, 等. 2013b. 伞裙追寄蝇对草地螟幼虫的寄生功能反应. 中国草地学报, 35(5): 169-172.
王建梅, 刘长仲, 刘爱萍, 等. 2015. 伞裙追寄蝇对黏虫幼虫的寄生功能反应. 植物保护, 41(1): 45-48.
王镜岩, 朱圣庚, 徐长法. 2008. 生物化学教程. 北京: 高等教育出版社: 348, 352-358, 434-437.
王丽英. 1994. 我国草原蝗虫痘病毒资源调查. 中国农业科学, (4): 60-63.
王丽英, 严毓骅, 董雁军, 等. 1987. 蝗虫微孢子虫对东亚飞蝗及蒙、新草原蝗虫的感染试验. 北京农业大学学报, 8(4): 459-462.
王满困, 李周直. 2004. 昆虫滞育的研究进展. 南京林业大学学报, 28(1): 71-76.
王梦圆, 韩海斌, 王惠萍, 等. 2016. 伞裙追寄蝇不同地理种群遗传多样性的ISSR分析. 环境昆虫学报, 38(4): 805-812.
王梦圆, 刘爱萍, 韩海斌, 等. 2016. 伞裙追寄蝇能源物质积累及其飞行动态能耗. 草地学报, 24(4): 901-905.
王启龙, 万华星, 姚金美. 2012. 低温冷藏提高家蚕滞育卵NAD含量和胞质苹果酸脱氢酶活性. 昆虫学报, 55(9): 1031-1036.
王振平, 严毓骅. 1999. 蝗虫天敌可利用性分析及研究进展. 中国草地, 21(6): 55-59.
王中仁. 1998. 植物等位酶分析. 北京: 科学出版社.
吴大洋. 1989. 不同冷藏温度对家蚕卵磷脂量的影响. 西南农业大学学报, (5): 516-518.
吴晋华, 刘爱萍, 高书晶, 等. 2012. 球孢白僵菌与印楝素复配对草地螟的增效作用. 世界农药, 34(3): 40-43.
吴晋华, 刘爱萍, 徐林波, 等. 2011. 不同的球孢白僵菌对草地螟的毒力测定. 中国植保导刊, 31(10): 10-13.
吴晋华, 刘爱萍, 徐林波, 等. 2012. 人工饲料对草地螟消化酶活性及羧酸酯酶mRNA表达量的影响. 草地学报, 20(6): 1169-1174.
仵均祥, 袁锋. 2004. 麦红吸浆虫幼虫滞育期间糖类物质变化. 昆虫学报, 47(2): 178-183.
相红燕, 刘爱萍, 高书晶, 等. 2012. 伞裙追寄蝇对不同寄主的选择性. 环境昆虫学报, 34(3): 333-338.
相红燕, 刘爱萍, 高书晶, 等. 2013. 草地螟优势寄生性天敌：伞裙追寄蝇生物学特性研究. 草业学报, 22(3): 92-98.
熊资, 杨永录, 胥建辉, 等. 2016. 胍丁胺对大鼠应激性体温升高的抑制作用. 中国应用生理学杂志, 32(3): 270-273.
徐卫华. 2008. 昆虫滞育研究进展. 昆虫知识, 45(4): 512-517.

徐晓红. 2011. 核糖体蛋白L13与癌基因MDM2介导的p53之间关系及其生物学功能的研究. 上海: 华东师范大学硕士学位论文.

徐忠宝, 刘爱萍, 高书晶, 等. 2013. 草地螟阿格姬蜂成虫对不同寄主的趋性行为测定. 环境昆虫学报, 35(6): 772-777.

徐忠宝, 刘爱萍, 吴晋华, 等. 2011. 不同营养条件对草地螟球孢白僵菌生长的影响. 草业科学, 28(6): 1149-1155.

徐忠宝, 刘爱萍, 徐林波, 等. 2013. 草地螟阿格姬蜂的滞育诱导和滞育茧的低温贮藏. 昆虫学报, 56(10): 1160-1165.

徐忠宝, 刘爱萍, 徐林波, 等. 2013. 草地螟阿格姬蜂生物学特性初步研究. 应用昆虫学报, 50(4): 981-990.

许再福. 2009. 普通昆虫学. 北京: 科学出版社.

薛芳森, 李保同, 朱杏芬. 1996. 黑纹粉蝶蛹体内超氧化物歧化酶活力的初步研究. 江西植保, 19(1): 34-36.

薛芳森, 魏洪义, 朱杏芬. 1997. 黑纹粉蝶蛹体内过氧化氢酶活力的研究. 植物保护学报, 24(3): 45-47.

杨帆, 黄立华, 张爱兵. 2014. 高通量转录组测序技术及其在鳞翅目昆虫上的应用. 昆虫学报, 57(8): 991-1000.

杨光平. 2013. 二化螟滞育幼虫的生理特性及温湿度对其抗寒性的影响. 北京: 中国农业科学院硕士学位论文.

尹鸿翔, 张杰, 侯若彤, 等. 2004. 一株几丁质酶产生菌的分离鉴定及其灭蝗增效作用. 植物保护, 30(2): 37-41.

于红妍, 侯秀敏, 白重庆. 2019. 高寒牧区微生物药剂防控草原毛虫药效试验. 青海草业, 28(4): 8-11.

余慧芩, 李林霞, 于红妍, 等. 2016. 2%苦参碱液剂防治草原毛虫药效试验. 青海草业, 25(4): 10-11, 19.

岳方正, 刘爱萍, 高书晶, 等. 2016. 伞裙追寄蝇成虫飞行能力测定. 中国生物防治学报, 32(1): 40-45.

张和平, 尉剑, 陈天福, 等. 1993. 荒漠草地害虫：阔颈萤叶甲的发生与防治. 中国草地, 15(6): 62-63.

张洪志, 高飞, 刘梦姚, 等. 2018. 近十年全球小型寄生蜂滞育研究的新进展. 环境昆虫学报, 40(1): 82-91.

张建琛. 1987. 阿坝州几种草本治虫植物. 四川草原, 8(2): 41-42.

张建珍, 任俐, 郭亚平, 等. 2004. 山西省及邻近地区中华稻蝗5个种群RAPD分析及其亲缘关系. 遗传学报, 31(2): 159-165.

张健华, 罗礼智, 江幸福, 等. 2012. 草地螟滞育幼虫的蛋白和核酸含量变化. 昆虫学报, 55(2): 156-161.

张礼生. 2009. 滞育和休眠在昆虫饲养中的应用 // 曾凡荣, 陈红印. 天敌昆虫饲养系统工程. 北京: 中国农业科学技术出版社: 54-89.

张礼生. 2015. 天敌昆虫滞育关联蛋白的研究进展 // 中国植物保护学会. 病虫害绿色防控与农产品质量安全——中国植物保护学会2015年学术年会论文集. 北京: 中国农业科学技术出版社: 627.

张礼生, 陈红印. 2014. 生物防治作用物研发与应用的进展. 中国生物防治学报, 30(5): 581-586.

张礼生, 陈红印. 2016. 我国天敌昆虫与生防微生物资源引种三十年成就与展望. 植物保护, 42(5): 24-32.

张礼生, 陈红印, 李保平. 2014. 天敌昆虫扩繁与应用. 北京: 中国农业科学技术出版社.

张礼生, 刘文德, 李方方, 等. 2019. 农作物有害生物防控：成就与展望. 中国科学：生命科学, 49(12): 1664-1678.

张龙, 严毓骅, 李光博, 等. 1995. 蝗虫微孢子虫病对东亚飞蝗飞翔能力的影响. 草地学报, (4): 324-327.

张茂新, 凌冰, 哈文光, 等. 1999. 脊萤叶甲的生物学特性及其防治. 植物保护学报, 26(4): 376-377.

张茂新, 刘芳政, 于晓光, 等. 1990. 新疆荒漠草原三种叶甲的生物学特性及其防治. 八一农学院学报, 13(2): 55-59.

张民照, 康乐. 2005. 飞蝗（*Locusta migratoria*）地理种群在中国的遗传分化. 中国科学：生命科学, 35(3): 220-230.

张棋麟, 袁明龙. 2013. 基于新一代测序技术的昆虫转录组学研究进展. 昆虫学报, 56(12): 1489-1508.

张倩, 石桂红, 郭秀霞, 等. 2019. 基于iTRAQ的定量蛋白质组学技术探索淡色库蚊越冬机制. 中国血吸虫病防治杂志, 31(2): 160-164, 168.

张文, 杨志荣, 朱文, 等. 1998. 类产碱假单胞菌杀虫物质的分离纯化和鉴定. 微生物学报, 38(1): 57-62.

张晓燕, 翟一凡, 庄乾营. 2015. 昆虫滞育研究进展. 山东农业科学, 47(2): 143-148, 156.

张秀花, 张春山, 曾宪宏. 1999. 愈纹萤叶甲生活史观察与防治. 辽宁农业科学, 40(6): 44-46.

张怡卓, 韩海斌, 王德慧, 等. 2018. 内蒙古草原寄蝇科昆虫资源调查. 环境昆虫学报, 40(6): 1353-1363.

张跃进, 姜玉英, 江幸福. 2008. 我国草地螟关键控制技术研究进展. 中国植保导刊, 29(5): 15-19.

张韵梅. 1994. 棉铃虫蛹在滞育中脂肪、糖原等生化成分含量变化的研究. 山东农业大学学报（自然科学版）, 25(2): 147-150.

郑娟霞, 陈文宁, 杨莉, 等. 2019. 浅谈氨基酸对乌骨鸡黑色素沉积的影响. 江西饲料, (6): 3-4.

郑永善, 唐保善. 1989. 茶足柄瘤蚜茧蜂引种研究. 中国生物防治学报, 5(2): 68-70.

钟伯雄. 1999. 家蚕胚胎发育时期的蛋白质变化及构造分析. 遗传学报, 26(6): 627-633.

朱芬, 李红, 王永. 2008. 大斑芫菁滞育幼虫在滞育不同阶段体内糖类和醇类含量的变化. 昆虫学报, 51(1): 9-13.

Aronson A, Beckman W, Dunn P. 1986. *Bacillus thuringiensis* and related insect pathogens. Microbiological Reviews, 50(1): 1-24.

Auerswald L, Gade G. 1999. The fate of proline in the African fruit beetle *Pachnoda sinuate*. Insect Biochemistry and Molecular Biology, 29(8): 687-700.

Barakat EMS, Abd-El Aziz MF, El-Monairy OM. 2015. Interactions of host plants and *Bacillus thuringiensis* israelensis injection on the performance and midgut protein profile of *Schistocerca gregaria* Forskal, adults. Egyptian Journal of Biological Pest Control, 25(1): 205-212.

Bardi C, Mariottini Y, Plischuk S, et al. 2012. Status of the alien pathogen *Paranose malocustae* (Microsporidia) in grasshoppers (Orthoptera: Acridoidea) of the Argentine Pampas. Biocontrol Science and Technology, 22(5): 497-512.

Barnes HF. 1969. Gall Midges of Economic Importance. Anzeiger Für Schädlingskunde, 42(4): 62.

Bashan M, Cakmak O. 2005. Changes in composition of phospholipid and triacylglycerol fatty acids prepared from prediapausing and diapausing individuals of *Dolycoris baccarum* and *Piezodorus lituratus* (Heteroptera: Pentatomidae). Annals of the Entomological Society of America, 98(4): 575-579.

Birgbauer E, Chun J. 2006. New developments in the biological functions of lysophospholipids. Cellular and Molecular Life Sciences, 63(23): 2695-2701.

Cease AJ, Hao SG, Kang L, et al. 2010. Are color or high rearing ensity related to migratory polyphenism in the band-winged grasshopper, *Oedaleus asiaticus*? Journal of Insect Physiology, 56: 926-936.

Cheke RA. 1990. A migrant pest in the Sahel: the Senegalese grasshopper *Oedaleus senegalensis* Philosophical Transactions of the Royal Society of London. Philosophical Transactions of The Royal Society B: Biological Sciences, 328(1251): 539-553.

Chen L, Kostadima M, Martens JHA, et al. 2014. Transcriptional diversity during lineage commitment of human blood progenitors. Science, 345(6204): 1251033.

Chen YF, Shi M, Huang F, et al. 2007. Characterization of two genes of Cotesia vestalis polydnavirus and their expression patterns in the host *Plutella xylostella*. Journal of General Virology, 88: 3317-3322.

Chen YF, Shi M, Liu PC, et al. 2008. Characterization of an I-kappa B-like gene in *Cotesia vestalis* polydnavirus. Archives of Insect Biochemistry and Physiology, 68(2): 71-78.

Cheng WN, Li XL, Yu F, et al. 2009. Proteomic analysis of pre-diapause, diapause and post-diapause larvae of the wheat blossom midge, *Sitodiplosis mosellana* (Diptera: Cecidomyiidae). Eur J Entomol, 106(1): 29-35.

Chertemps T, Duportets L, Labeur C, et al. 2007. A female-biased expressed elongase involved in long-chain hydrocarbon biosynthesis and courtship behavior in *Drosophila melanogaster*. Proceedings of the National Academy of Sciences of the United States of America, 104(11): 4273-4278.

Colinet H, Renault D, Charoyguevel B, et al. 2012. Metabolic and proteomic profiling of diapause in the aphid parasitoid *Praon volucre*. PLoS ONE, 7(2) : e23606.

de Kort CAD. 1990. Thirty-five years of diapause research with the Colorado potato beetle. Entomologia Experimentalis et Applicata, 56(1): 1-13.

De Wit P, Pespeni MH, Ladner JT, et al. 2012. The simple fool's guide to population genomics via RNA-Seq: an introduction tohigh-throughput sequencing data analysis. Molecular Ecology Resources, 12: 1058-1067.

Denlinger DL, Lee RE. 2010. Low Temperature Biology of Insects. Cambridge: Cambridge University Press.

Denlinger DL. 2005. Diapause in the mosquito *Culex pipiens* evokes a metabolic switch from blood feeding to sugar gluttony. Proceedings of the National Academy of Sciences of the United States of America, 102(102): 15912-15917.

Dheilly NM, Maure F, Ravallec M, et al. 2015. Who is the puppet master? Replication of a parasitic wasp-associated virus correlates with host behaviour manipulation. Proceedings of the Royal Society B: Biological Sciences, 282(1803): 20142773.

Doucet D, Beliveau C, Dowling A, et al. 2008. Prophenoloxidases 1and 1 from the budworm, *Choristoneura fumiferana*: molecular cloning and assessment of transcriptional regulation by a polydnavirus. Archives of Insect Biochemistry and Physiology, 67(4): 188-201.

Dziarski R. 2004. Peptidoglycan recognition proteins (PGRPs). Molecular Immunology, 40(12): 877-886.

Elshire RJ, Glaubitz JC, Sun Q, et al. 2011. A robust, simple genotyping-by-sequencing (GBS) approach for high diversity species. PLoS ONE, 6: e19379.

Fang Q, Wang F, Gatehous JA, et al. 2011b. Venom of parasitoid, *Pteromalus puparum*, suppresses host, Pieris rapae, immune promotion by decreasing host C-Type Lectin gene expression. PLoS ONE, 6(10): e26888.

Fang Q, Wang L, Zhu JY, et al. 2010. Expression of immune-response genes in lepidopteran host is suppressed by venom from an endoparasitoid, *Pteromalus puparum*. BMC Genomics, 11: 484.

Fang Q, Wang L, Zhu YK, et al. 2011a. *Pteromalus puparum* venom impairs host cellular immune responses by decreasing expression of its scavenger receptor gene. Insect Biochemistry and Molecular Biology, 41(11): 852-862.

Febvay G, Rahbe Y, Rynkiewicz M, et al. 1999. Fate of dietary sucrose and neosynthesis of amino acids in the pea aphid, *Acyrthosiphon pisum*, reared on different diets. Journal of Experimental Biology, 202(19): 2639-2652.

Felton GW, Summers CB. 1995. Antioxidant systems in insects. Archives of Insect Biochemistry and Physiology, 29(2): 187.

Fiehn O. 2002. Metabolomics the link between genotypes and phenotypes. Plant Molecular Biology, 48(2): 155-171.

Flannagan RD, Tammariello SP, Joplin KH, et al. 1998. Diapause-specific gene expression in pupae of the flesh fly *Sarcophaga crassipalpis*. Proceedings of the National Academy of Sciences of the United States of America, 95(10): 5616-5620.

Flook PK, Rowell GHF, Gellissen G. 1995. The sequence,organization, and evolution of the *Locusta migratoria* mitochondrial genome. Journal of Molecular Evolution, 41: 928-941.

Fujiwara Y, Tanaka Y, Iwata K, et al. 2006. ERK/MAPK regulates ecdysteroid and sorbitol metabolism for embryonic diapause termination in the silkworm *Bombyx mori*. Journal of Insect Physiology, 52(6): 569-575.

Glenn LH, Coby S. 2004. Maternal investment affects offspring phenotypic plasticity in a viviparous cockroach. PNAS, 101(15): 5595-5597.

Gordon SP, Tseng E, Salamov A, et al. 2015. Widespread polycistronic transcripts in fungi revealed by single-moleculem RNA sequencing. PLoS ONE, 10(7): e0132628.

Goward CR, Nicholls DJ. 1994. Malate dehydrogenase: a model for structure, evolution, and catalysis. Protein Science, 3(10): 1883-1888.

Guell M, van Noort V, Yus E, et al. 2009. Transcriptome complexity in a genome-reduced bacterium. Science, 326: 1268-1271.

Hahn DA, Denlinger DL. 2011. Energetics of insect diapause. Annual Review of Entomology, 56: 103-121.

Hao Z, Zhao J, Yuan Z, et al. 2012. Influence of photoperiod on hydrogen peroxide metabolism during diapause induction in *Cotesia vestalis* (Haliday) (Hymenoptera: Braconidae). J Kansas Entomol Soc, 85(3): 206-218.

Haroon WM, Pages C, Vassal JM, et al. 2011. Laboratory and field investigation of a mixture of *Metarhizium acridum* and Neem seed oil against the Tree Locust *Anacridium melanorhodon melanorhodon* (Orthoptera: Acrididae). Biocontrol Science and Technology, 21(3): 353-366.

Hayakawa Y, Chino H. 1981. Temperature-dependent interconversion between glycogen and trehalose in diapausing pupae of *Philosamia cynthia ricini* and *pryeri*. Insect Biochemistry, 11(1): 43-47.

Hayakawa Y, Chino H. 1982. Phosphofructokinase as a possible key enzyme regulating glycerol or trehalose accumulation in diapausing insects. Insect Biochemistry, 12(6): 639-642.

Hodkova M, Berková P, Zahradníčková H. 2002. Photoperiodic regulation of the phospholipid molecular species composition in thoracic muscles and fat body of *Pyrrhocoris apterus* (Heteroptera) via an endocrine gland, corpus allatum. Journal of Insect Physiology, 48(11): 1009-1019.

Hohenlohe P, Bassham S, Etter P, et al. 2010. Population genomics of parallel adaptation in threespine stickleback using sequenced RAD tags. PLoS Genetics, 6: e1000862.

Hunter SJ, Glenn PA. 1909. Influence of Climate on the Green Bug and its Parasite. State Printing Office.

Imanikia S, Hylands P, Stürzenbaum SR. 2015. The double mutation of cytochrome P450's and fatty acid desaturases affect lipid regulation and longevity in *C. elegans*. Biochemistry & Biophysics Reports, 2: 172-178.

Iwata K, Shindome C, Kobayash Y, et al. 2005. Temperature-dependent activation of ERK/MAPK in yolk cells and its role in embryonic diapause termination in the silkworm *Bombyx mori*. Journal of Insect Physiology, 51(12): 1306-1312.

Izumi Y, Katagiri C, Sonoda S, et al. 2009. Seasonal changes of phospholipids in last instar larvae of rice stem borer *Chilo suppressalis* Walker (Lepidoptera: Pyralidae) . Entomological science, 12(4): 376-381.

Jaindl M, Popp M. 2006. Cyclitols protect glutamine synthetase and malate dehydrogenase against heat induced deactivation and thermal denaturation. Biochemical and Biophysical Research Communications, 345(2): 761-765.

Juárez M. 2004. Fatty acyl-CoA elongation in *Blatella germanica* integumental microso. Archives of Insect Biochemistry and Physiology, 56(4): 170-178.

Kanehisa M, Araki M, Goto S, et al. 2008. KEGG for linking genomes to life and the environment. Nucleic Acids Research, 36: D480-D484.

Kang L, Chen YL. 1995. Dynamics of grasshopper communities under different grazing intensities in Inner

Mongolia steppes. Entomologia Sinica, 2: 265-281.

Kang ZW, Tian HG, Liu FH, et al. 2017. Identification and expression analysis of chemosensory receptor genes in an aphid endoparasitoid *Aphidius gifuensis*. Scientific Reports, 7(1): 3939.

Kim M, Denlinger DL. 2010. A potential role for ribosomal protein S2 in the gene network regulating reproductive diapause in the mosquito Culexpipiens. J Comp Physiol B, Biochem Syst Environ Physiol, 180(2): 171-178.

Kostal V, Berkova P, Simek P. 2003. Remodelling of membrane phospholipids during transition to diapause and cold-acclimation in the larvae of *Chymomyza costata* (Drosophilidae). Comparative Biochemistry and Physiology Part B: Biochemistry and Molecular Biology, 135(3): 407-419.

Leal WS. 2013. Odorant reception in insects: roles of receptors, binding proteins, and degrading enzymes. Annual Review of Entomology, 58(1): 373.

Lebedyanskaya MG, Medvedeva VI, Chernopanevkina SM. 1936. Trichogramma evanescens and its possible use in the control of insect pests. Plant Protection: 111-123.

Lee Y M, Lee J O, Jung J H, et al. 2008. Retinoic acid leads to cytoskeletal rearrangement through AMPK-Rac1 and stimulates glucose uptake through AMPK-p38 MAPK in skeletal muscle cells. J Biol Chem, 283(49): 33969-33974.

Lefevere KS, Koopmanschap AB, Kort CADD. 1989. Changes in the concentrations of metabolites in haemolymph during and after diapause in female Colorado potato beetle, *Leptinotarsa decemlineata*. Journal of Insect Physiology, 35(2): 121-128.

Lenz EM, Hagele BF, Wilson ID, et al. 2001. High resolution H-1 NMR spectroscopic studies of thecomposition of the haemolymph of crowd- and solitary-reared nymphs of the desert locust, *Schistocerca gregaria*. Insect Biochemistry and Molecular Biology, 32(1): 51-56.

Li AQ, Michaud MR, Denlinger DL. 2009. Rapid elevation of Inos and decreases in abundance of other proteins at pupal diapause termination in the flesh fly *Sarcophaga crassipalpis*. Biochim Biophys Acta, 1794(4): 663-668.

Li AQ, Popova-Butler A, Dean DH, et al. 2007. Proteomics of the flesh fly brain reveals an abundance of upregulated heat shock proteins during pupal diapause. Journal of Insect Physiology, 53(4): 385-391.

Li M, Pang ZY, Xiao W, et al. 2014. A transcriptome analysis suggests apoptosis-related signaling pathways in hemocytes of *Spodoptera litura* after parasitization by *Microplitis bicoloratus*. PLoS ONE, 9(10): e110967.

Lin Z, Wang RJ, Cheng Y, et al. 2019. Insights into the venom protein components of *Microplitis mediator*, an endoparasitoid wasp. Insect Biochemistry and Molecular Biology, 105: 33-42.

Liu W, Li Y, Zhu L, et al. 2016. Juvenile hormone facilitates the antagonism between adult reproduction and diapause through the methoprene-tolerant gene in the female *Colaphellus bowringi*. Insect Biochemistry and Molecular Biology, 74: 50-60.

Love MI, Huber W, Anders S. 2014. Moderated estimation of fold change and dispersion for RNA-seq data with DESeq2. Genome Biology, 15: 550.

Lu YX, Zhang Q, Xu WH. 2014. Global metabolomic analyses of the hemolymph and brain during the initiation, maintenance, and termination of pupal diapause in the cotton bollworm, *Helicoverpa armigera*. PLoS ONE, 9(6): e99948.

Ludwig D. 1953. Cytochrome oxidase activity during diapause and metamorphosis of the Japanese beetle, *Popillia japonica* Newman. Journal of General Physiology, 36(6): 751-757.

Lunt DH, Ibrahim KM, Hewitt GM. 1998. mtDNA phylogeography and post-glacial patterns of subdivision in the meadow grasshopper *Chorthippus parallelus*. Heredity, 80: 633-641.

Luo KJ, Pang Y. 2006. Disruption effect of Microplitis bicoloratus polydnavirus EGF-like protein, MbCRP, on actin cytoskeleton in lepidopteran insect hemocytes. Acta Biochimica et Biophysica Sinica, 38(8): 577-585.

Maagd RAD, Bravo A, Berry C, et al. 2003. Structure, diversity, and evolution of protein toxins from spore-forming entomopathogenic bacteria. Annual Review of Genetics, 37(1): 409-433.

Maciel-Vergara G, Ros VID. 2017. Viruses of insects reared for food and feed. Journal of Invertebrate Pathology, 147(1): 60-75.

Mahadav A, Gerling D, Gottlieb Y, et al. 2008. Parasitization by the wasp *Eretmocerus mundus* induces transcription of genes related to immune response and symbiotic bacteria proliferation in the whitefly *Bemisia tabaci*. BMC Genomics, 9: 342.

Malmendal A, Overgaard J, Bundy JG, et al. 2006. Metabolomic profiling of heat stress: hardeningand recovery of homeostasis in *Drosophila*. American Journal of Physiology Regulatoryintegrative and Comparative Physiology, 291(1): 205-212.

Mansingh A, Smallman BN. 1972. Variation in polyhydric alcohol in relation to diapause and cold-hardiness in the larvae of Isia isabella. Journal of Insect Physiology, 18(8): 1565-1571.

Mateo Leach I, Hesseling A, Huibers WH, et al. 2009. Transcriptome and proteome analysis of ovaries of arrhenotokous and thelytokous Venturia canescens. Insect Molecular Biology, 18(4): 477-482.

Michaud MR, Denlinger DL. 2006. Oleic acid is elevated in cell membranes during rapid cold-hardening, and pupal diapause in the flesh fly, Sarcophaga crassipalpis. Journal of Insect Physiology, 52(10): 1073-1082.

Michaud MR, Denlinger DL. 2007. Shifts in carbohydrate, polyol and amino acid pools during rapid cold hardening and diapauses associated cold hardening in fresh flies (Sarcophaga crassipalpis): a metabolomic comparison. Comp Physiol B, 177(7): 753-763.

Mikhal'tsov VP, Khitsova LN. 1985. Extent of infestation of beet webworm by some species of tachinids (Diptera, Tachinidae) as an index of their range // Skarlato OA. Systematics of Ditera (Insect): Ecological and Morphological Principles. New Delhi: Oxonian Press: 95-96.

Moriwaki N, Matsushita K, Nishina M, et al. 2003. High concentrations of trehalose in aphidhaemolymph. Applied Entomology and Zoology, 38(2): 241-248.

Mousseau TA, Dingle H. 1991. Maternal effects in insects: examples, constraints, and geographic variation // The Unity of Evolutionary Biology (Vol. Ⅱ). Portland: Dioscorides Publishers: 745-761.

Ng WC, Chin JS, Tan KJ, et al. 2015. The fatty acid elongase Bond is essential for *Drosophila* sex pheromone synthesis and male fertility. Nature Communications, 6: 8263.

Oliveira DC, Hunter WB, Ng J, et al. 2010. Data mining cDNAs reveals three new single stranded RNA viruses in Nasonia (Hymenoptera: Pteromalidae). Insect Molecular Biology, 19(1): 99-107.

Papura D, Jacquot E, Dedryver CA, et al. 2002. Two-dimensional electrophoresis of proteins discriminates aphid clones of Sitobion avenae differing in BYDV-PAV transmission. Arch Virol, 147(10): 1881-1898.

Park Y, Kim Y. 2013. RNA interference of glycerol biosynthesis suppresses rapid cold hardening of the beet armyworm, Spodoptera exigua. Exp Biol, 216(22): 4196-4203.

Park Y, Kim Y. 2014. A specific glycerol kinase induces rapid cold hardening of diamondback moth, Plutella xylostella. Journal of Insect Physiology, 67(4): 56-63.

Parvy JP, Napal L, Rubin T, et al. 2012. *Drosophila melanogaster* acetyl-CoA-Carboxylase sustains a fatty acid-dependent remote signal to waterproof the respiratory system. PLoS Genetics, 8(8): e1002925.

Peiser L, Mukhopadhyay S, Gordon S. 2002. Scavenger receptors in innate immunity. Current Opinion in Immunology, 14(1): 123-128.

Phalaraksh C, Lenz EM, Lindon JC, et al. 1999. NMR spectroscopic studies on the haemolymph ofthe tobacco hornworm, *Manduca sexta*: assignment of ^{1}H and ^{13}C NMR spectra. Insect Biochemistry and Molecular Biology, 29: 795-805.

Phalaraksh C, Reynolds SE, Wilson ID, et al. 2008. A metabonomic analysis of insect development: ^{1}H-NMR spectroscopic characterization of changes in thecomposition of the haemolymph of larvae and pupae of the tobacco hornworm, *Manduca sexta*. Science Asia, 34: 279-286.

Poelchau MF, Reynolds JA, Denlinger DL, et al. 2011. A de novo transcriptome of the Asian tiger mosquito, *Aedes albopictus*, to identify candidatetranscripts for diapause preparation. BMC Genomics, 12: 619.

Poelchau MF, Reynolds JA, Elsik CG, et al. 2013a. Deep sequencing reveals complex mechanisms of diapause preparation in the invasive mosquito, *Aedes albopictus*. Proc Biol Sci, 280(1759): 20130143.

Poelchau MF, Reynolds JA, Elsik CG, et al. 2013b. RNA-Seq reveals early distinctions and late convergence of gene expression between diapause and quiescence in the Asian tiger mosquito, *Aedes albopictus*. J Exp Biol, 216(21): 4082-4090.

Prior C, Greathead DJ. 1989. Biological control of locusts: the potential for the exploitation of pathogens. FAO Plant Protection Bulletin, 37: 37-48.

Pushkarev BV, Mikhal'tsov VP. 1983. Increasing the effectiveness of *Trichogramma*. Zashchita Rasteni, 7: 33-34.

Qi YX, Teng ZW, Gao LF, et al. 2015. Transcriptome analysis of an endoparasitoid wasp *Cotesia chilonis* (Hymenoptera: Braconidae) reveals genes involved in successful parasitism. Archives of Insect Biochemistry and Physiology, 88(4): 203-221.

Qian HG, Bai XS, Heiss E, et al. 2019. Rotundocoris, a new apterous genus of *Carventinae* from China (Heteroptera: Aradidae). Zootaxa, 4623(3): 526-534.

Qiang CK, Du YZ, Qin YH, et al. 2012. Overwintering physiology of the rice stem borer larvae, *Chilo suppressalis* Walker (Lepidoptera: Pyralidae): Roles of glycerol, amino acids, low-molecular weight carbohydrates and antioxidant enzymes. African Journal of Biotechnology, 11(66): 13030-13039.

Qiu J, He Y, Zhang J, et al. 2016. Discovery and functional identification of fecundity-related genes in the brownplanthopper by large-scale RNA interference. Insect Molecular Biology, 25(6): 724-733.

Quesada-Moraga E, Santiago-Alvarez C. 2001. Histopathological effects of *Bacillus thuringiensis*, on the midgut of the Mediterranean locust *Dociostaurus maroccanus*. Journal of Invertebrate Pathology, 78(3): 183-186.

Ragland GJ, Fuller J, Feder JL, et al. 2009. Biphasic metabolic rate trajectory of pupal diapause termination and post-diapause development in a tephritid fly. Journal of Insect Physiology, 55: 344-350.

Reineke A, Schmidt O, Zebitz CP. 2003. Differential gene expression in two strains of the endoparasitic wasp *Venturia canescens* identified by cDNA-amplified fragment length polymorphism analysis. Molecular Ecology, 12(12): 3485-3492.

Reznik SY, Vaghina NP, Voinovich ND. 2012. Multigenerational maternal effect on diapause induction in *Trichogramma* species (Hymenoptera: Trichogrammatidae). Biocontrol Science and Technology, 22(4): 429-445.

Robertson HM, Gadau J, Wanner KW. 2010. The insect chemoreceptor superfamily of the parasitoid jewel wasp

Nasonia vitripennis. Insect Molecular Biology, 19(s1): 121-136.

Robich RM, Denlinger DL. 2005. Diapause in the mosquito *Culex pipiens* evokes a metabolic switch from blood feeding to sugar gluttony. Proceedings of the National Academy of Sciences of the United States of America, 102(44): 15912-15917.

Rodrigues SMM, Bueno VHP. 2001. Parasitism Rates of *Lysiphlebus testaceipes* (Cresson) (Hym.: Aphidiidae) on *Schizaphis graminum* (Rond.) and *Aphis gossypii* Glover (Hem.: Aphididae). Neotropical Entomology, 30(4): 625-629.

Rubets NM, Voitsekhovskii AT. 1989. *Trichogramma* versus beet webworm. Zashchita Rastenii (Moskva), 6: 23.

Ryabov EV. 2017. Invertebrate RNA virus diversity from a taxonomic point of view. Journal of Invertebrate Pathology, 147(1): 37-50.

Salama MS, Miller TA. 1992. A diapause associated protein of the pink bollworm *Pectinophora gossypiella* Saunders. Archives of Insect Biochemistry and Physiology, 21(1): 1-11.

Salati LM, Amir-Ahmady B. 2001. Dietary regulation of expression of glucose-6-phosphate dehydrogenase. Annual Review of Nutrition, 21(1): 121-140.

Saunders DS. 2002. Insect Clock. 3rd ed. New York: Academic Press.

Saurabh B, Kwangkyoung L, Tae-Jin O. 2013. Hydroxylation of long chain fatty acids by CYP147F1, a new cytochrome P450 subfamily protein from *Streptomyces peucetius*. Archives of Biochemistry and Biophysics, 539(1): 63-69.

Schlenke TA, Morales J, Govind S, et al. 2007. Contrasting infection strataegies in generalist and specialist wasp parasitoids of *Drosophila melanogaster*. PLoS Pathogens, 3(10): e158.

Sheng X, Yung YC, Chen A, et al. 2015. Lysophosphatidic acid signalling in development. Development, 142(8): 1390-1395.

Shi M, Chen YF, Huang F, et al. 2008. Characterization of a novel gene encoding ankyrin repeat domain from *Cotesia vestalis* polydnavirus (CvBV). Virology, 375(2): 374-382.

Shi M, Lin XD, Tian JH, et al. 2016. Redefining the invertebrate RNA virosphere. Nature, 540: 539-543.

Siegert KJ, Speakman JR, Reynolds SE. 1993. Carbohydrate and lipid metabolism during the lastlarval moult of the tobacco hornworm, *Manduca sexta*. Physiological Entomology, 18(4): 404-408.

Siegert KJ. 1987. Carbohydrate metabolism in *Manduca sexta* during late larval development. Journal of Insect Physiology, 33: 421-427.

Siegert KJ. 1995. Carbohydrate metabolism during the pupal molt of the tobacco hornworm, *Manduca sexta*. Archives of Insect Biochemistry and Physiology, 28(1): 63-78.

Silva RJ, Bueno VH, Sampaio MV. 2008. Quality of different aphids as hosts of the parasitoid *Lysiphlebus testaceipes* (Hymenoptera: Braconidae, Aphidiinae). Neotropical Entomology, 37(2): 173-179.

Sim C, Denlinger DL. 2008. Insulin signaling and FoxO regulate the overwintering diapause of the mosquito *Culex pipiens*. Proceedings of the National Academy of Sciences of the United States of Amefica, 105(18): 6777.

Sim C, Denlinger DL. 2009. Transcription profiling and regulation of fat metabolism genes in diapausing adults of the mosquito *Culex pipiens*. Physiological Genomics (Online), 39(3): 202.

Slatkin M. 1985. Rare alleles as indicators of gene flow. Evoletion, 39(1): 53-65.

Slatkin M. 1987. Gene flow and the geographic structure of natural populations. Science, 236: 787-792.

Starks DB, Giles KL, Berberet RC, et al. 1972. Functional responses of an introduced parasitoid and an indigenous parasitoid on greenbug at four temperatures. Environmental Entomology, 32(3): 650-655.

Streett D, Woods S, Erlandso M. 1997. Entomopoxviruses of grasshoppers and locusts: biology and biological control potential. Memoirs of the Entomological Society of Canada, 129(171): 115-130.

Sun CP, Li GT, Liu AP. 2017a. Changes of essential substance contents in *Exorista civilis* Rondani during diapause stage. Plant Diseases and Pests, 8(4): 13-16.

Sun CP, Li GT, Liu AP. 2017b. Developmental threshold temperature and effective accumulated temperature of *Lysiphlebus testaceipes* Cresson. Plant Diseases and Pests, 8(4): 5-9.

Swailes GE. 1960. Influence of soil and moisture on the beet webworm, *Loxostege sticticalis*, and its parasites 1. Journal of Economic Entomology, 53(4): 585-586.

Szafer GE, Giansanti MG, Nishihama R, et al. 2008. A role for very-long-chain fatty acids in furrow ingression during cytokinesis in *Drosophila spermatocytes*. Current Biology, 18(18): 1426-1431.

Tan CW, Peiffer M, Hoover K, et al. 2018. Symbiotic polydnavirus of a parasite manipulates caterpillar and plant immunity. Proceedings of the National Academy of Sciences of the United States of America, 115(20): 5199-5204.

Tatar M, Kopelman A, Epstein D, et all. 2001. A mutant *Drosophila* insulin receptor homolog that extends life-span and impairs neuroendocrine function. Science, 292(5514): 107-110.

Tauber MJ, Tauber CA, Masaki S. 1986. Seasonal adaptations of insects. Oxford: Oxford University Press: 1-416.

Teets NM, Yi S, Lee RE, et al. 2013. Calcium signaling mediates cold sensing in insect tissues. Proceedings of the National Academy of Sciences of the United States of America, 110(22): 9154-9159.

Thompson SN. 2003. Trehalose: the insect 'blood' sugar. Adv Insect Physiol, 31(3): 205-285.

Tian SP, Zhang JH, Wang CZ. 2007. Cloning and characterization of two *Campoletis chlorideae* ichnovirus vankyrin genes expressed in parasitized host *Helicoverpa armigera*. Journal of Insect Physiology, 53(7): 699-707.

Trofimov S B. 1975. Some physiological features of diapause in the European pine sawfly. Soviet Journal of Ecology, 5: 85-88.

Umbers KDL, Byatt LJ, Hill NJ, et al. 2015. Prevalence and molecular identification of nematode and dipteran parasites in an Australian Alpine Grasshopper (*Kosciuscola tristis*). PLoS ONE, 10(4): e0121685.

Van Orsouw NJ, Hogers RC, Janssen A, et al. 2007. Complexity reduction of polymorphic sequences (CRoPSTM): a novel approach for large-scale polymorphism discovery in complex genomes. PLoS ONE, 2: e1172.

Villalba S, Lobo JM, Martin-Piera F, et al. 2002. Phylogenetic relationships of Iberian dung beetles (Coleoptera: Scarabaeinae): insights on the evolution of nesting behavior. Journal of Molecular Evolution, 55(1): 116-126.

Vogel C, Marcotte EM. 2012. Insights into the regulation of protein abundance from proteomic and transcriptomic analyses. Nat Rev Genet, 13(4): 227-232.

Voinovich ND, Reznik SY, Vaghina NP. 2015. Maternal thermal effect on diapause in *Trichogramma* species (Hymenoptera: Trichogrammatidae). Journal of Applied Entomology, 139(10): 783-790.

Wang L, Fang Q, Qian C, et al. 2013. Inhibition of host cell encapsulation through inhibiting immune gene expression by the parasitic wasp venom calreticulin. Insect Biochemistry and Molecular Biology, 43(10): 936-946.

Wang YL, Carolan JC, Hao FH, et al. 2010. Integrated metabolomic proteomic analysis of an insect bacterial symbiotic system. Journal of Proteome Research, 9: 1257-1267.

Wang ZZ, Ye XQ, Shi M, et al. 2018. Parasitic insect-derived mi RNAs modulate host development. Nature Communications, 9(1): 2205.

Wertheim B, Kraaijeveld AR, Schuster E, et al. 2005. Genome-wide gene expression in response to parasitoid attack in *Drosophila*. Genome Biology, 6(11): R94.

Williams T, Bergoin M, van Oers MM. 2017. Diversity of large DNA viruses of invertebrates. Journal of Invertebrate Pathology, 147(1): 4-22.

Wilson ID, Wade KE, Nicholson JK. 1989. Magnetic resonance spectroscopy. Trends in Analysis of Biological Fluids by High-field Nuclearanalytical Chemistry, 8(10): 368-374.

Wipking W, Viebahn M, Neumann D. 1995. Oxygen consumption, water, lipid and glycogen content of early and late diapause and non-diapause larvae of the burnet moth *Zygaena trifolii*. Journal of Insect Physiology, 41(1): 47-56.

Wu JX, Yuan F. 2004. Changes of glycerol content in diapause larvae of the orange wheat blossom midge, *Sitodiplosis mosellana* (Gehin) in various seasons. Entomologia Sinica, 11(1): 27-35.

Wu SF, Sun FD, Qi YX, et al. 2013. Parasitization by *Cotesia chilonis* influences gene expression in fatbody and hemocytes of *Chilo suppnessalis*. PLoS ONE, 8(9): e74309.

Xu WH, Lu YX, Denlinger DL. 2012. Cross-talk between the fat body and brain regulates insect developmental arrest. Proceedings of the National Academy of Sciences of the United States of America, 109(36): 14687-14692.

Yang N, Xie W, Jones CM, et al. 2013. Transcriptome profiling of the whitefly *Bemisia tabaci* reveals stage-specific gene expression signatures for thiamethoxam resistance. Insect Molecular Biology, 22(5): 485-496.

Yin LH, Zhang C, Qin JD, et al. 2003. Polydnavirus of *Campoletis chlorideae*: characterization and temporal effect on host *Helicoverpa armigera* cellular immune response. Archives of Insect Biochemistry and Physiology, 52(2): 104-113.

Yoder JA, Benoit JB, Denlinger DL, et al. 2006. Stress-induced accumulation of glycerol in the flesh fly, *Sarophaga bullata*: evidence indicating anti-desiccant and cryoprotectant functions of this polyol and a role for the brain in coordinating the response. Journal of Insect Physiology, 52(2): 202-214.

Young MD, Wakefield MJ, Smyth GK, et al. 2010. Gene ontology analysis for RNA-seq: accounting for selection bias. Genome Biology, 11(2): R14.

Yu XQ, Zhu YF, Ma C, et al. 2002. Pattern recognition proteins in *Manduca sexta* plasma. Insect Biochemistry and Molecular Biology, 32(10): 1287-1293.

Zachariassen KE. 1985. Physiology of cold tolerance in insects. Physiological Reviews, 65(4): 799-832.

Zhang C, Wang CZ. 2003. cDNA cloning and molecular characterization of a cysteine-rich gene from *Campoletis chlorideae* polydnavirus. DNA Sequence, 14(6): 413-419.

Zhang DX, Hewitt GM. 1996. Nuclear integrations: challenges for mito-chondrial DNA markers. TREE, 11(6): 247-251.

Zhang F, Guo H, Zheng H, et al. 2010. Massively parallel pyrosequencing-based transcriptome analysis of small brown planthopper (*Laodelphax striatellus*), a vector insect transmitting rice stripe virus (RSV). BMC Genomics, 11(1): 303.

Zhang HZ, Li YY, An T, et al. 2018. Comparative transcriptome and iTRAQ proteome analyses reveal the mechanisms of diapause in *Aphidius gifuensis* ashmead (Hymenoptera: Aphidiidae). Frontiers in Physiology, 9: 1697.

Zhang J, Zhao J, Li DX, et al. 2009. Cloning of the gene encoding an insecticidal protein in *Pseudomanas pseudoalcaligenes*. Annals of Microbiology, 59(1): 45-50.

Zhang Q, Lu YX, Xu WH. 2013. Proteomic and metabolomic profiles of larval hemolymph associated with diapause in the cotton bollworm, *Helicoverpa armigera*. BMC Genomics, 14: 751.

Zhang S, Luo JY, Lv LM, et al. 2015. Effects of *Lysiphlebia japonica* (ashmead) on cotton-melon aphid *Aphis gossypii* Glover lipid synthesis. Insect Molecular Biology, 24(3): 348-357.

Zhang YQ, Friedman DB, Wang Z, et al. 2005. Protein expression profiling of the *Drosophila* fragile X mutant brain reveals up-regulation of monoamine synthesis. Mol cell proteomics, 4(3): 278-290.

Zhao JY, Zhao XT, Sun JT, et al. 2017. Transcriptome and proteome analyses reveal complex mechanisms of reproductive diapause in the two-spotted spider mite, *Tetranychus urticae*. Insect Molecular Biology, 26(2): 215-232.

Zhao Y, Wang F, Zhang X, et al. 2016. Transcriptome and expression patterns of chemosensory genes in antennae of the parasitoid wasp *Chouioia cunea*. PLoS ONE, 11(2): e148159.

Zheng XY, Zhong Y, Duan YH, et al. 2006. Genetic variation and population structure of oriental migratory locust, *Locusta migratoria manilensis*, in China by Allozyme, SSRP-PCR, and AFLP markers. Biochem Genet, 44(8): 333-347.

Zhou G, Miesfeld RL. 2009. Energy metabolism during diapause in *Culex pipiens* mosquitoes. Journal of Insect Physiology, 55(1): 40-46.

Zhu JY, Fang Q, Wang L, et al. 2010. Proteomic analysis of the venom from the endoparasitoid wasp *Pteromalus puparum* (Hymenoptera: Pteromalidae). Archives of Insect Biochemistry and Physiology, 75(1): 28-44.

Zhu JY, Yang P, Zhang Z, et al. 2013. Transcriptomic immune response of *Tenebrio molitor* pupae to parasitization by *Scleroderma guani*. PLoS ONE, 8(1): e54411.

Zhu JY, Ye GY, Hu C. 2008. Molecular cloning and characterization of acid phosphatase in venom of the endoparasitoid wasp *Pteromalus puparum* (Hymenoptera: Pteromalidae). Toxicon, 51(8): 1391-1399.